上海市崇明区
绿色食品生产操作规程

赵勤超◎主编

中国农业科学技术出版社

图书在版编目(CIP)数据

上海市崇明区绿色食品生产操作规程 / 赵勤超主编. 北京：中国农业科学技术出版社，2025.5. --ISBN 978-7-5116-7319-0

Ⅰ. TS2-65

中国国家版本馆 CIP 数据核字第 20254QT658 号

责任编辑	王惟萍
责任校对	王 彦
责任印制	姜义伟　王思文

出 版 者	中国农业科学技术出版社 北京市中关村南大街 12 号　邮编：100081
电　　话	（010）82106643（编辑室）　（010）82106624（发行部） （010）82109709（读者服务部）
网　　址	https://castp.caas.cn
经 销 者	各地新华书店
印 刷 者	北京捷迅佳彩印刷有限公司
开　　本	185 mm×260 mm　1/16
印　　张	23
字　　数	540 千字
版　　次	2025 年 5 月第 1 版　2025 年 5 月第 1 次印刷
定　　价	86.30 元

◀ 版权所有·翻印必究 ▶

《上海市崇明区绿色食品生产操作规程》编委会

主　编：赵勤超

副主编：顾鸣娣　陈　磊　惠艳华　张　宇　杨　锋
　　　　沈海磊　秦　杰

编　委：吴　跃　蒋侃俊　张晓笑　蔡陆美　毛　锋
　　　　贺　波　安琪琪　倪诗瑶　施　凯　刘欠欠
　　　　梁　言　张莉莉　罗　峰　杨　洁　朱　勇
　　　　周　燕　沈雁君　任节红　马荣飞

前言
PREFACE

崇明区作为上海市最大的农业区，拥有全市约三分之一的基本农田，是上海市最重要的"米袋子"和"菜篮子"。在这个追求健康、绿色、可持续发展的时代，绿色食品已成为人们餐桌上不可或缺的佳肴。崇明区围绕"高科技、高品质、高附加值"的发展目标，不断深化绿色发展体制机制，持续夯实绿色底色、筑牢生态底蕴，农业绿色发展指数多年位列全国第一。

为推动新时期崇明区绿色食品事业高质量发展，进一步提升绿色食品标准化生产水平，提高绿色食品品牌公信力和影响力，笔者对《上海市崇明区绿色食品生产操作规程》进行了修订。本次修订重点增加了政策文件新的变化要求，替换了部分已废止的内容，更加系统地介绍了绿色食品生产的各个环节，包括产地选择、种植技术、养殖方法、加工流程、包装贮运以及质量控制等方面内容，注重规程内容的独特性、实操性和规范性。本书能为绿色食品生产者提供一份全面、实用的指导，为年轻农业科技工作者提供一个学习平台，便于读者掌握绿色食品生产的技术要点，集社会各方力量共同推动崇明区绿色食品产业的健康发展。

本书在编写过程中得到了诸多领导、专家和科技人员的大力支持，在此表示感谢！同时，由于编印时间仓促，难免存在不足之处，敬请广大读者谅解，并提出宝贵意见。

主　编
2024 年 8 月

目录
CONTENTS

第一篇　粮食篇 ··· 1

绿色食品　稻谷（大米）生产技术规程 ··· 3
绿色食品　小麦生产技术规程 ·· 8

第二篇　蔬菜篇 ·· 13

绿色食品　大白菜生产技术规程 ··· 15
绿色食品　青菜生产技术规程 ·· 21
绿色食品　鸡毛菜生产技术规程 ··· 27
绿色食品　杭白菜生产技术规程 ··· 31
绿色食品　塌菜生产技术规程 ·· 37
绿色食品　菜薹生产技术规程 ·· 43
绿色食品　娃娃菜生产技术规程 ··· 49
绿色食品　菠菜生产技术规程 ·· 55
绿色食品　芹菜生产技术规程 ·· 60
绿色食品　空心菜生产技术规程 ··· 64
绿色食品　草头生产技术规程 ·· 68
绿色食品　莴笋生产技术规程 ·· 72
绿色食品　生菜生产技术规程 ·· 77

绿色食品	油麦菜生产技术规程	82
绿色食品	小茴香生产技术规程	86
绿色食品	马兰头生产技术规程	90
绿色食品	茼蒿生产技术规程	94
绿色食品	苋菜生产技术规程	97
绿色食品	番茄生产技术规程	101
绿色食品	辣椒生产技术规程	106
绿色食品	茄子生产技术规程	111
绿色食品	结球甘蓝生产技术规程	117
绿色食品	花椰菜生产技术规程	124
绿色食品	小香葱生产技术规程	129
绿色食品	萝卜生产技术规程	133
绿色食品	黄瓜生产技术规程	137
绿色食品	金瓜生产技术规程	142
绿色食品	西葫芦生产技术规程	147
绿色食品	南瓜（桔瓜）生产技术规程	151
绿色食品	冬瓜生产技术规程	155
绿色食品	白扁豆生产技术规程	160
绿色食品	毛豆生产技术规程	164
绿色食品	蚕豆生产技术规程	168
绿色食品	鲜食玉米生产技术规程	172
绿色食品	马铃薯生产技术规程	177
绿色食品	山药生产技术规程	182
绿色食品	芋艿生产技术规程	187
绿色食品	紫甘薯生产技术规程	192
绿色食品	芦笋生产技术规程	196
绿色食品	秋葵生产技术规程	201
绿色食品	藕生产技术规程	205

第三篇　林果篇　　209

绿色食品	西瓜生产技术规程	211
绿色食品	甜瓜生产技术规程	217

绿色食品	草莓生产技术规程	223
绿色食品	柑橘生产技术规程	230
绿色食品	桃生产技术规程	237
绿色食品	梨生产技术规程	244
绿色食品	葡萄生产技术规程	252
绿色食品	李生产技术规程	257
绿色食品	猕猴桃生产技术规程	263
绿色食品	柚子生产技术规程	268
绿色食品	火龙果生产技术规程	274
绿色食品	蓝莓生产技术规程	279
绿色食品	枇杷生产技术操作规程	284
绿色食品	脆柿生产技术规程	290

第四篇 水产篇 …… **297**

绿色食品	淡水鱼池塘养殖生产技术规程	299
绿色食品	南美白对虾生产技术规程	303
绿色食品	以草鱼为主养品种的池塘养殖生产技术规程	310
绿色食品	中华鳖、克氏原螯虾、水稻种养生产技术操作规程	314
绿色食品	中华绒螯蟹成蟹生产技术规程	319
绿色食品	淡水鱼（草鱼、鲢、鲫鱼、鳊鱼、鳙等）湖泊养殖生产技术规程	325

第五篇 畜牧篇 …… **329**

绿色食品	崇明白山羊饲养技术规程	331
绿色食品	蛋鸡饲养技术规程	335
绿色食品	肉鸽饲养技术规程	343
绿色食品	生猪饲养技术规程	349

第六篇 其他 …… **355**

苏丹草栽培技术规程 …… 357

第一篇

粮 食 篇

绿色食品 稻谷（大米）生产技术规程

1 范围

本规程规定了绿色食品稻谷生产所要求的产品质量、产地环境、栽培技术、病虫草害防治、适时收获等技术。

本规程适用于上海市崇明区绿色食品稻谷（大米）的生产。

2 规范性引用文件

下列文件对于本文件的应用是必不可少的。凡是注日期的引用文件，仅所注日期的版本适用于本文件。凡是不注日期的引用文件，其最新版本（包括所有的修改单）适用于本文件。

GB/T 8321（所有部分） 农药合理使用准则

GB 12475 农药贮运、销售和使用的防毒规程

NY/T 391 绿色食品 产地环境质量

NY/T 393 绿色食品 农药使用准则

NY/T 394 绿色食品 肥料使用准则

NY/T 419 绿色食品 稻米

3 产品质量

稻米质量标准应符合 NY/T 419 的要求。

4 产地环境

生产基地应选择在无污染和生态条件良好的地区。基地选点应远离工业区和公路铁路干线，避开工业和城市污染源的影响，同时生产基地应具有可持续的生产能力。产地环境的选择必须符合 NY/T 391 的要求。

5 栽培技术

5.1 种子处理

5.1.1 种子选择

选择米质好、抗性（抗倒、抗病虫等）强的优质丰产品种。

5.1.2 晒种

浸种前选择晴好天气晒种 1 天~2 天，薄摊勤翻时防止破壳断粒。

5.1.3 浸种

采用浸种的药剂应符合 NY/T 393 的规定,浸种时间以稻谷均匀吸足发芽所需的水分为标准。视气温高低而定,一般本地区单季晚稻浸 48 小时~60 小时即可。

采用间隙浸种法,在间隙浸种期间,用于浸种处理的水不能更换。

5.1.4 催芽

外界气温在 28℃ 以上时宜采用自然温度下催芽;外界气温低于 25℃ 时,谷堆上下需覆盖浸湿的麻袋或草垫,以保持适宜的温度、湿度和透气性,使之尽快破胸,但要注意谷堆中心温度不宜超过 35℃,露白后及时摊晾开。机插稻育秧和机穴播的催芽标准为破胸露白;人工直播的催芽标准为根长一粒谷,芽长半粒谷。

5.2 播栽技术

5.2.1 播种量

机插稻秧大田比例为 1:100,每亩(1 亩 ≈ 667 m^2)大田净用种量:杂交品种为 2.25 kg,常规品种为 3.5 kg~4 kg;直播稻每亩大田用种量:杂交品种 2.25 kg,常规品种 4.5 kg~5 kg。

5.2.2 整地播种

机插稻育秧时,盘内 2 cm 厚的营养土须厚薄均匀一致;大田在清水淀板、薄水浅插的基础上,控制栽插深度 1.5 cm~2 cm,做到直、浅、匀,减少缺穴率和漂秧率。

机穴播在精细整地的基础上,播后对机械无法播种区域及时进行人工补漏,并及时疏通沟系,尤其是播后积水区域及时人工清理。

人工直播在平整田板的基础上,畦宽 2 m 左右,畦畦拉沟,播种时带秤下田,分畦定量播种,并预留太平苗;播后轻塌谷或草木灰,但禁用稻草覆盖。

5.2.3 适龄、适期栽插

机插稻:秧龄 18 天~20 天,叶龄 3.5 叶~4 叶,苗高 12 cm~18 cm 时及时栽插,杂交品种 6 月 10 日前完成机插,常规品种 6 月 15 日前完成机插。

机穴播:杂交品种 5 月底完成播种,常规品种 6 月 10 日前完成播种。

人工直播:杂交品种 6 月 5 日前完成播种,常规品种 6 月 15 日前完成播种。

5.2.4 合理密植控群体

机插稻:杂交品种每亩密度 1.6 万穴,基本苗 4 万株~5 万株,高峰苗 26 万株左右,穗数苗 18 万穗~20 万穗;常规品种每亩密度 1.8 万穴,基本苗 8 万株左右,高峰苗 30 万株左右,穗数苗 22 万穗~23 万穗。

机穴播:杂交品种每亩基本苗 5 万株左右,高峰苗 30 万株左右,穗数苗 22 万穗~23 万穗;常规品种每亩基本苗 10 万株左右,高峰苗 40 万株左右,穗数苗 24 万穗~26 万穗。

直播稻:杂交品种每亩基本苗 5 万株左右,高峰苗 28 万株~30 万株,穗数苗 20 万株~22 万株;常规品种每亩基本苗 10 万株左右,高峰苗 35 万株~37 万株,穗数苗 23 万穗~25 万穗。

5.3 肥料运筹技术

5.3.1 肥料使用原则

5.3.1.1 持续发展原则

绿色食品稻米生产中所使用的肥料应对环境无不良影响，有利于保护生态环境，保持或提高土壤肥力及土壤生物活性。

5.3.1.2 安全优质原则

绿色食品稻米生产中应使用安全、优质的肥料产品，生产安全、优质的绿色食品。肥料的使用应对作物（营养、味道、品质和植物抗性）不产生不良后果。

5.3.1.3 化肥减控原则

在保障植物营养有效供给的基础上减少化肥用量，兼顾元素之间的比例平衡，无机氮素用量不得高于当季作物需求量的一半。

5.3.1.4 有机为主原则

绿色食品稻米生产过程中肥料种类的选取应以商品有机肥料为主，化学肥料为辅。

5.3.2 生产用肥料使用规定

5.3.2.1 绿色食品稻米生产过程中肥料使用应选用 NY/T 394 所列肥料种类。

5.3.2.2 有机肥料的使用按 NY/T 394 规定执行，主要以基肥施入，用量视地力和目标产量而定，可配施微生物肥料、有机-无机复混肥料、无机肥料。

5.3.2.3 微生物肥料的使用按 NY/T 394 规定执行。可与有机肥料、微生物肥料配合施用，用于拌种、基肥或追肥。

5.3.2.4 有机-无机复混肥料、无机肥料在绿色食品稻谷（大米）生产中作为辅助肥料使用，用来补充有机肥料、微生物肥料所含养分的不足。减控化肥用量，其中无机氮素用量按当地同种作物习惯施肥用量减半使用。

5.3.2.5 根据土壤障碍因素，可选用土壤调理剂改良土壤。

5.3.3 推广培肥技术

通过种植绿肥、秸秆还田、基施商品有机肥、增施掺混肥料（BB 肥）等，提高土壤中的有机质含量，改善土壤的团粒结构，增强水稻的抗逆能力。

5.3.4 推广平衡施肥技术

平衡施肥是保证"前期早发稳长，中期稳健长粗，后期清秀活熟不早衰"的主要措施。要求一个生育周期每亩大田总用肥量掌握在折纯氮 20 kg 左右，化学氮肥用量不超过水稻一个生育周期需求量的一半。

5.3.4.1 基面肥

提倡稻茬绿肥还田及基施商品有机肥，要求在 4 月下旬每亩还田绿肥鲜草 1 000 kg 及基施商品有机肥 500 kg。

5.3.4.2 分蘖肥

在施好基肥的基础上，常规品种每亩在机插稻稻活棵后、直播稻二叶一心起分 2 次将尿素 5 kg 加 45%水稻专用复合肥（25∶8∶12）10 kg 于 10 天~15 天内施完；杂交品种每亩在机插稻稻活棵后、直播稻二叶一心起分 2 次~3 次将尿素 5 kg 加掺混肥料（BB 肥）15 kg 于 15 天~20 天内施完。

5.3.4.3 穗肥

常规品种每亩施掺混肥料（BB 肥）10 kg 和尿素 5 kg，原则上分促花肥、保花肥 2

次施，具体施用视生育进程、苗情长势灵活掌握。杂交品种每亩施掺混肥料（BB肥）15 kg，采取促、保结合一次施用。

5.3.5 叶面肥料施用技术

施于水稻叶面，可一次或多次，但最后一次必须在水稻收获前30天结束。

5.4 水浆管理技术

5.4.1 湿润立苗促扎根

机插稻栽后晴天白天浅水层护苗，晚上及阴天脱水保持湿润促扎根活棵，雨天开缺排水，严防水没秧心。直播稻二叶一心前保持田板湿润。

5.4.2 浅水勤灌促分蘖

机插稻活棵后（直播稻三叶后）建立薄水层，浅水勤灌促进分蘖，并适当脱水露田促通气，杜绝长期灌深水不脱水。

5.4.3 脱水轻搁控群体

机插稻够苗、直播稻田间总茎蘖数达到穗苗数的90%时脱水轻搁，由轻到重分次搁透，但忌田间出现大裂缝。

5.4.4 及时复水促抽穗

进入幼穗分化及时复水，采用浅水潮潮清的方法，保持田间水汽协调。剑叶抽出期保持浅水层，抽穗前脱水轻搁2天~3天。

5.4.5 干干湿湿增粒重

抽穗扬花期保持浅水层。灌浆沉头后采取间隙灌溉，做到宿水不清、新水不进。成熟期灌跑马水，收割前5天~7天断水。

6 病虫草害防治

减少病虫草害来源，采用深翻晒土、春耕除草、清洁田园、轮作等一系列措施防治病虫草害。

6.1 农业防治

采用轮作换茬、种养（稻鸭、稻蟹、稻渔）结合、健身栽培、以苗压草、以水控草等农艺措施，减少病虫草害的发生。

6.2 生物防治

通过选择对天敌杀伤力小的中、低毒性化学农药，避开自然天敌对农药的敏感时期，创造适宜自然天敌的繁殖的环境等措施，保护天敌；利用及释放天敌控制有害生物的发生。

6.3 药剂防治

6.3.1 有害生物防治原则

绿色食品稻米生产中有害生物的防治应遵循以下原则。

6.3.1.1 以保持和优化农业生态系统为基础

建立有利于各类天敌繁衍和不利于病虫草害孳生的环境条件，提高生物多样性，维持农业生态系统的平衡。

6.3.1.2 优先采用农业措施

如抗病虫品种、种子种苗检疫、培育壮苗、加强栽培管理、耕翻晒垡、清洁田园、轮作换茬等。

6.3.1.3 尽量利用生物措施

如用性诱剂、食诱剂诱杀害虫，释放害虫天敌等。

6.3.1.4 必要时合理使用低风险农药

如没有足够有效的农业、物理和生物措施，在确保人员、产品和环境安全的前提下按照 6.3.2 规定，配合使用低风险农药。

6.3.2 农药使用准则

6.3.2.1 所选用的农药应符合相关法律法规，并获得国家农药登记许可。

6.3.2.2 应选择对主要防治对象有效的低风险农药品种，提倡兼治和不同作用机理的农药交替使用。

6.3.2.3 农药剂型宜选用悬浮剂、微囊悬浮剂、水剂、水乳剂、微乳剂、颗粒剂、水分散粒剂和可溶性粒剂等环境友好型剂型。

6.3.2.4 绿色食品稻米生产中农药使用应按照 NY/T 393 的规定，优先从 NY/T 393 表 A.1 中选用农药。在 NY/T 393 表 A.1 所列农药不能满足有害生物防治需要时，还可适量使用 NY/T 393 A.2 所列的农药。

6.3.3 农药使用规范

6.3.3.1 应在主要防治对象的防治适期，根据有害生物的发生特点和农药特性，选择适当的施药方式。

6.3.3.2 应按照农药产品标签或 GB/T 8321 和 GB 12475 的规定使用农药，控制施药剂量（或浓度）、施药次数和安全间隔期。

6.3.4 杂草防除

以人工除草为主，辅以药剂控制。

药剂控制采用二封一杀技术，即播前、播后采用连续二次封草处理，在水稻苗后 3 叶期视田间杂草发生情况采用 1 次杀草处理。所使用农药必须符合 NY/T 393 的规定。

6.3.5 水稻病虫害

水稻全生育周期病虫害主要有稻纵卷叶螟、水稻飞虱、水稻纹枯病和稻瘟病等，其防治时期如下：

7 月上中旬，主治稻纵卷叶螟、水稻飞虱，兼治螟虫；

8 月上旬，主治稻纵卷叶螟、水稻纹枯病，兼治水稻飞虱、螟虫；

8 月下旬，主治稻纵卷叶螟、水稻纹枯病、水稻飞虱，兼治螟虫；

9 月上旬，主治稻纵卷叶螟、水稻飞虱、水稻纹枯病和稻瘟病，兼治螟虫和稻曲病。

水稻病虫防治选用农药应符合 NY/T 393 的规定。

7 适时收获

稻穗 97%~98% 籽粒呈金黄色，穗基部尚有 2 粒~3 粒黄中略带浅绿色时期是生产优质米最佳收获时期，大米食味也最好。

绿色食品 小麦生产技术规程

1 范围

本规程规定了绿色食品小麦生产所要求的产品质量、产地环境、栽培技术、田间管理、病虫草害防治、适时收获等技术。

本规程适用于上海市崇明区绿色食品小麦的生产。

2 规范性引用文件

下列文件对于本文件的应用是必不可少的。凡是注日期的引用文件，仅所注日期的版本适用于本文件。凡是不注日期的引用文件，其最新版本（包括所有的修改单）适用于本文件。

GB/T 8321（所有部分） 农药合理使用准则
GB 12475 农药贮运、销售和使用的防毒规程
NY/T 391 绿色食品 产地环境质量
NY/T 393 绿色食品 农药使用准则
NY/T 394 绿色食品 肥料使用准则
NY/T 421 绿色食品 小麦及小麦粉

3 产品质量

小麦质量标准应符合 NY/T 421 的要求。

4 产地环境

小麦绿色生产基地应选择在生态条件良好，远离污染源，具有可持续生产能力的农业生产区域。绿色小麦产地环境应符合 NY/T 391 的要求。

4.1 大气

无霜期200天以上，全年降水量在1 000 mm左右，年平均温度15℃以上，有效积温5 000℃左右。

4.2 土壤

土层较深厚，pH 值为 6.5~7.5。

5 栽培技术

5.1 选用良种
宜选用高产、稳产、优质的品种,小麦可选用熟期早、高抗白粉病的'扬麦11号'等品种。

5.2 种子处理

5.2.1 精选种子
选取大小均匀、饱满的籽粒,剔除虫蛀、霉变、破损、劣杂籽粒。种子质量要达到种子分级二级标准以上,纯度不低于99%,净度不低于98%,发芽率不低于90%,种子含水量不高于13.5%。

5.2.2 播前晒种
播前于晴天晒种2天~3天,以提高发芽率。

5.3 精细播种

5.3.1 整地开沟
小麦收割后,采用旋耕或浅耕进行灭茬,整平后分畦,畦宽2 m左右,并做到三沟配套,畦沟深20 cm,腰沟深30 cm,围沟和总出水沟深40 cm,确保沟系畅通,提高抗灾能力。

5.3.2 施足基肥
提倡增施有机肥作基肥,结合翻地1次施入商品有机肥400 kg/亩~500 kg/亩。

5.3.2.1 肥料使用原则
(1) 持续发展原则。绿色食品小麦生产中所使用的肥料应对环境无不良影响,有利于保护生态环境,保持或提高土壤肥力及土壤生物活性。

(2) 安全优质原则。绿色食品小麦生产中应使用安全、优质的肥料产品,生产安全、优质的绿色食品。肥料的使用应对作物(营养、味道、品质和植物抗性)不产生不良后果。

(3) 化肥减控原则。在保障植物营养有效供给的基础上减少化肥用量,兼顾元素之间的比例平衡,无机氮素用量不得高于当季作物需求量的一半。

(4) 有机为主原则。绿色食品小麦生产过程中肥料种类的选取应以农家肥料、有机肥料、微生物肥料为主,化学肥料为辅。

5.3.2.2 生产用肥料使用规定
(1) 绿色食品小麦生产过程中肥料使用应选用NY/T 394所列肥料种类。

(2) 农家肥料的使用按NY/T 394规定执行。耕作制度允许情况下,宜利用秸秆和绿肥,按照约25:1的比例补充化学氮素。厩肥、堆肥、沤肥、沼肥、饼肥等农家肥料应完全腐熟。

(3) 有机肥料的使用按NY/T 394规定执行,主要以基肥施入,用量视地力和目标产量而定,可配施农家肥料、微生物肥料、有机-无机复混肥料、无机肥料。

(4) 微生物肥料的使用按NY/T 394规定执行。可与农家肥料、有机肥料、微生物肥料配合施用,用于拌种、基肥或追肥。

（5）有机-无机复混肥料、无机肥料在绿色食品小麦生产中作为辅助肥料使用，用来补充农家肥料、有机肥料、微生物肥料所含养分的不足。减控化肥用量，其中无机氮素用量按当地同种作物习惯施肥用量减半使用。

（6）根据土壤障碍因素，可选用土壤调理剂改良土壤。

5.3.3 适时播种

小麦播种适期为10月25日至11月15日，最迟应在11月20日前完成播种。

5.3.4 优化群体

在适期播种的情况下，小麦每亩播种量掌握在 8 kg~10 kg，基本苗15万株~18万株。若播期推迟，可适当增加播种量。

6 田间管理

6.1 苗期管理

出苗以后及时查苗补种，对断垄的立即用同一品种带水补种或浸种催芽补种。地头、地边补种整齐，疙瘩苗进行疏苗清理。

中耕划锄：出苗后遇雨或土壤板结，及时进行划锄，破除板结，通气、保墒，促根系生长。

适时灌溉：在出苗以后至越冬期如遇土壤干旱，要及时浇水培育越冬壮苗，确保安全越冬。

6.2 分蘖期管理

小麦返青期、起身期不追肥不浇水，年后及早划锄，清除杂草，松土、提温、保墒，促根下扎，利于大蘖生长，形成健苗。

结合追肥适时灌溉。可显著提高小麦籽粒的营养品质和加工品质。同时注意防治小麦白粉病、蚜虫等。在孕穗期、抽穗期结合防治病虫害，喷施有机液肥或磷酸二氢钾等叶面肥。在挑旗期至开花期根据土壤墒情及时灌溉，有利于减少小花退化，增加穗粒数。

6.3 开花期管理

小麦开花以后应注意适当控制土壤含水量不要过高，一般不灌溉，尤其要避免麦黄水。及时防治病虫害：加强对病虫害的监测与防治，重点做好小麦赤霉病、白粉病、蚜虫、黏虫的防治。

7 病虫草害防治

7.1 农药使用应符合 NY/T 393 的要求。

7.2 杂草防除以人工除草与药剂防除相结合；在分蘖期做好白粉病、蚜虫的防治；在穗期做好小麦赤霉病、白粉病、蚜虫、黏虫的防治，穗期防治确保施用2次。

7.3 药剂防治

7.3.1 农药使用

7.3.1.1 有害生物防治原则

绿色食品小麦生产中有害生物的防治应遵循以下原则。

(1) 以保持和优化农业生态系统为基础。建立有利于各类天敌繁衍和不利于病虫草害孳生的环境条件，提高生物多样性，维持农业生态系统的平衡。

(2) 优先采用农业措施。如抗病虫品种、种子种苗检疫、培育壮苗、加强栽培管理、中耕除草、耕翻晒垡、清洁田园、轮作倒茬等。

(3) 尽量利用物理和生物措施。如用灯光、色彩诱杀害虫，机械捕捉害虫，释放害虫天敌，机械或人工除草等。

(4) 必要时合理使用低风险农药。如没有足够有效的农业、物理和生物措施，在确保人员、产品和环境安全的前提下按照 7.3.1.2 的规定，配合使用低风险的农药。

7.3.1.2 农药使用准则

(1) 农药选用。

①所选用的农药应符合相关的法律法规，并获得国家农药登记许可。

②应选择对主要防治对象有效的低风险农药品种，提倡兼治和不同作用机理农药交替使用。

③农药剂型宜选用悬浮剂、微囊悬浮剂、水剂、水乳剂、微乳剂、颗粒剂、水分散粒剂和可溶性粒剂等环境友好型剂型。

④绿色食品小麦生产中农药使用应按照 NY/T 393 的规定，优先从 NY/T 393 表 A.1 中选用农药。在 NY/T 393 表 A.1 所列农药不能满足有害生物防治需要时，还可适量使用 NY/T 393 A.2 所列的农药。

(2) 农药使用规范。

①应在主要防治对象的防治适期，根据有害生物的发生特点和农药特性，选择适当的施药方式。

②应按照农药产品标签或 GB/T 8321 和 GB 12475 的规定使用农药，控制施药剂量（或浓度）、施药次数和安全间隔期。

8 适时收获

植株开始枯黄、麦粒坚硬时及时收获。

收获时所用工具要清洁、卫生、无污染。运输工具应清洁、干燥、有防雨设施。

包装、运输、贮存过程中严禁与有毒、有害、有腐蚀性、有异味的物品接触，在避光、常温、干燥和有防潮设施的地方贮藏，贮藏设施应清洁、干燥、通风、无虫害和鼠害，严禁与有毒、有害、有腐蚀性，易发霉、发潮、有异味的物品混存。

第二篇

蔬菜篇

荷葉鼠

绿色食品 大白菜生产技术规程

1 范围

本规程规定了绿色食品大白菜生产所要求的产品质量、产地环境、栽培技术、采收、加工、包装、运输与贮藏等技术。

本规程适用于上海市崇明区绿色食品大白菜的生产。

2 规范性引用文件

下列文件对于本文件的应用是必不可少的。凡是注日期的引用文件,仅所注日期的版本适用于本文件。凡是不注日期的引用文件,其最新版本(包括所有的修改单)适用于本文件。

GB/T 8321（所有部分） 农药合理使用准则

GB/T 5737 食品塑料周转箱

GB 12475 农药贮运、销售和使用的防毒规程

NY/T 391 绿色食品 产地环境质量

NY/T 393 绿色食品 农药使用准则

NY/T 394 绿色食品 肥料使用准则

NY/T 654 绿色食品 白菜类蔬菜

NY/T 658 绿色食品 包装通用准则

NY/T 1056 绿色食品 储藏运输准则

3 产品质量

大白菜质量标准应符合 NY/T 654 的要求。

4 产地环境

生产基地应选择在无污染和生态条件良好的地区。基地选点应远离工矿区和公路铁路干线,避开工业和城市污染源的影响,同时生产基地应具有可持续的生产能力。产地环境应符合 NY/T 391 的要求。

5 栽培技术

5.1 育苗

5.1.1 品种的选择

选择优质、高产、抗逆性强、商品性好的品种。

5.1.2 苗床准备

5.1.2.1 苗床选择

选土壤肥沃、结构良好、便于排灌和通风良好的地段设置苗床。为了避免传染病害，前茬以早熟瓜类、茄果类及豆类为宜。前茬蔬菜收获后，及时耕翻，播种前耙平，并施基肥，再进行浅耕耙平，作成连沟畦宽 1.5 m，长 7 m~10 m，高约 10 cm 的苗床准备播种。

5.1.2.2 播种

播种时需充分喷水，使土块湿透，以在播种穴现水为准，然后趁水播种。每个土块中播种子 5 粒~6 粒，供每亩大田移栽的苗床面积的播种量为 100 g~150 g。

5.2 大田移栽

5.2.1 整地

大白菜种植田块必须深耕细耙，土壤达到疏松、田块平整。

5.2.2 施基肥

在整地的同时，要施用有机肥料作基肥。

5.2.3 种植密度

大型品种按连沟 1.5 m 作畦，在畦面种植白菜 2 行，行距为 45 cm~60 cm，每亩可栽 2 000 株~2 400 株。小型品种宽行株距 50 cm~70 cm，窄行株距均为 33 cm，每亩可栽 3 000 株~4 000 株。

5.3 栽培管理

5.3.1 发芽期管理

防止土壤干燥板结，创造良好的发芽环境和促进幼苗出土。

5.3.2 苗期管理

做好间苗、定苗、补苗，达到苗全、苗齐、苗壮。间苗和定苗宜在晴天阳光强烈时进行，以鉴别和淘汰因病虫发生萎蔫的幼苗，并要浇小水沉落土壤保护根部，并降低土温。补苗应在阴天或傍晚进行，栽后充分浇水同时应偏施肥水，促进生长。补苗应在 5 叶~6 叶进行。在间苗后，浅锄深约 3 cm，以划破土面、松细土表和锄去杂草为度。在定苗后，锄深 5 cm~6 cm，以促进根系向深处发展。

5.3.3 定植

要及早腾田移栽，苗龄在 17 天以内移栽完毕。

5.4 大田管理

5.4.1 莲座期管理

未封垄前仍要中耕除草，但应在晴天、干燥、叶片较软时进行，以免损伤叶片。要掌握"深锄沟，浅锄背"的原则，垄背深度不超过 4 cm~5 cm，垄沟深度可达 8 cm~10 cm，封垄后不再中耕。

5.4.2 结球期管理

结球期是大白菜重量增加最快的时期，吸水肥量最大，从结球初期开始均衡供肥，保持土壤湿润状态。一般隔 5 天~7 天浇水 1 次，浇水时要求水量均匀，收获前 7 天~10 天停止浇水。

5.4.3 束叶

在结球完成以后，在收获前都要进行束叶。用稻草在离球顶 10 cm~15 cm 处把外叶捆起，这样既可防冻，又便于收获。但是束叶不能过早，以免影响光合作用，妨碍结球白菜的正常生长。

5.5 水肥管理

在各个不同的生长时期，进行适宜的肥水管理。

5.5.1 施肥技术

肥料使用必须满足作物对营养元素的需要，使足够数量的有机物质返回土壤，以保持或增加土壤肥力及土壤生物活性。所有有机肥料与无机（矿质）肥料，尤其是富含氮的肥料只有在对环境和作物（营养、味道、品质和植物抗性）不产生不良后果时方可使用。

5.5.2 肥料使用原则

5.5.2.1 持续发展原则

绿色食品大白菜生产中所使用的肥料应对环境无不良影响，有利于保护生态环境，保持或提高土壤肥力及土壤生物活性。

5.5.2.2 安全优质原则

绿色食品大白菜生产中应使用安全、优质的肥料产品，生产安全、优质的绿色食品。肥料的使用应对作物（营养、味道、品质和植物抗性）不产生不良后果。

5.5.2.3 化肥减控原则

在保障植物营养有效供给的基础上减少化肥用量，兼顾元素之间的比例平衡，无机氮素用量不得高于当季作物需求量的一半。

5.5.2.4 有机为主原则

绿色食品大白菜生产过程中肥料种类的选取应以农家肥料、有机肥料、微生物肥料为主，化学肥料为辅。

5.5.3 生产用肥料使用规定

5.5.3.1 绿色食品大白菜生产过程中肥料使用应选用 NY/T 394 所列肥料种类。

5.5.3.2 农家肥料的使用按 NY/T 394 规定执行。耕作制度允许情况下，宜利用秸秆和绿肥，按照约 25∶1 的比例补充化学氮素。厩肥、堆肥、沤肥、沼肥、饼肥等农家肥料应完全腐熟。

5.5.3.3 有机肥料的使用按 NY/T 394 规定执行，主要以基肥施入，用量视地力和目标产量而定,可配施农家肥料、微生物肥料、有机-无机复混肥料、无机肥料。

5.5.3.4 微生物肥料的使用按 NY/T 394 规定执行。可与肥料、有机肥料、微生物肥料配合施用,用于拌种、基肥或追肥。

5.5.3.5 有机-无机复混肥料、无机肥料在绿色食品大白菜生产中作为辅助肥料使用,用来补充农家肥料、有机肥料、微生物肥料所含养分的不足。减控化肥用量,其中无机氮素用量按当地同种作物习惯施肥用量减半使用。

5.5.3.6 根据土壤障碍因素,可选用土壤调理剂改良土壤。

5.5.4 施肥方法

5.5.4.1 基肥

苗床基肥:设置苗床的田块在播种前应耕秒耙平,并每亩施入商品有机肥料 1 000 kg~2 000 kg作基肥。

大田基肥:大田整地的同时,要施用商品有机质肥料作基肥,每亩施用肥料 2 000 kg~3 000 kg。

5.5.4.2 追肥

莲座期:在定苗或定植缓苗后,在行间或株间开穴或小沟追肥,追施适量肥料,然后灌水 1 次。以后如天气干旱,要根据土壤干湿状况进行浇水。

结球期:重点在结球始期和中期,开始包心时立即追肥,每亩追施复合肥或尿素。追肥后均需结合灌水。灌水的方法仍然以缓水慢浸的方法为好。

5.6 病虫草害防治技术

5.6.1 主要病虫害

崇明地区防治的主要病虫害有软腐病、霜霉病、夜蛾类、小菜蛾、菜青虫、蚜虫等。

5.6.2 有害生物防治原则

绿色食品大白菜生产中有害生物的防治应遵循以下原则。

5.6.2.1 以保持和优化农业生态系统为基础

建立有利于各类天敌繁衍和不利于病虫草害孳生的环境条件,提高生物多样性,维持农业生态系统的平衡。

5.6.2.2 优先采用农业措施

如抗病虫品种、种子种苗检疫、培育壮苗、加强栽培管理、中耕除草、耕翻晒垡、清洁田园、轮作倒茬等。

5.6.2.3 尽量利用物理和生物措施

如用灯光、色彩诱杀害虫,机械捕捉害虫,释放害虫天敌,机械或人工除草等。

5.6.2.4 必要时合理使用低风险农药

如没有足够有效的农业、物理和生物措施,在确保人员、产品和环境安全的前提下按照5.6.3的规定,配合使用低风险的农药。

5.6.3 农药使用准则
5.6.3.1 农药选用
（1）所选用的农药应符合相关的法律法规，并获得国家农药登记许可。

（2）应选择对主要防治对象有效的低风险农药品种，提倡兼治和不同作用机理农药交替使用。

（3）农药剂型宜选用悬浮剂、微囊悬浮剂、水剂、水乳剂、微乳剂、颗粒剂、水分散粒剂和可溶性粒剂等环境友好型剂型。

（4）绿色食品大白菜生产中农药使用应按照 NY/T 393 的规定，优先从 NY/T 393 表 A.1 中选用农药。在 NY/T 393 表 A.1 所列农药不能满足有害生物防治需要时，还可适量使用 NY/T 393 A.2 所列的农药。

5.6.3.2 农药使用规范
（1）应在主要防治对象的防治适期，根据有害生物的发生特点和农药特性，选择适当的施药方式。

（2）应按照农药产品标签或 GB/T 8321 和 GB 12475 的规定使用农药，控制施药剂量（或浓度）、施药次数和安全间隔期。

6 采收

大白菜采收时间，因品种各异而有所区别，一般为当大白菜叶球结实后，表明生长成熟，便可采收了。晚熟品种可根据市场需要分期采收，但应在严霜来临前全部采收完。早熟品种成熟期较早，如成熟后仍然继续留在田间，会发生脱帮、腐烂以致抽薹等现象而造成损失，因此必须及时采收。

7 加工

7.1 去叶
把大白菜轻放在操作台上，保留 4 片~5 片外叶，人工除去多余外叶。

7.2 分拣
剔除腐烂、焦边、胀裂、脱帮、抽薹、烧心、冻害、病虫害、机械伤等明显不合格的大白菜。

7.3 切根
用刀在叶球根基部把根茎切平，每切 10 棵后刀要放入 500 倍高锰酸钾溶液中消毒。

7.4 除渍
用干净抹布抹去大白菜叶球及外叶上的泥渍、杂质、水滴。

7.5 规格划分
用电子秤称单株重量、用厘米刻度尺量球径进行规格划分，分为 M、L、2L 3 种规格（表1）。

表1 大白菜叶球的规格及包装要求

规格	株数（株）	单株重量（kg）	球径（cm）
M	5~6	2.00~2.50	14~15
L	4~5	2.50~3.00	15~16
2L	3~4	3.00~3.50	16~17

8 包装、运输与贮藏

8.1 包装

包装材料应符合 NY/T 658 的要求，选择整洁、干燥、牢固、美观、无污染、无异味、内壁无尖突物现象的塑料周转箱（应符合 GB/T 5737 的要求），将上述大白菜放入塑料周转箱中装车上市。

8.2 运输、贮藏

贮藏与运输应符合 NY/T 1056 的要求。运输工具在装货前应清洗、消毒，做到洁净、无毒、无异味。运输过程中，防止温度剧变、挤压、剧烈震动，不得与有害物质混运，严防运输污染。

绿色食品 青菜生产技术规程

1 范围

本规程规定了绿色食品青菜生产所要求的产品质量、产地环境、栽培技术、采收与整理、包装与贮藏等技术。

本规程适用于上海市崇明区绿色食品青菜的生产。

2 规范性引用文件

下列文件对于本文件的应用是必不可少的。凡是注日期的引用文件，仅所注日期的版本适用于本文件。凡是不注日期的引用文件，其最新版本（包括所有的修改单）适用于本文件。

GB 5749 　　生活饮用水卫生标准

GB/T 8321（所有部分）　农药合理使用准则

GB/T 5737 　食品塑料周转箱

GB 12475 　农药贮运、销售和使用的防毒规程

NY/T 391 　绿色食品　产地环境质量

NY/T 393 　绿色食品　农药使用准则

NY/T 394 　绿色食品　肥料使用准则

NY/T 654 　绿色食品　白菜类蔬菜

NY/T 658 　绿色食品　包装通用准则

NY/T 1056 　绿色食品　储藏运输准则

3 产品质量

青菜质量标准应符合 NY/T 654 的要求。

4 产地环境

生产基地应选择在无污染和生态条件良好的地区。基地选点远离工矿区和公路干线，避开工业和城市污染的影响，同时生产基地应具有可持续的生产能力。环境应符合绿色食品产地环境技术条件 NY/T 391 的要求。

5 栽培技术

5.1 育苗前准备

5.1.1 品种选择

选用优质、高产、抗病的品种,并根据不同季节选用不同的品种,或根据客户需求来选择各类优质种子。

5.1.2 播前深耕

播种前10天左右,在前茬清理完毕的基础上,每亩投入商品有机肥1 000 kg~2 000 kg,然后机械翻耕。

5.1.3 机械开沟

播种前5天左右开沟,畦宽1.2 m,沟宽30 cm,沟深25 cm;每15 m开1条腰沟,四周开围沟,沟深30 cm,沟宽30 cm;人工清理沟系,确保排水通畅。

5.2 播种育苗

5.2.1 畦面平整

用六齿耙拉平畦面,土壤颗粒不超过0.3 cm。播前1天苗床浇足水(或雨后2小时泥湿深度10 cm左右)。

5.2.2 种子精选

剔除霉籽、瘪籽、虫籽等,选用优良、饱满的种子。

5.2.3 播种

每亩苗床需种量0.3 kg~0.75 kg,定量定畦均匀撒播,播后浅耙畦面,然后踏实,用2层遮阳网覆盖畦面。

5.3 苗期管理

5.3.1 出苗期管理

播种后3天~4天,出苗达到60%~70%时揭去遮阳网(夏季育苗),同时拔除苗床杂草,如苗床较干需及时浇水。

5.3.2 秧苗期管理

5.3.2.1 水分管理

保持适度墒情(土壤含水量60%左右),不足时应补水,雨水无积水。

5.3.2.2 合理施肥

在此叶期,依据长势,若苗弱、苗小、叶呈淡黄色,每亩施尿素2.5 kg~3 kg。

5.3.2.3 病虫害发生与防治

注意观察小菜蛾、菜青虫、甜菜夜蛾、蚜虫、霜霉病等的发生。

5.3.3 壮苗标准

叶片4片~5片,苗龄一般25天~30天,无病虫害,叶色清秀,根系发达。

5.4 定植

5.4.1 大田准备

5.4.1.1 大田选择

大田选择必须符合产地要求，土壤肥沃，排灌方便，保水保肥力强的土地。

5.4.1.2 深耕

定植前 10 天左右，在前茬清理完毕的基础上，每亩投入商品有机肥 1 000 kg~2 000 kg，然后机械翻耕。

5.4.1.3 机械开沟

定植前 3 天左右用蔬菜开沟机开沟，畦宽 1.2 m，沟宽 30 cm，沟深 25 cm；每 15 m 开 1 条腰沟，四周开围沟，沟深 30 cm，沟宽 30 cm；然后人工清理沟系，确保排水通畅。

5.4.2 起苗

起苗前 2 天~3 天，混喷保护性广谱灭菌剂与针对性杀虫剂 1 次，起苗前 1 天，浇足水分（泥湿深度 10 cm）。起苗时用小刀挑起，不伤及主根，按大苗（4 片~5 片叶）、小苗（3 片~4 片叶）分级摆放，剔除劣苗，按级分别定植。

5.4.3 定植方法

用定植刀挖穴，把秧苗根埋入穴中，深度与根基相平，培实四周土壤，株距×行距为（12~15）cm×（15~18）cm，定植后浇定根水 1 次~2 次。

5.5 生长期管理

5.5.1 水分管理

保持一定墒情（土壤含水量 60%~70%），不足时补水，雨时不积水。

5.5.2 肥料使用准则

5.5.2.1 肥料使用原则

（1）持续发展原则。绿色食品青菜生产中所使用的肥料应对环境无不良影响，有利于保护生态环境，保持或提高土壤肥力及土壤生物活性。

（2）安全优质原则。绿色食品青菜生产中应使用安全、优质的肥料产品，生产安全、优质的绿色食品。肥料的使用应对作物（营养、味道、品质和植物抗性）不产生不良后果。

（3）化肥减控原则。在保障植物营养有效供给的基础上减少化肥用量，兼顾元素之间的比例平衡，无机氮素用量不得高于当季作物需求量的一半。

（4）有机为主原则。绿色食品青菜生产过程中肥料种类的选取应以农家肥料、有机肥料、微生物肥料为主，化学肥料为辅。

5.5.2.2 生产用肥料使用规定

（1）绿色食品青菜生产过程中肥料使用应选用 NY/T 394 所列肥料种类。

（2）农家肥料的使用按 NY/T 394 规定执行。耕作制度允许情况下，宜利用秸秆和绿肥，按照约 25∶1 的比例补充化学氮素。厩肥、堆肥、沤肥、沼肥、饼肥等农家肥料应完全腐熟。

（3）有机肥料的使用按 NY/T 394 规定执行，主要以基肥施入，用量视地力和目标产量而定，可配施农家肥料、微生物肥料、有机-无机复混肥料、无机肥料。

（4）微生物肥料的使用按 NY/T 394 规定执行。可与农家肥料、有机肥料、微生物肥料配合施用，用于拌种、基肥或追肥。

（5）有机-无机复混肥料、无机肥料在绿色食品青菜生产中作为辅助肥料使用，用来补充农家肥料、有机肥料、微生物肥料所含养分的不足。减控化肥用量，其中无机氮素用量按当地同种作物习惯施肥用量减半使用。

（6）根据土壤障碍因素，可选用土壤调理剂改良土壤。

5.5.3 中耕除草

活棵后中耕除草 1 次，以后视情况再中耕除草 1 次。

5.6 病虫害防治

5.6.1 主要病虫害

虫害：小菜蛾、菜青虫、蚜虫、菜螟、甜菜夜蛾等。

病害：霜霉病等。

5.6.2 有害生物防治原则

绿色食品青菜生产中有害生物的防治应遵循以下原则。

5.6.2.1 以保持和优化农业生态系统为基础

建立有利于各类天敌繁衍和不利于病虫草害孳生的环境条件，提高生物多样性，维持农业生态系统的平衡。

5.6.2.2 优先采用农业措施

如抗病虫品种、种子种苗检疫、培育壮苗、加强栽培管理、中耕除草、耕翻晒垡、清洁田园、轮作倒茬等。

5.6.2.3 尽量利用物理和生物措施

如用灯光、色彩诱杀害虫，机械捕捉害虫，释放害虫天敌，机械或人工除草等。

5.6.2.4 必要时合理使用低风险农药

如没有足够有效的农业、物理和生物措施，在确保人员、产品和环境安全的前提下按照 5.6.3 的规定，配合使用低风险的农药。

5.6.3 农药使用准则

5.6.3.1 农药选用

（1）所选用的农药应符合相关的法律法规，并获得国家农药登记许可。

（2）应选择对主要防治对象有效的低风险农药品种，提倡兼治和不同作用机理农药交替使用。

（3）农药剂型宜选用悬浮剂、微囊悬浮剂、水剂、水乳剂、微乳剂、颗粒剂、水分散粒剂和可溶性粒剂等环境友好型剂型。

（4）绿色食品青菜生产中农药使用应按照 NY/T 393 的规定，优先从 NY/T 393 表 A.1 中选用农药。在 NY/T 393 表 A.1 所列农药不能满足有害生物防治需要时，还可适量使用 NY/T 393 A.2 所列的农药。

5.6.3.2　农药使用规范

（1）应在主要防治对象的防治适期，根据有害生物的发生特点和农药特性，选择适当的施药方式。

（2）应按照农药产品标签或 GB/T 8321 和 GB 12475 的规定使用农药，控制施药剂量（或浓度）、施药次数和安全间隔期。

6　采收与整理

6.1　采收

青菜从 4 片~5 片叶的幼苗到成株均可采收。当植株重达到 120 g~160 g 或符合客户要求的标准时可开始采收。

采收按标准分批进行，用刀在根基部截断，放入塑料蔬菜周转箱内（蔬菜周转箱符合 GB/T 5737 规定），在 2 小时内应运抵加工厂。装卸、运输时要轻拿、轻放。

6.2　整理

6.2.1　去叶

把青菜轻放在操作台上，每棵保留 7 片~8 片长成叶或按客户要求的标准，除去多余外叶。

6.2.2　除渍

把青菜放在清水（符合 GB 5749—2022 要求）中洗去泥渍、杂质等。

6.2.3　分捡

剔除黄叶、叶柄折断、病虫害、机械伤等明显不合格的青菜。

6.2.4　切根

用刀在根基部把根茎切平。

7　包装与贮藏

7.1　包装

7.1.1　包装材料

要求使用国家允许使用的材料，选择整洁、干燥、牢固、美观、无污染、无异味、内壁无尖突物和无虫蛀、腐烂、霉变现象的包装容器，纸箱无受潮离层现象。规格一般为 50 cm × 40 cm × 18 cm，成品纸箱耐压强度为 400 kg/m^2 以上。

7.1.2　包装条件

应符合 NY/T 658 的要求。

7.2 贮藏

贮藏应符合 NY/T 1056 的要求。

贮藏须在通风、清洁、卫生的条件下进行,严防暴晒、雨淋、冻害及有毒物质的污染。最佳贮藏温度为 2℃~5℃,相对湿度为 70%~80%,库内堆码应保持空气均匀流通,堆码时包装箱距地 20 cm,距墙 30 cm,最高码层为 10 层。

绿色食品 鸡毛菜生产技术规程

1 范围

本规程规定了绿色食品鸡毛菜生产所要求的产品质量、产地环境、栽培技术、采收与整理等技术。

本规程适用于上海市崇明区绿色食品鸡毛菜的生产。

2 规范性引用文件

下列文件对于本文件的应用是必不可少的。凡是注日期的引用文件，仅所注日期的版本适用于本文件。凡是不注日期的引用文件，其最新版本（包括所有的修改单）适用于本文件。

GB 5749　生活饮用水卫生标准

GB/T 8321（所有部分）　农药合理使用准则

GB/T 5737　食品塑料周转箱

GB 12475　农药贮运、销售和使用的防毒规程

NY/T 391　绿色食品　产地环境质量

NY/T 393　绿色食品　农药使用准则

NY/T 394　绿色食品　肥料使用准则

NY/T 654　绿色食品　白菜类蔬菜

NY/T 658　绿色食品　包装通用准则

NY/T 1056　绿色食品　储藏运输准则

3 产品质量

鸡毛菜质量标准应符合 NY/T 654 的要求。

4 产地环境

生产基地应选择在无污染和生态条件良好的地区。基地选点远离工矿区和公路干线，避开工业和城市污染的影响，同时生产基地应具有可持续的生产能力。环境应符合绿色食品产地环境技术条件 NY/T 391 的要求。

5 栽培技术

5.1 育苗前准备

5.1.1 品种选择

选用优质，高产，抗病的品种，并根据不同季节选用不同的品种，或根据客户需求来选择各类优质种子。

5.1.2 播前深耕

播种前10天左右，在前茬清理完毕的基础上，每亩投入充分腐熟的农家肥1 000 kg~2 000 kg或商品有机肥1 000 kg，然后机械翻耕。

5.1.3 机械开沟

播种前5天左右开沟，畦宽1.2 m，沟宽30 cm，沟深25 cm；每15 m开一条腰沟，四周开围沟，沟深30 cm，沟宽30 cm；人工清理沟系，确保排水通畅。

5.2 直播

5.2.1 畦面平整

用六齿耙拉平畦面，土壤颗粒不超过0.3 cm。播前1天浇足水（或雨后2小时泥湿深度10 cm左右）。

5.2.2 种子精选

剔除霉籽、瘪籽、虫籽等，选用优良、饱满的种子。

5.2.3 播种

每亩需种量因季节不同而有差异，一般春季和冬季用种量为2 kg；夏季用种量为2 kg~4 kg，定量定畦均匀撒播，播后浅耙畦面，然后踏实，夏季用2层遮阳网覆盖畦面。

5.3 生长期管理

5.3.1 出苗期管理

播种后3天~4天，出苗达到60%~70%时揭去遮阳网（夏季育苗），同时拔除杂草，如土壤较干需及时浇水。

5.3.2 水分管理

保持适度墒情（土壤含水量60%左右），不足时应补水，雨水无积水。

5.3.3 肥料管理

出苗后一般追肥2次，施尿素或叶面肥适量。

5.3.3.1 肥料使用原则

（1）持续发展原则。绿色食品鸡毛菜生产中所使用的肥料应对环境无不良影响，有利于保护生态环境，保持或提高土壤肥力及土壤生物活性。

（2）安全优质原则。绿色食品鸡毛菜生产中应使用安全、优质的肥料产品，生产安全、优质的绿色食品。肥料的使用应对作物（营养、味道、品质和植物抗性）不产生不良后果。

（3）化肥减控原则。在保障植物营养有效供给的基础上减少化肥用量，兼顾元素之间的比例平衡，无机氮素用量不得高于当季作物需求量的一半。

（4）有机为主原则。绿色食品鸡毛菜生产过程中肥料种类的选取应以农家肥料、有机肥料、微生物肥料为主，化学肥料为辅。

5.3.3.2 生产用肥料使用规定

（1）绿色食品鸡毛菜生产过程中肥料使用应选用 NY/T 394 所列肥料种类。

（2）农家肥料的使用按 NY/T 394 规定执行。耕作制度允许情况下，宜利用秸秆和绿肥，按照约 25∶1 的比例补充化学氮素。厩肥、堆肥、沤肥、沼肥、饼肥等农家肥料应完全腐熟。

（3）有机肥料的使用按 NY/T 394 规定执行，主要以基肥施入，用量视地力和目标产量而定，可配施农家肥料、微生物肥料、有机-无机复混肥料、无机肥料。

（4）微生物肥料的使用按 NY/T 394 规定执行。可与农家肥料、有机肥料、微生物肥料配合施用，用于拌种、基肥或追肥。

（5）有机-无机复混肥料、无机肥料在绿色食品鸡毛菜生产中作为辅助肥料使用，用来补充农家肥料、有机肥料、微生物肥料所含养分的不足。减控化肥用量，其中无机氮素用量按当地同种作物习惯施肥用量减半使用。

（6）根据土壤障碍因素，可选用土壤调理剂改良土壤。

5.4 病虫害防治

5.4.1 主要病虫害

虫害：地下害虫、小菜蛾等。

病害：霜霉病等。

5.4.2 有害生物防治原则

绿色食品鸡毛菜生产中有害生物的防治应遵循以下原则。

5.4.2.1 以保持和优化农业生态系统为基础

建立有利于各类天敌繁衍和不利于病虫草害孳生的环境条件，提高生物多样性，维持农业生态系统的平衡。

5.4.2.2 优先采用农业措施

如抗病虫品种、种子种苗检疫、培育壮苗、加强栽培管理、中耕除草、耕翻晒垡、清洁田园、轮作倒茬等。

5.4.2.3 尽量利用物理和生物措施

如用灯光、色彩诱杀害虫，机械捕捉害虫，释放害虫天敌，机械或人工除草等。

5.4.2.4 必要时合理使用低风险农药

如没有足够有效的农业、物理和生物措施，在确保人员、产品和环境安全的前提下按照 5.4.3 的规定，配合使用低风险的农药。

5.4.3 农药使用准则

5.4.3.1 农药选用

（1）所选用的农药应符合相关的法律法规，并获得国家农药登记许可。

（2）应选择对主要防治对象有效低风险农药品种，提倡兼治和不同作用机理农药交替使用。

（3）农药剂型宜选用悬浮剂、微囊悬浮剂、水剂、水乳剂、微乳剂、颗粒剂、水分散粒剂和可溶性粒剂等环境友好型剂型。

（4）绿色食品鸡毛菜生产农药使用应按照 NY/T 393 的规定，优先从 NY/T 393 表 A.1 中选用农药。在 NY/T 393 表 A.1 所列农药不能满足有害生物防治需要时，还可适量使用 NY/T 393 A.2 所列的农药。

5.4.3.2 农药使用规范

（1）应在主要防治对象的防治适期，根据有害生物的发生特点和农药特性，选择适当的施药方式。

（2）应按照农药产品标签或 GB/T 8321 和 GB 12475 的规定使用农药，控制施药剂量（或浓度）、施药次数和安全间隔期。

6 采收与整理

6.1 采收

当植株重达到客户要求的标准时可开始采收。

采收按标准分批进行，用刀在根基部截断，放入塑料蔬菜周转箱内（蔬菜周转箱符合 GB/T 5737 规定），装卸、运输时要轻拿、轻放。

6.2 整理

6.2.1 除渍

把鸡毛菜放在清水（符合 GB 5749—2022 要求）中洗去泥渍、杂质等。

6.2.2 分捡

剔除黄叶、叶柄折断、病虫害、机械伤等明显不合格的鸡毛菜。

绿色食品 杭白菜生产技术规程

1 范围

本规程规定了绿色食品杭白菜生产所要求的产品质量、产地环境、栽培技术、采收与整理、包装与贮藏等技术。

本规程适用于上海市崇明区绿色食品杭白菜的生产。

2 规范性引用文件

下列文件对于本文件的应用是必不可少的。凡是注日期的引用文件，仅所注日期的版本适用于本文件。凡是不注日期的引用文件，其最新版本（包括所有的修改单）适用于本文件。

GB 5749 生活饮用水卫生标准

GB/T 5737 食品塑料周转箱

GB/T 8321（所有部分） 农药合理使用准则

GB 12475 农药贮运、销售和使用的防毒规程

NY/T 391 绿色食品 产地环境质量

NY/T 393 绿色食品 农药使用准则

NY/T 394 绿色食品 肥料使用准则

NY/T 654 绿色食品 白菜类蔬菜

NY/T 658 绿色食品 包装通用准则

NY/T 1056 绿色食品 储藏运输准则

3 产品质量

杭白菜质量标准应符合 NY/T 654 的要求。

4 产地环境

生产基地应选择在无污染和生态条件良好的地区。基地选点应远离工矿区和公路铁路干线，避开工业和城市污染源的影响，同时生产基地应具有可持续的生产能力。产地环境应符合 NY/T 391 的要求。

5 栽培技术

5.1 育苗

5.1.1 品种的选择

品种选用国内外优良非转基因品种，或由客户指定的非转基因品种。

5.1.2 苗床准备

5.1.2.1 苗床选择

苗床必须选择土壤肥沃，排、灌方便，杂草基数少的土地。

5.1.2.2 播前深耕

播前30天左右，投入商品有机肥1 000 kg/亩~2 000 kg/亩机械耕翻，深度20 cm~25 cm。

5.1.2.3 二次旋耕

播前20天左右，进行第一次机械旋耕；播前15天左右，进行第二次机械旋耕。

5.1.2.4 机械开沟

播前10天左右，用蔬菜开沟机开沟，畦宽1.2 m，沟宽30 cm，沟深25 cm；每15 m开1条腰沟，四周开围沟，沟深30 cm，沟宽30 cm，要求二次成型；然后人工清理沟系，确保排水通畅。

5.1.2.5 土壤处理

播前3天~4天，用六齿耙人工精细平整畦面。

5.1.2.6 盖籽泥的准备

播种前2天左右，按园土：糠灰为6：4的要求，3 m^3/亩用量配置，盖籽土颗粒直径不大于0.2 cm，盖上农膜，备用。

5.1.3 播种育苗

5.1.3.1 精整畦面

六齿耙人工拉平畦面，土壤颗粒不超过0.3 cm。播前1天浇足水（或雨后2小时泥湿深度10 cm左右）。

5.1.3.2 种子处理

剔除霉籽、瘪籽、虫籽等。

5.1.3.3 精细播种

每亩苗床需种量350 g~550 g；定量定畦均匀撒播，然后覆上盖籽泥，厚度0.3 cm，用2层遮阳网覆盖畦面。

5.2 苗期管理

5.2.1 出苗期管理

播种后3天~4天，出苗60%~70%时，应及时用竹拱棚支起遮阳网，同时拔除苗床杂草。如苗床较干需及时补水。

5.2.2 秧苗期管理
5.2.2.1 水分管理
保持适度墒情（土壤含水量60%左右），不足时应补水，雨时无积水。
5.2.2.2 病虫害发生与防治
注意观察小菜蛾、菜青虫、蚜虫、甜菜夜蛾、蜗牛、野蛞蝓、霜霉病、炭疽病、软腐病、病毒病等的发生。

5.3 定植
5.3.1 大田准备
5.3.1.1 大田选择
大田选择必须符合产地环境要求，土壤肥沃，排、灌方便，杂草基数少的土地。
5.3.1.2 深耕
定植前10天左右，在前茬清理完毕的基础上，投入商品有机肥1 000 kg/亩~2 000 kg/亩，然后机械翻耕，深度为20 cm~25 cm。
5.3.1.3 二次旋耕
在定植前3天左右进行第二次旋耕，然后进行机械平整。
5.3.1.4 机械开沟
定植前3天左右，用蔬菜开沟机开沟，畦宽1.2 m，沟宽30 cm，沟深25 cm；每15 m开1条腰沟，四周开围沟，沟深30 cm，沟宽30 cm，要求二次成型；然后人工清理沟系，确保排水通畅。

5.3.2 除草处理
定植前2天~3天，用人工进行除草处理。

5.3.3 起苗
起苗前1天浇足水分（泥湿深度10 cm）。起苗时用小刀挑起，不伤及主根。

5.3.4 定植
用小刀挖坑，把秧苗根埋入坑中，深度与根基部相平，培实四周土壤，株距×行距：(15~18)cm × (12~15)cm，浇定根水1次~2次。

5.4 生长期管理
5.4.1 水的管理
保持一定墒情（土壤含水量60%~70%），不足时补水，雨时不积水。
5.4.2 肥料运筹
根据长势情况适量追施1次肥料，收获前15天停止用肥。
5.4.3 肥料使用准则
5.4.3.1 肥料使用原则
（1）持续发展原则。绿色食品杭白菜生产中所使用的肥料应对环境无不良影响，有利于保护生态环境，保持或提高土壤肥力及土壤生物活性。

（2）安全优质原则。绿色食品杭白菜生产中应使用安全、优质的肥料产品，生产安全、优质的绿色食品。肥料的使用应对作物（营养、味道、品质和植物抗性）不产生不良后果。

（3）化肥减控原则。在保障植物营养有效供给的基础上减少化肥用量，兼顾元素之间的比例平衡，无机氮素用量不得高于当季作物需求量的一半。

（4）有机为主原则。绿色食品杭白菜生产过程中肥料种类的选取应以农家肥料、有机肥料、微生物肥料为主，化学肥料为辅。

5.4.3.2 生产用肥料使用规定

（1）绿色食品杭白菜生产过程中肥料使用应选用 NY/T 394 所列肥料种类。

（2）农家肥料的使用按 NY/T 394 规定执行。耕作制度允许情况下，宜利用秸秆和绿肥，按照约 25∶1 的比例补充化学氮素。厩肥、堆肥、沤肥、沼肥、饼肥等农家肥料应完全腐熟。

（3）有机肥料的使用按 NY/T 394 规定执行，主要以基肥施入，用量视地力和目标产量而定，可配施农家肥料、微生物肥料、有机-无机复混肥料、无机肥料。

（4）微生物肥料的使用按 NY/T 394 规定执行。可与农家肥料、有机肥料、微生物肥料配合施用，用于拌种、基肥或追肥。

（5）有机-无机复混肥料、无机肥料在绿色食品杭白菜生产中作为辅助肥料使用，用来补充农家肥料、有机肥料、微生物肥料所含养分的不足。减控化肥用量，其中无机氮素用量按当地同种作物习惯施肥用量减半使用。

5.4.4 中耕除草

活棵后中耕除草 1 次。

5.5 病虫害防治

5.5.1 主要病虫害

小菜蛾、菜青虫、蚜虫、甜菜夜蛾、斜纹夜蛾、黄条跳甲、霜霉病、炭疽病、软腐病、病毒病等。

5.5.2 有害生物防治原则

绿色食品杭白菜生产中有害生物的防治应遵循以下原则。

5.5.2.1 以保持和优化农业生态系统为基础

建立有利于各类天敌繁衍和不利于病虫草害孳生的环境条件，提高生物多样性，维持农业生态系统的平衡。

5.5.2.2 优先采用农业措施

如抗病虫品种、种子种苗检疫、培育壮苗、加强栽培管理、中耕除草、耕翻晒垡、清洁田园、轮作倒茬等。

5.5.2.3 尽量利用物理和生物措施

如用灯光、色彩诱杀害虫，机械捕捉害虫，释放害虫天敌，机械或人工除草等。

5.5.2.4 必要时合理使用低风险农药

如没有足够有效的农业、物理和生物措施，在确保人员、产品和环境安全的前提下

按照 5.5.3 的规定，配合使用低风险的农药。

5.5.3 农药使用准则

5.5.3.1 农药选用

（1）所选用的农药应符合相关的法律法规，并获得国家农药登记许可。

（2）应选择对主要防治对象有效的低风险农药品种，提倡兼治和不同作用机理农药交替使用。

（3）农药剂型宜选用悬浮剂、微囊悬浮剂、水剂、水乳剂、微乳剂、颗粒剂、水分散粒剂和可溶性粒剂等环境友好型剂型。

（4）绿色食品杭白菜生产农药使用应按照 NY/T 393 的规定，优先从 NY/T 393 表 A.1 中选用农药。在 NY/T 393 表 A.1 所列农药不能满足有害生物防治需要时，还可适量使用 NY/T 393 A.2 所列的农药。

5.5.3.2 农药使用规范

（1）应在主要防治对象的防治适期，根据有害生物的发生特点和农药特性，选择适当的施药方式。

（2）应按照农药产品标签或 GB/T 8321 和 GB 12475 的规定使用农药，控制施药剂量（或浓度）、施药次数和安全间隔期。

6 采收与整理

6.1 采收

6.1.1 杭白菜从 4 片~5 片叶的幼苗到成株均可采收。当杭白菜植株高达到 30 cm~35 cm 不包心时或符合客户要求的标准时，可开始采收。

6.1.2 采收时按标准分批采收，用刀在根基部截断，放入塑料蔬菜周转箱内（应符合 GB/T 5737 的规定），在 2 小时内应运抵分捡、整理、包装场所，装卸、运输时要轻拿、轻放。

6.2 整理

6.2.1 整修

把杭白菜轻放在操作台上，去除黄叶、虫斑叶。

6.2.2 除渍

把杭白菜放在自来水（应符合 GB 5749 的要求）中清洗去泥渍、杂质等。

6.2.3 分捡

剔除黄叶、叶柄折断、焦边、病虫害、抽薹、机械伤等明显不合格杭白菜。

7 包装与贮藏

7.1 包装

7.1.1 包装材料应符合 NY/T 658 的要求。选择整洁、干燥、牢固、美观、无污染、无异味、内壁无尖突物、无虫蛀、腐烂、霉变现象的包装容器；纸箱无受潮离层现象，规格一般为 45.6 cm × 35.5 cm × 25 cm，成品纸箱耐压强度为 400 kg/m²以上。

7.1.2 按规格要求，把杭白菜放在规定纸箱中，电子秤称重，每箱杭白菜净含量为 5 kg，纸箱外标明品名、产地、生产者名称、规格、毛重、净重、采收日期等。

7.2 贮藏

贮藏应符合 NY/T 1056 的要求。须在通风、清洁、卫生的条件下进行，严防暴晒、雨淋、冻害及有毒物质的污染。

绿色食品 塌菜生产技术规程

1 范围

本规程规定了绿色食品塌菜生产所要求的产品质量、产地环境、栽培技术、采收与整理、包装与贮藏等技术。

本规程适用于上海市崇明区绿色食品塌菜的生产。

2 规范性引用文件

下列文件对于本文件的应用是必不可少的。凡是注日期的引用文件，仅所注日期的版本适用于本文件。凡是不注日期的引用文件，其最新版本（包括所有的修改单）适用于本文件。

GB 5749 生活饮用水卫生标准

GB/T 8321（所有部分） 农药合理使用准则

GB 12475 农药贮运、销售和使用的防毒规程

NY/T 391 绿色食品 产地环境质量

NY/T 393 绿色食品 农药使用准则

NY/T 394 绿色食品 肥料使用准则

NY/T 658 绿色食品 包装通用准则

NY/T 654 绿色食品 白菜类蔬菜

NY/T 1056 绿色食品 储藏运输准则

3 产品质量

塌菜质量标准应符合 NY/T 654 的要求。

4 产地环境

生产基地应选择在无污染和生态条件良好的地区。基地选点应远离工矿区和公路铁路干线，避开工业和城市污染源的影响，同时生产基地应具有可持续的生产能力。产地环境应符合 NY/T 391 的要求。

5 栽培技术

5.1 育苗

5.1.1 品种的选择

选择优质、高产、抗逆性强、商品性好的品种。

5.1.2 苗床准备

5.1.2.1 苗床选择

苗床必须选择土壤肥沃,排、灌方便。

5.1.2.2 播前深耕

播前 30 天左右,投入商品有机肥 1 000 kg/亩~2 000 kg/亩机械耕翻,深度 20 cm~25 cm。

5.1.2.3 二次旋耕

播前 20 天左右,进行第一次机械旋耕;播前 15 天左右,进行第二次机械旋耕。

5.1.2.4 机械开沟

播前 10 天左右,用蔬菜开沟机开沟,畦宽 1.2 m,沟宽 30 cm,沟深 25 cm;每 15 m 开 1 条腰沟,四周开围沟,沟深 30 cm,沟宽 30 cm;然后人工清理沟系,确保排水通畅。

5.1.2.5 土壤处理

播前 3 天~4 天,用六齿耙人工精细平整畦面。

5.1.2.6 盖籽泥的准备

播种前 2 天左右,按园土:糠灰为 6:4 的要求,3 m^3/亩用量配置,盖籽土颗粒直径不大于 0.2 cm,盖上农膜,备用。

5.1.3 播种育苗

5.1.3.1 精整畦面

六齿耙人工拉平畦面,土壤颗粒不超过 0.3 cm。在夏末初秋,当地表土温达 24℃~25℃(上海地区一般在 8 月中旬)以后到 10 月上中旬都可播种;播前 1 天浇足水(或雨后 2 小时泥湿深度 10 cm 左右)。

5.1.3.2 种子处理

剔除霉籽、瘪籽、虫籽等。

5.1.3.3 精细播种

每亩苗床需种量 750 g 左右;定量定畦均匀撒播,然后覆上盖籽泥,厚度 0.3 cm,用 2 层遮阳网覆盖畦面。

5.2 苗期管理

5.2.1 出苗期管理

播种后 3 天~4 天,出苗 60%~70% 时,应及时用竹拱棚支起遮阳网,同时拔除苗床杂草。发现少量病苗时,应及时防治,拔出病株、撒干土去湿,防止病害扩展。

5.2.2　成秧前管理
5.2.2.1　炼苗
　　对于8月中旬至9月上旬播种育苗的，需要炼苗：当塌菜长到一叶一心期，逐步炼苗（在晴天9时—14时覆上遮阳网，其他时间不覆盖，但依据天气预报，在暴雨前应盖上遮阳网，当苗达3叶期时，不再覆盖）；在9月中旬以后播种育的苗不需要炼苗。
5.2.2.2　水分管理
　　保持适度墒情（土壤含水量60%左右），不足时应补水，雨时无积水。
5.2.2.3　肥料运筹
　　在三叶期，依据长势（若苗弱、苗小、叶呈淡黄色），补充适量肥料。
5.2.2.4　病虫害发生与防治
　　注意观察小菜蛾、菜青虫、蚜虫、甜菜夜蛾、蜗牛、野蛞蝓、霜霉病、炭疽病、软腐病、病毒病等的发生。
5.2.3　壮苗标准
　　叶片4片~5片，苗龄30天左右，无病虫害，叶色清秀，根系发达。
5.3　定植
5.3.1　大田准备
5.3.1.1　大田选择
　　大田应选择土壤肥沃，排、灌方便，杂草基数少的土地。
5.3.1.2　深耕
　　定植前30天左右，在前茬清理完毕的基础上，投入商品有机肥1 000 kg/亩~2 000 kg/亩，然后机械翻耕，深度为20 cm~25 cm。
5.3.1.3　二次旋耕
　　播前20天左右，进行第一次机械旋耕；在定植前15天左右进行第二次旋耕。
5.3.1.4　机械开沟
　　播前10天左右，用蔬菜开沟机开沟，畦宽1.2 m，沟宽30 cm，沟深25 cm；每15 m开1条腰沟，四周开围沟，沟深30 cm，沟宽30 cm；然后人工清理沟系，确保排水通畅。
5.3.2　除草处理
　　定植前2天~3天，用人工进行除草处理。
5.3.3　起苗
　　起苗前1天浇足水分（泥湿深度10 cm）。起苗时用小刀挑起，不伤及主根，按大苗（4片~5片叶）、小苗（3片~4片叶）分级摆放，剔除劣苗，按级分别定植。
5.3.4　定植
　　用小刀挖坑，把秧苗根埋入坑中，深度与根基部相平，培实四周土壤，株距×行距：(15~18) cm × (20~25) cm，浇定根水1次~2次。

5.4 生长期管理
5.4.1 水的管理
保持一定墒情（土壤含水量60%~70%），不足时补水，雨时不积水。
5.4.2 肥料运筹
定植成活后，浇活棵肥1次，以后根据长势情况追施1次肥料，收获前15天停止用肥。
5.4.3 肥料使用准则
5.4.3.1 肥料使用原则
（1）持续发展原则。绿色食品塌菜生产中所使用的肥料应对环境无不良影响，有利于保护生态环境，保持或提高土壤肥力及土壤生物活性。
（2）安全优质原则。绿色食品塌菜生产中应使用安全、优质的肥料产品，生产安全、优质的绿色食品。肥料的使用应对作物（营养、味道、品质和植物抗性）不产生不良后果。
（3）化肥减控原则。在保障植物营养有效供给的基础上减少化肥用量，兼顾元素之间的比例平衡，无机氮素用量不得高于当季作物需求量的一半。
（4）有机为主原则。绿色食品塌菜生产过程中肥料种类的选取应以农家肥料、有机肥料、微生物肥料为主，化学肥料为辅。
5.4.3.2 生产用肥料使用规定
（1）绿色食品塌菜生产过程中肥料使用应选用 NY/T 394 所列肥料种类。
（2）农家肥料的使用按 NY/T 394 规定执行。耕作制度允许情况下，宜利用秸秆和绿肥，按照约25∶1的比例补充化学氮素。厩肥、堆肥、沤肥、沼肥等农家肥料应完全腐熟。
（3）有机肥料的使用按 NY/T 394 规定执行，主要以基肥施入，用量视地力和目标产量而定，可配施农家肥料、微生物肥料、有机-无机复混肥料、无机肥料。
（4）微生物肥料的使用按 NY/T 394 规定执行。可与农家肥料、有机肥料、微生物肥料配合施用，用于拌种、基肥或追肥。
（5）有机-无机复混肥料、无机肥料在绿色食品塌菜生产中作为辅助肥料使用，用来补充农家肥料、有机肥料、微生物肥料所含养分的不足。减控化肥用量，其中无机氮素用量按当地同种作物习惯施肥用量减半使用。
（6）根据土壤障碍因素，可选用土壤调理剂改良土壤。
5.4.4 中耕除草
活棵后中耕除草1次。
5.5 病虫害防治
5.5.1 主要病虫害
霜霉病、小菜蛾、菜青虫、蚜虫、甜菜夜蛾等。
5.5.2 有害生物防治原则
绿色食品塌菜生产中有害生物的防治应遵循以下原则。

5.5.2.1 以保持和优化农业生态系统为基础

建立有利于各类天敌繁衍和不利于病虫草害孳生的环境条件，提高生物多样性，维持农业生态系统的平衡。

5.5.2.2 优先采用农业措施

如抗病虫品种、种子种苗检疫、培育壮苗、加强栽培管理、中耕除草、耕翻晒垡、清洁田园、轮作倒茬等。

5.5.2.3 尽量利用物理和生物措施

如用灯光、色彩诱杀害虫，机械捕捉害虫，释放害虫天敌，机械或人工除草等。

5.5.2.4 必要时合理使用低风险农药

如没有足够有效的农业、物理和生物措施，在确保人员、产品和环境安全的前提下按照5.5.3的规定，配合使用低风险的农药。

5.5.3 农药使用准则

5.5.3.1 农药选用

（1）所选用的农药应符合相关的法律法规，并获得国家农药登记许可。

（2）应选择对主要防治对象有效的低风险农药品种，提倡兼治和不同作用机理农药交替使用。

（3）农药剂型宜选用悬浮剂、微囊悬浮剂、水剂、水乳剂、微乳剂、颗粒剂、水分散粒剂和可溶性粒剂等环境友好型剂型。

（4）绿色食品塌菜生产农药使用应按照NY/T 393的规定，优先从NY/T 393表A.1中选用农药。在NY/T 393表A.1所列农药不能满足有害生物防治需要时，还可适量使用NY/T 393 A.2所列的农药。

5.5.3.2 农药使用规范

（1）应在主要防治对象的防治适期，根据有害生物的发生特点和农药特性，选择适当的施药方式。

（2）应按照农药产品标签或GB/T 8321和GB 12475的规定使用农药，控制施药剂量（或浓度）、施药次数和安全间隔期。

6 采收与整理

6.1 采收

6.1.1 当塌菜植株单株重达到0.12 kg~0.16 kg时，可开始采收。

6.1.2 采收时按标准分批采收，用刀在根基部截断，放入塑料蔬菜周转箱内（应符合GB/T 5737的规定），在2小时内应运抵分拣、整理、包装场所，装卸、运输时要轻拿、轻放。

6.2 整理

6.2.1 整修

把塌菜轻放在操作台上，每棵保留27片~38片长成叶，除去多余外叶。

6.2.2 除渍

把塌菜放在自来水（应符合 GB 5749 的要求）中清洗去泥渍、杂质等。

6.2.3 分拣

剔除黄叶、叶柄折断、焦边、病虫害、抽薹、机械伤等明显不合格塌菜。

6.2.4 切根

用刀在根基部把根茎切平，每切 30 棵后刀要放入 500 倍高锰酸钾溶液中消毒。

6.2.5 规格划分

用电子秤称单株重量进行规格划分，分为 M、L 2 种规格（表1）。

表1 塌菜的规格及包装要求

规格	每箱株数（株）	单株重量（kg）	单株直径（cm）
M	25~30	0.2~0.25	16~19
L	20~24	0.26~0.3	20~24

7 包装与贮藏

7.1 包装

包装材料应符合 NY/T 658 的要求。

7.2 贮藏

贮藏应符合 NY/T 1056 的要求。须在通风、清洁、卫生的条件下进行，严防暴晒、雨淋、冻害及有毒物质的污染。

绿色食品 菜薹生产技术规程

1 范围

本规程规定了绿色食品菜薹生产所要求的产品质量、产地选择、栽培技术、采收与整理、包装与贮藏等技术。

本规程适用于上海市崇明区绿色食品菜薹的生产。

2 规范性引用文件

下列文件对于本文件的应用是必不可少的。凡是注日期的引用文件，仅所注日期的版本适用于本文件。凡是不注日期的引用文件，其最新版本（包括所有的修改单）适用于本文件。

GB 5749 生活饮用水卫生标准

GB/T 8321（所有部分） 农药合理使用准则

GB/T 5737 食品塑料周转箱

GB 12475 农药贮运、销售和使用的防毒规程

NY/T 391 绿色食品 产地环境质量

NY/T 393 绿色食品 农药使用准则

NY/T 394 绿色食品 肥料使用准则

NY/T 654 绿色食品 白菜类蔬菜

NY/T 658 绿色食品 包装通用准则

NY/T 1056 绿色食品 储藏运输准则

3 产品质量

菜薹质量标准应符合 NY/T 654 的要求。

4 产地环境

生产基地应选择在无污染和生态条件良好的地区。基地选点远离工矿区和公路干线，避开工业和城市污染的影响，同时生产基地应具有可持续的生产能力。环境应符合 NY/T 391 的要求。

5 栽培技术

5.1 育苗前准备

5.1.1 品种选择
选用优质、高产、抗病的品种,并根据不同季节选用不同的品种。

5.1.2 播前深耕
播种前10天左右,在前茬清理完毕的基础上,每亩投入腐熟有机肥1 000 kg~2 000 kg,然后机械翻耕。

5.1.3 二次旋耕
在播种前5天左右进行第一次机械旋耕并进行机械平整,平整后每亩投入适量复合肥,进行第二次旋耕。

5.1.4 机械开沟
播种前5天左右开沟,畦宽1.2 m,沟宽30 cm,沟深25 cm;每15 m开1条腰沟,四周开围沟,沟深30 cm,沟宽30 cm;人工清理沟系,确保排水通畅。

5.1.5 土壤消毒
播种前3天~4天,进行土壤处理,喷施后人工精细平整畦面。

5.2 播种育苗

5.2.1 畦面平整
用四齿耙耙细、拉平畦面。播前1天苗床浇足水(或雨后2小时泥湿深度10 cm左右)。

5.2.2 种子精选
剔除霉籽、瘪籽、虫籽等,选用优良、饱满的种子。

5.2.3 播种
每亩苗床需种量0.3 kg~0.5 kg,定量定畦均匀撒播,播后浅耙畦面,然后踏实,用2层遮阳网覆盖畦面。

5.3 苗期管理

5.3.1 出苗期管理
播种后3天~4天,出苗达到60%~70%时揭去遮阳网(夏季育苗),同时拔除苗床杂草,如苗床较干需及时浇水。

5.3.2 秧苗期管理

5.3.2.1 水分管理
保持适度墒情(土壤含水量60%左右),不足时应补水,雨时无积水。

5.3.2.3 合理施肥
在3叶期,依据长势,若苗弱、苗小、叶呈淡黄色,每亩施尿素2.5 kg~3 kg。

5.3.2.4 虫害发生与防治
注意观察小菜蛾、菜青虫、甜菜夜蛾、蚜虫等虫害的发生。

5.3.3 壮苗标准

叶片4片~5片，苗龄一般25天~30天，无病虫害，叶色清秀，根系发达。

5.4 肥料使用准则

5.4.1 肥料使用原则

5.4.1.1 持续发展原则

绿色食品菜薹生产中所使用的肥料应对环境无不良影响，有利于保护生态环境，保持或提高土壤肥力及土壤生物活性。

5.4.1.2 安全优质原则

绿色食品菜薹生产中应使用安全、优质的肥料产品，生产安全、优质的绿色食品。肥料的使用应对作物（营养、味道、品质和植物抗性）不产生不良后果。

5.4.1.3 化肥减控原则

在保障植物营养有效供给的基础上减少化肥用量，兼顾元素之间的比例平衡，无机氮素用量不得高于当季作物需求量的一半。

5.4.1.4 有机为主原则

绿色食品菜薹生产过程中肥料种类的选取应以农家肥料、有机肥料、微生物肥料为主，化学肥料为辅。

5.4.2 生产用肥料使用规定

5.4.2.1 绿色食品菜薹生产过程中肥料使用应选用NY/T 394所列肥料种类。

5.4.2.2 农家肥料的使用按NY/T 394规定执行。耕作制度允许情况下，宜利用秸秆和绿肥，按照约25∶1的比例补充化学氮素。厩肥、堆肥、沤肥、沼肥、饼肥等农家肥料应完全腐熟。

5.4.2.3 有机肥料的使用按NY/T 394规定执行，主要以基肥施入，用量视地力和目标产量而定，可配施农家肥料、微生物肥料、有机-无机复混肥料、无机肥料。

5.4.2.4 微生物肥料的使用按NY/T 394规定执行。可与农家肥料、有机肥料、微生物肥料配合施用，用于拌种、基肥或追肥。

5.4.2.5 有机-无机复混肥料、无机肥料在绿色食品菜薹生产中作为辅助肥料使用，用来补充农家肥料、有机肥料、微生物肥料所含养分的不足。减控化肥用量，其中无机氮素用量按当地同种作物习惯施肥用量减半使用。

5.4.2.6 根据土壤障碍因素，可选用土壤调理剂改良土壤。

5.5 定植

5.5.1 大田准备

5.5.1.1 大田选择

大田选择必须符合产地要求，土壤肥沃，排灌方便，保水保肥力强的土地。

5.5.1.2 深耕

定植前10天左右，在前茬清理完毕的基础上，每亩投入有机肥1 000 kg ~ 2 000 kg，然后机械翻耕。

5.5.1.3 二次旋耕

在定植前 3 天左右进行第一次机械旋耕，旋耕后立即进行机械平整，平整后再进行第二次旋耕。

5.5.1.4 机械开沟

定植前 3 天左右用蔬菜开沟机开沟，畦宽 1.2 m，沟宽 30 cm，沟深 25 cm；每 15 m 开 1 条腰沟，四周开围沟，沟深 30 cm，沟宽 30 cm；然后人工清理沟系，确保排水通畅。

5.5.2 起苗

起苗前 1 天浇足水分（泥湿深度 10 cm）。起苗时用小刀挑起，不伤及主根，按大苗（4 片~5 片叶）、小苗（3 片~4 片叶）分级摆放，剔除劣苗，按级分别定植。

5.5.3 定植方法

用定植刀挖穴，把秧苗根埋入穴中，深度与根基相平，培实四周土壤，株距×行距为 (18~22) cm × (60~80) cm，定植后浇水 1 次~2 次。

5.6 生长期管理

5.6.1 水分管理

保持一定墒情（土壤含水量 60%~70%），不足时补水，雨日时不积水。

5.6.2 适时追肥

定植成活后浇活棵肥 1 次，每亩追施尿素 5 kg，每 15 天补充氮肥 1 次，收获前 15 天停止施肥。

5.6.3 中耕除草

活棵后中耕除草 1 次，以后视情况再中耕除草 1 次。

5.7 病虫害防治

5.7.1 有害生物防治原则

绿色食品菜薹生产中有害生物的防治应遵循以下原则。

5.7.1.1 以保持和优化农业生态系统为基础

建立有利于各类天敌繁衍和不利于病虫草害孳生的环境条件，提高生物多样性，维持农业生态系统的平衡。

5.7.1.2 优先采用农业措施

如抗病虫品种、种子种苗检疫、培育壮苗、加强栽培管理、中耕除草、耕翻晒垡、清洁田园、轮作倒茬等。

5.7.1.3 尽量利用物理和生物措施

如用灯光、色彩诱杀害虫，机械捕捉害虫，释放害虫天敌，机械或人工除草等。

5.7.1.4 必要时合理使用低风险农药

如没有足够有效的农业、物理和生物措施，在确保人员、产品和环境安全的前提下按照 5.7.2 的规定，配合使用低风险的农药。

5.7.2 农药使用准则

5.7.2.1 农药选用

（1）所选用的农药应符合相关的法律法规，并获得国家农药登记许可。

（2）应选择对主要防治对象有效的低风险农药品种，提倡兼治和不同作用机理农药交替使用。

（3）农药剂型宜选用悬浮剂、微囊悬浮剂、水剂、水乳剂、微乳剂、颗粒剂、水分散粒剂和可溶性粒剂等环境友好型剂型。

（4）绿色食品菜薹生产农药使用应按照 NY/T 393 的规定，优先从 NY/T 393 表 A.1 中选用农药。在 NY/T 393 表 A.1 所列农药不能满足有害生物防治需要时，还可适量使用 NY/T 393 A.2 所列的农药。

5.7.2.2 农药使用规范

（1）应在主要防治对象的防治适期，根据有害生物的发生特点和农药特性，选择适当的施药方式。

（2）应按照农药产品标签或 GB/T 8321 和 GB 12475 的规定使用农药，控制施药剂量（或浓度）、施药次数和安全间隔期。

6 采收与整理

6.1 采收

菜薹的营养体长到 35 cm~40 cm 时均可采收。当植株单株重达到 80 g~100 g 或符合客户要求的标准时即可开始采收。

采收按标准分批进行，用刀在根基部截断，放入塑料蔬菜周转箱内（蔬菜周转箱符合蔬菜塑料周转箱 GB/T 5737 规定），在 2 小时内应运抵加工厂。

6.2 整理

6.2.1 切根

按客户要求的标准长度切除根部，除去多余外叶。

6.2.2 除渍

把菜薹放在清水（水要符合 GB 5749 标准的要求）中洗去泥渍、杂质等。

6.2.3 分捡

剔除黄叶、叶柄折断、病虫害、机械伤等明显不合格的菜薹。

6.2.4 规格划分

用电子秤称单株重量，并进行规格划分，分为 M、L 2 种规格（表1）。

表1 菜薹的规格及包装要求

规格	每束株数（株）	单株重（g）
M	15	70~100
L	10	100~130

7 包装与贮藏

7.1 包装

包装材料应符合 NY/T 658 的要求。

按规格要求,每 10 株~15 株为 1 束,用包扎带在菜薹根部 10 cm 处包扎,按照表 1 要求分级,用电子秤称重,每箱菜薹净含量为 5 kg。

7.2 贮藏

贮藏应符合 NY/T 1056 的要求。

贮藏须在通风、清洁、卫生的条件下进行,严防暴晒、雨淋、冻害及有毒物质的污染。最佳贮藏温度为 2℃~5℃,相对湿度为 70%~80%,库内堆码应保持空气均匀流通,堆码时包装箱距地 20 cm,距墙 30 cm,最高码层为 10 层。

绿色食品 娃娃菜生产技术规程

1 范围

本规程规定了娃娃菜的定义及绿色食品生产所要求的产地环境、栽培技术、采收与加工、包装与贮藏等技术。

本规程适用于上海市崇明区绿色食品娃娃菜的生产。

2 规范性引用文件

下列文件对于本文件的应用是必不可少的。凡是注日期的引用文件,仅所注日期的版本适用于本文件。凡是不注日期的引用文件,其最新版本(包括所有的修改单)适用于本文件。

GB/T 5737 食品塑料周转箱

GB/T 8321(所有部分) 农药合理使用准则

GB 12475 农药贮运、销售和使用的防毒规程

NY/T 391 绿色食品 产地环境质量

NY/T 393 绿色食品 农药使用准则

NY/T 394 绿色食品 肥料使用准则

NY/T 654 绿色食品 白菜类蔬菜

NY/T 658 绿色食品 包装通用准则

NY/T 1056 绿色食品 储藏运输准则

3 术语和定义

娃娃菜是一种袖珍型小株白菜,属于十字花科芸薹属白菜亚种。

4 产地环境

生产基地应选择在无污染和生态条件良好的地区。基地选点应远离工矿区和公路铁路干线,避开工业和城市污染源的影响,同时生产基地应具有可持续的生产能力,应符合 NY/T 391 要求。

5 栽培技术

5.1 育苗

5.1.1 品种的选择

应选择耐抽薹、抗病、优质、净菜率高的娃娃菜品种。

5.1.2 苗床准备

5.1.2.1 苗床选择

苗床必须选择土壤肥沃,排、灌方便,杂草基数少的土地。苗床:大田=1:(5~6)。

5.1.2.2 播前深耕

播前30天左右,投入商品有机肥料1 000 kg/亩~2 000 kg/亩机械耕翻,深度20 cm~25 cm。

5.1.2.3 二次旋耕

播前20天左右,进行第一次机械旋耕;播前15天左右,机械平整后,每亩增施适量复合肥、硫酸钾等品种肥料,进行第二次机械旋耕。

5.1.2.4 机械开沟

播前10天左右,用蔬菜开沟机开沟,畦宽1.2 m,沟宽30 cm,沟深25 cm;每15 m开1条腰沟,四周开围沟,沟深30 cm,沟宽30 cm,要求二次成型;然后人工清理沟系,确保排水通畅。

5.1.2.5 土壤处理

播前3天~4天,对畦面进行土壤处理,用六齿耙人工精细平整畦面。

5.1.2.6 盖籽泥的准备

播种前2天左右,按园土:糠灰=6:4的要求,3 m^3/亩用量配置,盖籽土颗粒直径不大于0.2 cm,盖上农膜,备用。

5.2 播种育苗

5.2.1 精整畦面

六齿耙人工拉平畦面,土壤颗粒不超过0.3 cm。在夏末初秋,当地表土温达24℃~25℃(上海地区一般在8月上中旬)以后到10月上中旬都可播种;播前1天浇足水(或雨后2小时泥湿深度10 cm左右)。

5.2.2 种子处理

剔除霉籽、瘪籽、虫籽等。

5.2.3 精细播种

每亩苗床需用种量750 g左右;定量定畦均匀撒播,然后覆上盖籽泥,厚度0.3 cm,用2层遮阳网覆盖畦面。

5.3 苗期管理

5.3.1 出苗期管理

播种后3天~4天,出苗60%~70%时,应及时用竹拱棚支起遮阳网,同时拔除苗床杂草。发现少量病苗时，应及时防治，拔出病株，撒干土去湿，防止病害扩展。

5.3.2 成秧前管理

5.3.2.1 炼苗

对于8月中旬到9月上旬播种育苗的，需要炼苗：当娃娃菜长到一叶一心期，逐步炼苗（在晴天9时—14时覆上遮阳网，其他时间不覆盖，但依据天气预报，在暴雨前应盖上遮阳网，当苗达3叶期时，不再覆盖）；在9月中旬以后播种育的苗不需要炼苗。

5.3.2.2 水分管理

保持适度墒情（土壤含水量60%左右），不足时应补水，雨时无积水。

5.3.2.3 肥料运筹

在三叶期，依据长势（若苗弱、苗小、叶呈淡黄色）追施适量叶面肥。

5.3.2.4 病虫害发生与防治

注意观察小菜蛾、菜青虫、菜蚜、甜菜夜蛾、软腐病等病虫害发生，用药剂防治。

5.4 壮苗标准

叶片4片~5片，苗龄30天左右，无病虫害，叶色清秀，根系发达。

5.5 定植

5.5.1 大田准备

5.5.1.1 大田选择

必须选择土壤肥沃，排、灌方便，杂草基数少的土地。

5.5.1.2 深耕

定植前30天左右，在前茬清理完毕的基础上，投入商品有机肥1 000 kg/亩~2 000 kg/亩，然后机械翻耕，深度为20 cm~30 cm。

5.5.1.3 二次旋耕

在定植前15天左右进行第一次机械旋耕，旋耕后立即进行机械平整，平整后每亩投入复合肥20 kg（N∶P∶K=15∶15∶15）、硫酸钾5 kg，进行第二次机械旋耕。

5.5.1.4 播前10天左右，用蔬菜开沟机开沟，畦宽1.2 m，沟宽30 cm，沟深25 cm；每15 m开1条腰沟，四周开围沟，沟深30 cm，沟宽30 cm，要求二次成型；然后人工清理沟系，确保排水通畅。

5.5.2 起苗

起苗前1天浇足水分（泥湿深度10 cm）。起苗时用小刀挑起，不伤及主根，按大苗（4片~5片叶）、小苗（3片~4片叶）分级摆放，剔除劣苗，按级分别定植。

5.5.3 定植

用小刀挖坑，把秧苗根埋入坑中，深度与根基部相平，培实四周土壤，株距×行距：(12~15)cm×(15~18)cm，浇定根水1次~2次。

5.6 生长期管理
5.6.1 肥料使用准则
5.6.1.1 肥料使用原则

(1) 持续发展原则。绿色食品小白菜生产中所使用的肥料应对环境无不良影响，有利于保护生态环境，保持或提高土壤肥力及土壤生物活性。

(2) 安全优质原则。绿色食品小白菜生产中应使用安全、优质的肥料产品，生产安全、优质的绿色食品。肥料的使用应对作物（营养、味道、品质和植物抗性）不产生不良后果。

(3) 化肥减控原则。在保障植物营养有效供给的基础上减少化肥用量，兼顾元素之间的比例平衡，无机氮素用量不得高于当季作物需求量的一半。

(4) 有机为主原则。绿色食品小白菜生产过程中肥料种类的选取应以农家肥料、有机肥料、微生物肥料为主，化学肥料为辅。

5.6.1.2 生产用肥料使用规定

(1) 绿色食品小白菜生产过程中肥料使用应选用 NY/T 394 所列肥料种类。

(2) 农家肥料的使用按 NY/T 394 规定执行。耕作制度允许情况下，宜利用秸秆和绿肥，按照约 25∶1 的比例补充化学氮素。厩肥、堆肥、沤肥、沼肥、饼肥等农家肥料应完全腐熟。

(3) 有机肥料的使用按 NY/T 394 规定执行，主要以基肥施入，用量视地力和目标产量而定，可配施农家肥料、微生物肥料、有机-无机复混肥料、无机肥料。

(4) 微生物肥料的使用按 NY/T 394 规定执行。可与农家肥料、有机肥料、微生物肥料配合施用，用于拌种、基肥或追肥。

(5) 有机-无机复混肥料、无机肥料在绿色食品小白菜生产中作为辅助肥料使用，用来补充农家肥料、有机肥料、微生物肥料所含养分的不足。减控化肥用量，其中无机氮素用量按当地同种作物习惯施肥用量减半使用。

(6) 根据土壤障碍因素，可选用土壤调理剂改良土壤。

5.6.2 肥料运筹

定植成活后，浇活棵肥 1 次（尿素 3.5 kg/亩），每 15 天补充氮肥 1 次，每次尿素 3.5 kg/亩，收获前 20 天停止用肥。

5.6.3 水分管理

土壤含水量应保持在 60%~70%，不足时补水，雨时不积水。

5.6.4 中耕除草

活棵后中耕除草 1 次。

5.7 病虫害防治
5.7.1 主要病虫害

蚜虫、小菜蛾、菜青虫、夜蛾类、软腐病、霜霉病等。

5.7.2 有害生物防治原则

绿色食品小白菜生产中有害生物的防治应遵循以下原则。

5.7.2.1 以保持和优化农业生态系统为基础

建立有利于各类天敌繁衍和不利于病虫草害孳生的环境条件,提高生物多样性,维持农业生态系统的平衡。

5.7.2.2 优先采用农业措施

如抗病虫品种、种子种苗检疫、培育壮苗、加强栽培管理、中耕除草、耕翻晒垡、清洁田园、轮作倒茬等。

5.7.2.3 尽量利用物理和生物措施

如用灯光、色彩诱杀害虫,机械捕捉害虫,释放害虫天敌,机械或人工除草等。

5.7.2.4 必要时合理使用低风险农药

如没有足够有效的农业、物理和生物措施,在确保人员、产品和环境安全的前提下按照5.7.3的规定,配合使用低风险的农药。

5.7.3 农药使用准则

5.7.3.1 农药选用

(1) 所选用的农药应符合相关的法律法规,并获得国家农药登记许可。

(2) 应选择对主要防治对象有效的低风险农药品种,提倡兼治和不同作用机理农药交替使用。

(3) 农药剂型宜选用悬浮剂、微囊悬浮剂、水剂、水乳剂、微乳剂、颗粒剂、水分散粒剂和可溶性粒剂等环境友好型剂型。

(4) 绿色食品小白菜生产农药使用应按照NY/T 393的规定,优先从NY/T 393表A.1中选用农药。在NY/T 393表A.1所列农药不能满足有害生物防治需要时,还可适量使用NY/T 393 A.2所列的农药。

5.7.3.2 农药使用规范

(1) 应在主要防治对象的防治适期,根据有害生物的发生特点和农药特性,选择适当的施药方式。

(2) 应按照农药产品标签或GB/T 8321和GB 12475的规定使用农药,控制施药剂量(或浓度)、施药次数和安全间隔期。

6 采收与加工

6.1 采收

6.1.1 在小白菜(娃娃菜)成熟时,可开始采收。

6.1.2 采收时按标准分批采收,用刀在根基部截断,放入塑料蔬菜周转箱内(应符合GB/T 5737的要求),在2小时内应运抵加工厂,装卸、运输时要轻拿、轻放。

6.2 加工

6.2.1 整修

把娃娃菜轻放在操作台上,每棵保留7片~8片长成叶,除去黄叶,病叶,外叶。

6.2.2 分拣

剔除黄叶、叶柄折断、焦边、病虫害、抽薹、机械伤等明显不合格娃娃菜。

7 包装与贮藏

7.1 包装

7.1.1 包装材料应符合 NY/T 658 的要求，选择整洁、干燥、牢固、美观、无污染、无异味、内壁无尖突物、无虫蛀、腐烂、霉变现象的包装容器；纸箱无受潮离层现象。

7.1.2 按规格要求，每 3 株或 4 株作为 1 束，用结束带在距娃娃菜柄基部 5 cm 处结束，在每束娃娃菜外叶上，贴上企业商标，标明品名、产地、生产者名称、规格、毛重、净重、采收日期等。

7.2 贮藏

7.2.1 贮藏应符合 NY/T 1056 的要求。须在通风、清洁、卫生的条件下进行，严防暴晒、雨淋、冻害及有毒物质的污染。

7.2.2 最佳贮藏温度为 2℃~5℃，相对湿度为 70%~80%，库内堆码应保持空气均匀流通。

绿色食品 菠菜生产技术规程

1 范围

本规程规定了绿色食品菠菜生产所要求的产品质量、产地环境、栽培技术、采收与整理、包装与贮藏等技术。

本规程适用于上海市崇明区绿色食品菠菜的生产。

2 规范性引用文件

下列文件对于本文件的应用是必不可少的。凡是注日期的引用文件，仅所注日期的版本适用于本文件。凡是不注日期的引用文件，其最新版本（包括所有的修改单）适用于本文件。

GB/T 5737　食品塑料周转箱

GB 5749　生活饮用水卫生标准

GB/T 8321（所有部分）　农药合理使用准则

GB 12475　农药贮运、销售和使用的防毒规程

NY/T 391　绿色食品　产地环境质量

NY/T 393　绿色食品　农药使用准则

NY/T 394　绿色食品　肥料使用准则

NY/T 658　绿色食品　包装通用准则

NY/T 743　绿色食品　绿叶类蔬菜

NY/T 1056　绿色食品　储藏运输准则

3 产品质量

菠菜产品质量应符合 NY/T 743 的要求。

4 产地环境

生产基地应选择在无污染和生态条件良好的地区。基地选点应远离工矿区和公路铁路干线，避开工业和城市污染源的影响，同时生产基地应具有可持续的生产能力。产地环境应符合 NY/T 391 的要求。

5 栽培技术

5.1 播种前准备

5.1.1 品种选择

选用抗病、优质、丰产、抗逆性强、商品性好的品种，要根据种植季节和市场需求选择适宜的种植品种。

5.1.2 大田选择

必须选择符合产地环境要求，土壤肥沃，排灌方便，保水保肥力强的土地。

5.1.3 深耕

播种前10天左右，在前茬清理完毕的基础上，投入商品有机肥1 000 kg/亩~2 000 kg/亩，然后机械翻耕，深度为10 cm~12 cm。

5.1.4 二次旋耕

在播种前5天左右进行第一次机械旋耕，旋耕后立即进行机械平整，平整后投入复合肥10 kg/亩，再进行第二次旋耕。

5.1.5 机械开沟

播种前3天~4天用辛硫磷0.3 kg/亩均匀喷施畦面进行土壤处理，喷施后用六齿耙人工精细平整畦面，土壤颗粒直径小于0.2 cm。

5.2 播种

5.2.1 种子催芽

剔除霉籽、瘪籽、虫籽等，选用精选种子，在凉水中浸泡10小时~12小时，待种子吸水膨胀后，捞出摊放在温度15℃~20℃的地方，上面覆盖湿润的麻袋或草包，每天翻动2次~3次，随时控制温度，防止烧苗，芽出齐后可播种。

5.2.2 播种时间

春季栽培在2月上旬和3月上旬播种；早秋栽培在8月上旬和9月上旬播种；晚秋栽培在10月上旬至11月中旬播种。

5.2.3 播种方法

一般采用撒播，播前先浇水，播后保持土壤湿润。用种量晚秋栽培为7.5 kg/亩左右、早秋栽培为12 kg/亩~15 kg/亩、春季栽培为4 kg/亩~5 kg/亩；也可进行条播，在畦面上按行距8 cm~10 cm的标准，开深度为2 cm~3 cm的播种沟，定植沟内浇足水（泥湿深度为10 cm），然后按照株距1.2 cm的标准进行播种（用种量为4 kg/亩~5 kg/亩），播种后立即覆盖1 cm厚度的盖籽泥（土壤颗粒直径小于0.15 cm的园土）。

5.2.4 铺网保湿

要用遮阳网覆盖畦面，待出苗60%~70%时揭去遮阳网。

5.2.5 补水促苗

保持土壤含水量在60%~70%，不足时可采用沟灌（沿着操作沟灌水，水面低于畦面2 cm）的形式补充水分，确保出苗。

5.3 田间管理

5.3.1 水分管理

保持一定墒情（土壤含水量60%～70%），不足时补水，雨时不积水。收获前2天~3天浇足水，以保证产品质量。

5.3.2

当植株生长至2叶~3叶期，喷施叶面肥（0.5%～1%尿素溶液）。中期依据长势酌情追肥，追施复合肥10 kg/亩。

5.3.3 中耕除草

条播的，在播种行间浅中耕（兼除草）1次，以后依据杂草生长情况进行中耕除草1次~2次。

5.3.4 覆盖

早秋栽培最好采用遮阳网环棚覆盖，每天上午9时左右覆盖，下午4时左右揭去覆盖物。

5.4 肥料使用准则

5.4.1 肥料使用原则

5.4.1.1 持续发展原则

绿色食品菠菜生产中所使用的肥料应对环境无不良影响，有利于保护生态环境，保持或提高土壤肥力及土壤生物活性。

5.4.1.2 安全优质原则

绿色食品菠菜生产中应使用安全、优质的肥料产品，生产安全、优质的绿色食品。肥料的使用应对作物（营养、味道、品质和植物抗性）不产生不良后果。

5.4.1.3 化肥减控原则

在保障植物营养有效供给的基础上减少化肥用量，兼顾元素之间的比例平衡，无机氮素用量不得高于当季作物需求量的一半。

5.4.1.4 有机为主原则

绿色食品菠菜生产过程中肥料种类的选取应以农家肥料、有机肥料、微生物肥料为主，化学肥料为辅。

5.4.2 生产用肥料使用规定

5.4.2.1 绿色食品菠菜生产过程中肥料使用应选用NY/T 394所列肥料种类。

5.4.2.2 农家肥料的使用按NY/T 394规定执行。耕作制度允许情况下，宜利用秸秆和绿肥，按照约25∶1的比例补充化学氮素。厩肥、堆肥、沤肥、沼肥、饼肥等农家肥料应完全腐熟。

5.4.2.3 有机肥料的使用按NY/T 394规定执行，主要以基肥施入，用量视地力和目标产量而定，可配施农家肥料、微生物肥料、有机-无机复混肥料、无机肥料。

5.4.2.4 微生物肥料的使用按NY/T 394规定执行。可与农家肥料、有机肥料、微生物肥料配合施用，用于拌种、基肥或追肥。

5.4.2.5 有机-无机复混肥料、无机肥料在绿色食品菠菜生产中作为辅助肥料使用，

用来补充农家肥料、有机肥料、微生物肥料所含养分的不足。减控化肥用量，其中无机氮素用量按当地同种作物习惯施肥用量减半使用。

5.4.2.6 根据土壤障碍因素，可选用土壤调理剂改良土壤。

5.5 病虫害防治

5.5.1 主要病虫害

蚜虫、菜螟、甜菜夜蛾、霜霉病等。

5.5.2 有害生物防治原则

绿色食品菠菜生产中有害生物的防治应遵循以下原则。

5.5.2.1 以保持和优化农业生态系统为基础

建立有利于各类天敌繁衍和不利于病虫草害孳生的环境条件，提高生物多样性，维持农业生态系统的平衡。

5.5.2.2 优先采用农业措施

如抗病虫品种、种子种苗检疫、培育壮苗、加强栽培管理、中耕除草、耕翻晒垡、清洁田园、轮作倒茬等。

（1）尽量利用物理和生物措施：如用灯光、色彩诱杀害虫，机械捕捉害虫，释放害虫天敌，机械或人工除草等。

（2）必要时合理使用低风险农药：如没有足够有效的农业、物理和生物措施，在确保人员、产品和环境安全的前提下按照5.5.3的规定，配合使用低风险的农药。

5.5.3 农药使用准则

5.5.3.1 农药选用

（1）所选用的农药应符合相关的法律法规，并获得国家农药登记许可。

（2）应选择对主要防治对象有效的低风险农药品种，提倡兼治和不同作用机理农药交替使用。

（3）农药剂型宜选用悬浮剂、微囊悬浮剂、水剂、水乳剂、微乳剂、颗粒剂、水分散粒剂和可溶性粒剂等环境友好型剂型。

（4）绿色食品菠菜生产农药使用应按照 NY/T 393 的规定，优先从 NY/T 393 表 A.1 中选用农药。在 NY/T 393 表 A.1 所列农药不能满足有害生物防治需要时，还可适量使用 NY/T 393 A.2 所列的农药。

5.5.3.2 农药使用规范

（1）应在主要防治对象的防治适期，根据有害生物的发生特点和农药特性，选择适当的施药方式。

（2）应按照农药产品标签或 GB/T 8321 和 GB 12475 的规定使用农药，控制施药剂量（或浓度）、施药次数和安全间隔期。

6 采收与整理

6.1 采收

根据市场与菠菜生长情况及时采收。采收按标准分批进行，用刀在距根基部截断，放入塑料周转箱内（应符合 GB/T 5737 规定），在 2 小时内应运抵加工厂，装卸、运输时要轻拿轻放。

6.2 整理

6.2.1 去叶

把菠菜放在操作台上，每棵保留 6 片~7 片成叶，除去多余外叶。

6.2.2 除渍

把菠菜放在清水（应符合 GB 5749 的要求）中清洗，去泥渍、杂质等。

6.2.3 分拣

剔除黄叶、焦边、折断、冻害、病虫害、机械伤等明显不合格菠菜。

6.2.4 切根

用刀在距根基下部 2 cm 处把主根切平，每切 40 棵后要放入 500 倍液高锰酸钾溶液中消毒。

7 包装与贮藏

7.1 包装

7.1.1 包装材料

应符合 NY/T 658 的要求，选择整洁、干燥、牢固、美观、无异味、内壁无尖突物和无虫蛀、腐烂、霉变现象的包装容器；纸箱无受潮离层现象，规格一般为 45.6 cm × 35.5 cm × 25 cm，成品纸箱耐压强度为 400 kg/m² 以上。

7.1.2 包装规格

按规格要求，每 10 棵作为 1 束，用包扎带在距菠菜根部 5 cm 处包扎，在每束菠菜上贴上商标；按照要求，把菠菜放入 45.6 cm × 35.5 cm × 25 cm 纸箱中。用电子秤称重，每箱菠菜净重为 5 kg。纸箱外标明品名、产地、生产者、规格、毛重、净重、采收日期等。

7.2 贮藏

菠菜长途外运，包装产品应在 2℃ 的冷库中预冷 12 小时后，才可装集装箱冷藏外运。

贮藏应符合 NY/T 1056 的要求。须在通风、清洁、卫生的条件进行，严防暴晒、雨淋、冻害及有毒物质的污染。最佳贮藏温度为 2℃~5℃、相对湿度为 70%~80%，库内堆码应保持空气均匀流通，堆码时包装箱距地 20 cm，距墙 30 cm，最高堆码为 7 层。

绿色食品 芹菜生产技术规程

1 范围

本规程规定了绿色食品芹菜生产所要求的产地环境、栽培技术、采收等技术。

本规程适用于上海市崇明区绿色食品芹菜的生产。

2 规范性引用文件

下列文件对于本文件的应用是必不可少的。凡是注日期的引用文件，仅所注日期的版本适用于本文件。凡是不注日期的引用文件，其最新版本（包括所有的修改单）适用于本文件。

GB/T 8321（所有部分） 农药合理使用准则

GB 12475 农药贮运、销售和使用的防毒规程

GB/T 391 绿色食品 产地环境质量

NY/T 393 绿色食品 农药使用准则

NY/T 394 绿色食品 肥料使用准则

NY/T 743 绿色食品 绿叶类蔬菜

3 产地环境

应符合 NY/T 391 规定，生产基地应选择在无污染和生态条件良好的地区。基地选点应远离工矿区和公路干线，避开工业和城市污染源的影响，同时绿色食品生产基地应具有可持续的生产能力。空气质量、灌溉水质分别达到质量标准。

4 栽培技术

4.1 种子选择及处理

4.1.2 品种选择

选择优质、丰产、抗逆性好、抗病虫害能力强的品种。

4.1.3 浸种

在凉水中浸种24小时左右。浸种过程中需搓洗几遍，以利吸水。

4.1.4 催芽

将浸泡过的种子捞出，用清水搓洗干净，捞出沥净水分，用透气性良好的纱布包

好，再用湿毛巾覆盖，放在 15℃～20℃条件下催芽。当有 30%～50%的种子露白时即可播种。在本地，一般秋芹 6 月—7 月播种，春季越冬芹菜 12 月播种，夏季芹菜 3 月播种。

4.2 育苗

4.2.1 苗床准备

选择排灌方便，土壤疏松肥沃，保肥保水性能好，2 年～3 年未种植伞形花科作物的田块作苗床。每亩施入商品有机肥 500 kg，翻耕细耙，作成畦宽 1.2 m～1.3 m，沟宽 0.3 m～0.4 m，沟深 0.15 m～0.2 m 的高畦。

4.2.2 播种量及播种方式

每亩栽培田，芹菜夏秋育苗需要种子每亩 0.5 kg～0.8 kg，冬春育苗需要每亩 0.4 kg～0.7 kg。先播撒种子，浇透底水，再盖上遮阴网，夏季还有降温、防暴雨作用。但要注意拱土后立即揭除地面覆盖物。

4.2.3 苗期管理

4.2.3.1 温度管理

出苗后，如果床土偏干，可早晚浇小水，保持床面潮湿。在一叶至二叶期，可进行间苗，苗距 1.0 cm～1.5 cm，三叶至四叶期进行分苗，苗距 6 cm～8 cm，有利于培育壮苗。在整个育苗期都要及时防治杂草，经常中耕松土，以促进根系发育。

4.2.3.2 肥水管理

前期施足基肥，在整个育苗期，都要注意浇水，经常保持土壤湿润。浇水要小水勤浇。夏秋育苗早晚进行，冬春育苗在晴天上午进行。

4.3 定植

4.3.1 定植前准备

定植前 1 周，浇水造墒。每亩使用有机肥 1 000 kg，深翻入土，耙细，整平作畦。

4.3.2 定植方式和定植密度

划沟定植，移栽前 3 天～4 天停止浇水，带土取苗，单株定植。定植深度应与幼苗在苗床上的入土深度相同，露出心叶。芹菜行距 30 cm，株距 10 cm。栽的深度以土能埋上根茎为准，边栽边封沟平畦，随后浇水。栽植密度控制在每亩 15 000 株。

4.4 定植后的田间管理

4.4.1 肥水管理

定植后及时浇水，3 天～5 天后浇缓苗水。定植后 10 天～15 天，每亩追施复合肥 10 kg～20 kg。追肥应在行间进行，在夏季应在早晚进行，午间浇水会造成畦面温差，导致死苗。深秋和冬季应控制浇水，浇水应在晴天 10 时—11 时进行，并注意加强通风降湿，防止湿度过大发生病害。

4.4.1.1 肥料使用原则

（1）持续发展原则。绿色食品芹菜生产中所使用的肥料应对环境无不良影响，有利于保护生态环境，保持或提高土壤肥力及土壤生物活性。

（2）安全优质原则。绿色食品芹菜生产中应使用安全、优质的肥料产品，生产安全、优质的绿色食品。肥料的使用应对作物（营养、味道、品质和植物抗性）不产生不良后果。

（3）化肥减控原则。在保障植物营养有效供给的基础上减少化肥用量，兼顾元素之间的比例平衡，无机氮素用量不得高于当季作物需求量的一半。

（4）有机为主原则。绿色食品芹菜生产过程中肥料种类的选取应以农家肥料、有机肥料、微生物肥料为主，化学肥料为辅。

4.4.1.2 生产用肥料使用规定

（1）绿色食品芹菜生产过程中肥料使用应选用 NY/T 394 所列肥料种类。

（2）农家肥料的使用按 NY/T 394 规定执行。耕作制度允许情况下，宜利用秸秆和绿肥，按照约 25∶1 的比例补充化学氮素。厩肥、堆肥、沤肥、沼肥、饼肥等农家肥料应完全腐熟。

（3）有机肥料的使用按 NY/T 394 规定执行，主要以基肥施入，用量视地力和目标产量而定，可配施农家肥料、微生物肥料、有机-无机复混肥料、无机肥料。

（4）微生物肥料的使用按 NY/T 394 规定执行。可与农家肥料、有机肥料、微生物肥料配合施用，用于拌种、基肥或追肥。

（5）有机-无机复混肥料、无机肥料在绿色食品芹菜生产中作为辅助肥料使用，用来补充农家肥料、有机肥料、微生物肥料所含养分的不足。减控化肥用量，其中无机氮素用量按当地同种作物习惯施肥用量减半使用。

（6）根据土壤障碍因素，可选用土壤调理剂改良土壤。

4.4.2 中耕除草

芹菜前期生长较慢，常有杂草危害，因此应及时中耕除草。一般在每次追肥前结合除草进行中耕。由于芹菜根系较浅（特别是分过苗的），中耕宜浅，只要达到除草、松土的目的即可，不能太深，以免伤及根系，反而影响芹菜生长。

4.4.3 保温管理

秋季当气温低于 12℃要及时扣棚，春季定植前 10 天扣棚暖地。一般在气温达到 20℃时就开始放风，维持在 15℃～20℃，夜间不低于 10℃。进入 12 月气温较低，夜间大棚内最好加盖小棚保温，防止冻害，利于继续生长。

4.5 病虫害防治

4.5.1 芹菜的病虫害主要有霜霉病、蚜虫等。

4.5.2 有害生物防治原则

绿色食品芹菜生产中有害生物的防治应遵循以下原则。

4.5.2.1 以保持和优化农业生态系统为基础

建立有利于各类天敌繁衍和不利于病虫草害孳生的环境条件，提高生物多样性，维持农业生态系统的平衡。

4.5.2.2 优先采用农业措施

如抗病虫品种、种子种苗检疫、培育壮苗、加强栽培管理、中耕除草、耕翻晒垡、

清洁田园、轮作倒茬等。

4.5.2.3 尽量利用物理和生物措施

如用灯光、色彩诱杀害虫，机械捕捉害虫，释放害虫天敌，机械或人工除草等。

4.5.2.4 必要时合理使用低风险农药

如没有足够有效的农业、物理和生物措施，在确保人员、产品和环境安全的前提下按照4.5.3的规定，配合使用低风险的农药。

4.5.3 农药使用准则

4.5.3.1 农药选用

（1）所选用的农药应符合相关的法律法规，并获得国家农药登记许可。

（2）应选择对主要防治对象有效的低风险农药品种，提倡兼治和不同作用机理农药交替使用。

（3）农药剂型宜选用悬浮剂、微囊悬浮剂、水剂、水乳剂、微乳剂、颗粒剂、水分散粒剂和可溶性粒剂等环境友好型剂型。

（4）绿色食品芹菜生产农药使用应按照NY/T 393的规定，优先从NY/T 393表A.1中选用农药。在NY/T 393表A.1所列农药不能满足有害生物防治需要时，还可适量使用NY/T 393 A.2所列的农药。

4.5.3.2 农药使用规范

（1）应在主要防治对象的防治适期，根据有害生物的发生特点和农药特性，选择适当的施药方式。

（2）应按照农药产品标签或GB/T 8321和GB 12475的规定使用农药，控制施药剂量（或浓度）、施药次数和安全间隔期。

5 采收

5.1 采收适期

在植株高达45 cm以上，且心叶直立向上，心部充实，外叶色鲜绿色或黄绿色时，即可采收。

5.2 采收方法

间拔大株留小株：这种方法可保证产量和质量，又可以进行多次采收。

绿色食品 空心菜生产技术规程

1 范围

本规程规定了绿色食品空心菜生产所要求的产品质量、产地环境、栽培技术、采收与整理、包装与贮藏等技术。

本规程适用于上海市崇明区绿色食品空心菜的生产。

2 规范性引用文件

下列文件对于本文件的应用是必不可少的。凡是注日期的引用文件，仅所注日期的版本适用于本文件。凡是不注日期的引用文件，其最新版本（包括所有的修改单）适用于本文件。

GB/T 8321（所有部分） 农药合理使用准则

GB 12475 农药贮运、销售和使用的防毒规程

GB/T 5737 食品塑料周转箱

GB 5749 生活饮用水卫生标准

NY/T 391 绿色食品 产地环境质量

NY/T 393 绿色食品 农药使用准则

NY/T 394 绿色食品 肥料使用准则

NY/T 658 绿色食品 包装通用准则

NY/T 743 绿色食品 绿叶类蔬菜

NY/T 1056 绿色食品 储藏运输准则

3 产品质量

空心菜质量标准应符合 NY/T 743 的要求。

4 产地环境

生产基地应选择在无污染和生态条件良好的地区。基地选点应远离工矿区和公路铁路干线，避开工业和城市污染源的影响，同时生产基地应具有可持续的生产能力。

选择交通方便、地势高、水源丰富、排灌方便，土层深厚、疏松、肥沃的地块。

5 栽培技术

5.1 品种的选择

选用株型紧凑,茎叶粗壮,适应性广,抗逆性强,早熟,高产,质地柔嫩,商品性好的品种。

5.2 播前准备

5.2.1 深耕

在前茬清理完毕的基础上,每亩投入商品有机肥1 500 kg~2 000 kg、尿素5 kg/亩~10 kg/亩,然后机械翻耕,深度为20 cm~25 cm。

5.2.2 开沟

畦宽1.5 m,沟宽30 cm,沟深25 cm,每30 m开1条腰沟,四周开围沟,沟深30 cm,沟宽30 cm,然后清理沟系,确保排水通畅。

播前3天~4天,用六齿耙人工精细平整畦面。

5.2.3 种子消毒与种子处理

播种前将种子置阳光下暴晒2天~3天。播前用50℃~60℃温水浸烫种子20分钟,再用清水浸种15小时,中间换水1次,浸后将其捞出洗净,置25℃~28℃温度下催芽,保持湿润,每天中午用清水淘洗1次,待种子露白,即可播种。

5.2.4 精细播种

保护地栽培可在当年12月至翌年2月播种;露地栽培可在4月中旬至5月下旬播种,每亩用种量3 000 g。播种至出苗保持土壤湿润。

5.3 田间管理

5.3.1 苗期管理

5.3.1.1 水分管理

育苗期,保持畦面湿润;遇高温干旱天,要增加浇水量,每天早、晚各浇1次,每7天~10天灌1次透水。

5.3.1.2 肥料运筹

缓苗后至封行前,结合中耕,每5天~7天追1次肥,以叶面肥为主,根据苗情适量加施速效氮肥,如0.2%~0.3%尿素,保持先淡后浓。

5.3.1.3 肥料使用准则

(1)持续发展原则。绿色食品空心菜生产中所使用的肥料应对环境无不良影响,有利于保护生态环境,保持或提高土壤肥力及土壤生物活性。

(2)安全优质原则。绿色食品空心菜生产中应使用安全、优质的肥料产品,生产安全、优质的绿色食品。肥料的使用应对作物(营养、味道、品质和植物抗性)不产生不良后果。

(3)化肥减控原则。在保障植物营养有效供给的基础上减少化肥用量,兼顾元素之间的比例平衡,无机氮素用量不得高于当季作物需求量的一半。

（4）有机为主原则。绿色食品空心菜生产过程中肥料种类的选取应以农家肥料、有机肥料、微生物肥料为主，化学肥料为辅。

5.3.1.4 生产用肥料使用规定

（1）绿色食品空心菜生产过程中肥料使用应选用 NY/T 394 所列肥料种类。

（2）农家肥料的使用按 NY/T 394 规定执行。耕作制度允许情况下，宜利用秸秆和绿肥，按照约 25∶1 的比例补充化学氮素。厩肥、堆肥、沤肥、沼肥、饼肥等农家肥料应完全腐熟。

（3）有机肥料的使用按 NY/T 394 规定执行，主要以基肥施入，用量视地力和目标产量而定，可配施农家肥料、微生物肥料、有机-无机复混肥料、无机肥料。

（4）微生物肥料的使用按 NY/T 394 规定执行。可与农家肥料、有机肥料、微生物肥料配合施用，用于拌种、基肥或追肥。

（5）有机-无机复混肥料、无机肥料在绿色食品空心菜生产中作为辅助肥料使用，用来补充农家肥料、有机肥料、微生物肥料所含养分的不足。减控化肥用量，其中无机氮素用量按当地同种作物习惯施肥用量减半使用。

（6）根据土壤障碍因素，可选用土壤调理剂改良土壤。

5.3.2 生长期管理

5.3.2.1 水的管理

大田生长期，在多雨天气除施肥外，一般不浇水；保持土壤湿润，高温时灌水应选在早、晚时间；多雨季节应注意开沟排水，保持田间不积水。

5.3.2.2 肥料运筹

在生长期可叶面喷施有机液肥，每 10 天 1 次，提高产量。每次采收后，施肥水 1 次，促早生快发。

5.3.3 病虫害发生与防治

空心菜病虫害较少，偶然发生的虫害主要有菜青虫、斜纹夜蛾、甜菜夜蛾、蚜虫等，病害有白锈病、霜霉病等。

5.3.3.1 农业防治

合理安排轮作，清洁田园，选用抗病品种，培育壮苗。

5.3.3.2 物理防治

彩色粘虫板、黑光灯及频振式杀虫灯诱虫、杀虫；防虫网防虫；结合田间管理，发现卵块或幼虫群，将其捏杀并摘除叶片。采用频振式杀虫灯诱蛾，黄板诱蚜。

5.3.3.3 农药使用准则

（1）所选用的农药应符合相关的法律法规，并获得国家农药登记许可。

（2）应选择对主要防治对象有效的低风险农药品种，提倡兼治和不同作用机理农药交替使用。

（3）农药剂型宜选用悬浮剂、微囊悬浮剂、水剂、水乳剂、微乳剂、颗粒剂、水分散粒剂和可溶性粒剂等环境友好型剂型。

（4）绿色食品空心菜生产农药使用应按照 NY/T 393 的规定。

5.3.3.4 农药使用规范

（1）应在主要防治对象的防治适期，根据有害生物的发生特点和农药特性，选择适当的施药方式。

（2）应按照农药产品标签或 GB/T 8321 和 GB 12475 的规定使用农药，控制施药剂量（或浓度）、施药次数和安全间隔期。

6 采收与整理

6.1 采收

当藤蔓长 20 cm~30 cm 时，一般在定植后 25 天~30 天，开始第一次采收，第一次采收要使根基部留 2 节~3 节，促侧根生长，第二次采收在根基部留 1 节~2 节，继续采收，根蔓基部只留 1 个节，每 7 天~10 天采收 1 次，可连续采收 10 次以上。

6.1.1 当空心菜植株单株重达到 0.12 kg~0.16 kg 时，可开始采收。

6.1.2 采收时按标准分批采收，用刀在根基部截断，放入塑料蔬菜周转箱内（应符合 GB/T 5737 的规定），在 2 小时内应运抵分捡、整理、包装场所，装卸、运输时要轻拿、轻放。

6.2 整理

除去多余外叶、黄叶、病叶。把空心菜清洗去泥渍、杂质等。剔除叶柄折断、黄叶、病虫害、机械伤等明显不合格产品，然后装箱上市。

7 包装与贮藏

7.1 包装

包装材料应符合 NY/T 658 的要求。

7.2 贮藏

贮藏须在通风、清洁、卫生的环境条件下进行，严防暴晒、雨淋、冻害及有毒物质的污染。

空心菜不宜长期贮藏，贮藏温度为 0℃~2℃，相对湿度为 95%~100%。

绿色食品 草头生产技术规程

1 范围

本规程规定了绿色食品草头生产所要求的产品质量、产地环境、栽培技术、采收、包装与贮藏等技术。

本规程适用于上海市崇明区绿色食品草头的生产。

2 规范性引用文件

下列文件对于本文件的应用是必不可少的。凡是注日期的引用文件，仅所注日期的版本适用于本文件。凡是不注日期的引用文件，其最新版本（包括所有的修改单）适用于本文件。

GB/T 8321（所有部分） 农药合理使用准则

GB 12475 农药贮运、销售和使用的防毒规程

NY/T 391 绿色食品 产地环境质量

NY/T 393 绿色食品 农药使用准则

NY/T 394 绿色食品 肥料使用准则

NY/T 658 绿色食品 包装通用准则

NY/T 743 绿色食品 绿叶类蔬菜

NY/T 1056 绿色食品 储藏运输准则

3 产品质量

草头质量标准应符合 NY/T 743 的要求。

4 产地环境

生产基地应选择在无污染和生态条件良好的地区。基地选点应远离工矿区和公路铁路干线，避开工业和城市污染源的影响，同时生产基地应具有可持续的生产能力。产地环境应符合 NY/T 391 的要求。

5 栽培技术

5.1 品种选择

选用抗病、优质、丰产、抗逆性强、商品性好的品种，要根据种植季节和市场需求

选择适宜的种植品种。

5.2 播种

5.2.1 播种时间

秋季栽培在8月上旬至9月上旬播种；春季播种在2月上旬至3月上旬播种，保护地栽培可提前至1月中下旬进行。

5.2.2 条播

在准备好的畦面上按行距8 cm~10 cm的标准，开深度为2 cm~3 cm的播种沟，定植沟内浇足水（泥湿深度为10 cm），然后按照株距1.2 cm的标准进行播种，每亩用种量（不带壳）为4 kg~5 kg，播种后立即覆盖1 cm厚度的盖籽泥（土壤颗粒直径小于0.15 cm的园土）。

一般采用撒播，播前先浇水，播后保持土壤湿润。每亩用种量（不带壳）为7.5 kg~8.5 kg。

5.2.3 补水促苗

保持土壤含水量在60%~70%，不足时可采用沟灌（沿着操作沟灌水，水面低于畦面2 cm）的形式补充水分，确保出苗。

5.3 大田管理

5.3.1 水分管理

保持一定墒情（土壤含水量60%~70%），不足时补水，雨时不积水。收获前2天~3天浇足水，以保证产品质量。

5.3.2 中耕除草

条播的，在播种行间浅中耕（兼除草）1次，以后依据杂草生长情况进行中耕除草1次~2次。

5.3.3 肥料使用准则

5.3.3.1 肥料使用原则

（1）持续发展原则。绿色食品草头生产中所使用的肥料应对环境无不良影响，有利于保护生态环境，保持或提高土壤肥力及土壤生物活性。

（2）安全优质原则。绿色食品草头生产中应使用安全、优质的肥料产品，生产安全、优质的绿色食品。肥料的使用应对作物（营养、味道、品质和植物抗性）不产生不良后果。

（3）化肥减控原则。在保障植物营养有效供给的基础上减少化肥用量，兼顾元素之间的比例平衡，无机氮素用量不得高于当季作物需求量的一半。

（4）有机为主原则。绿色食品草头生产过程中肥料种类的选取应以农家肥料、有机肥料、微生物肥料为主，化学肥料为辅。

5.3.3.2 生产用肥料使用规定

（1）绿色食品草头生产过程中肥料使用应选用NY/T 394所列肥料种类。

（2）农家肥料的使用按NY/T 394规定执行。耕作制度允许情况下，宜利用秸秆和绿肥，按照约 25∶1 的比例补充化学氮素。厩肥、堆肥、沤肥、沼肥、饼肥等农家肥料应完全腐熟。

（3）有机肥料的使用按 NY/T 394 规定执行，主要以基肥施入，用量视地力和目标产量而定，可配施农家肥料、微生物肥料、有机-无机复混肥料、无机肥料。

（4）微生物肥料的使用按 NY/T 394 规定执行。可与农家肥料、有机肥料、微生物肥料配合施用，用于拌种、基肥或追肥。

（5）有机-无机复混肥料、无机肥料在绿色食品草头生产中作为辅助肥料使用，用来补充农家肥料、有机肥料、微生物肥料所含养分的不足。减控化肥用量，其中无机氮素用量按当地同种作物习惯施肥用量减半使用。

（6）根据土壤障碍因素，可选用土壤调理剂改良土壤。

5.3.4 播前基肥

播种前 3 天左右，在前茬清理完毕的基础上，每亩投入商品有机肥 1 000 kg，三元复合肥 30 kg~35 kg，然后机械翻耕，深度为 20 cm~25 cm。

5.4 病虫害防治

5.4.1 主要病虫害

生长周期内病虫害轻微发生。

5.4.2 有害生物防治原则

绿色食品草头生产中有害生物的防治应遵循以下原则：

——以保持和优化农业生态系统为基础：建立有利于各类天敌繁衍和不利于病虫草害孳生的环境条件，提高生物多样性，维持农业生态系统的平衡；

——优先采用农业措施：如抗病虫品种、种子种苗检疫、培育壮苗、加强栽培管理、中耕除草、耕翻晒垡、清洁田园、轮作倒茬等；

——尽量利用物理和生物措施：如用灯光、色彩诱杀害虫，机械捕捉害虫，释放害虫天敌，机械或人工除草等；

——必要时合理使用低风险农药：如没有足够有效的农业、物理和生物措施，在确保人员、产品和环境安全的前提下按照 5.4.3 的规定，配合使用低风险的农药。

5.4.3 农药使用准则

5.4.3.1 农药选用

（1）所选用的农药应符合相关的法律法规，并获得国家农药登记许可。

（2）应选择对主要防治对象有效的低风险农药品种，提倡兼治和不同作用机理农药交替使用。

（3）农药剂型宜选用悬浮剂、微囊悬浮剂、水剂、水乳剂、微乳剂、颗粒剂、水分散粒剂和可溶性粒剂等环境友好型剂型。

（4）绿色食品草头生产农药使用应按照 NY/T 393 的规定，优先从 NY/T 393 表 A.1 中选用农药。在 NY/T 393 表 A.1 所列农药不能满足有害生物防治需要时，还可适量使用 NY/T 393 A.2 所列的农药。

5.4.3.2 农药使用规范

（1）应在主要防治对象的防治适期，根据有害生物的发生特点和农药特性，选择适当的施药方式。

（2）应按照农药产品标签或 GB/T 8321 和 GB 12475 的规定使用农药，控制施药剂量（或浓度）、施药次数和安全间隔期。

6 采收

草头是一次播种多次采收的作物，每当草头叶片长大就应及时采收（用刀割叶片），气温适宜时 1 周收割 1 次，草头叶柄不能过长（不超过 3 cm）。

7 包装与贮藏

7.1 包装

包装材料应符合 NY/T 658 的要求，选择整洁、干燥、牢固、美观、无污染、无异味、内壁无尖突物和无虫蛀、腐烂、霉变现象的包装容器。包装上应标明品名、产地、生产者、规格、毛重、净重、采收日期等。

7.2 贮藏

草头割下后应及时摊开在室内阴凉处，堆放高度不超过 20 cm，并洒些清水。草头为绿叶蔬菜，宜鲜销，不宜长期贮藏。短期贮藏最适温度 0℃，相对湿度 95%以上。

绿色食品 莴笋生产技术规程

1 范围

本规程规定了崇明地区绿色食品莴笋生产所要求的产品质量、产地环境、栽培技术、病虫害防治、包装与贮藏等技术。

本规程适用于上海市崇明区绿色食品莴笋的生产。

2 规范性引用文件

下列文件对于本文件的应用是必不可少的。凡是注日期的引用文件，仅所注日期的版本适用于本文件。凡是不注日期的引用文件，其最新版本（包括所有的修改单）适用于本文件。

NY/T 391　绿色食品　产地环境质量

NY/T 393　绿色食品　农药使用准则

NY/T 394　绿色食品　肥料使用准则

NY/T 743　绿色食品　绿叶类蔬菜

NY/T 658　绿色食品　包装通用准则

NY/T 1056　绿色食品　储藏运输准则

3 产品质量

莴笋质量标准应符合 NY/T 743 的要求。

4 产地环境

生产基地应选择在无污染和生态条件良好的地区。基地选点应远离工矿区和公路铁路干线，避开工业和城市污染源的影响，同时生产基地应具有可持续的生产能力。产地环境应符合 NY/T 391 的要求。

5 栽培技术

5.1 育苗

5.1.1 品种的选择

选用优质、高产、抗性强、商品性好、适应性广的品种。

5.1.2 苗床准备

5.1.2.1 苗床选择

前2年未种植菊科类作物，土壤疏松、肥沃，排、灌方便，杂草基数少的田块。

5.1.2.2 耕地

播前5天~7天，每亩投入农家肥料2 500 kg或商品有机肥1 000 kg，然后机械耕翻，深度20 cm~25 cm。

5.1.2.3 旋耕

播前2天~3天，每亩施三元复合肥10 kg~20 kg（N：P_2O_5：K_2O = 15：15：15），然后进行旋耕，旋耕后平整土地。

5.1.2.4 开沟

播前2天~3天，开沟，畦宽0.9 m，沟宽30 cm，沟深25 cm，每15 m开1条腰沟，四周开围沟，沟深30 cm，沟宽30 cm，确保排水通畅。

5.1.2.5 土壤处理

播前1天~2天，每亩用辛硫磷0.3 kg均匀喷施畦面进行土壤处理，喷施后平整畦面，土粒直径不超过0.3 cm，播前1天苗床浇足水分。

5.1.2.6 盖籽泥的准备

播种前2天，按园土：砻糠灰 = 6：4的要求，盖籽泥颗粒直径不大于0.2 cm，拌匀后备用。

5.1.3 播种育苗

5.1.3.1 种子处理

剔除霉籽、瘪籽、虫籽等。夏秋季高温期间育苗，种子放在清水中浸泡4小时，待种子充分吸水后捞起，用清水冲洗后，放在5℃温度下催芽2天~3天后播种，1月—2月春季育苗可采用干籽播种。

5.1.3.2 播种

每亩苗床播种量100 g~120 g，均匀撒播后覆上盖籽泥，盖没种子即可，然后用喷壶喷水，泥湿深度10 cm。夏秋季播后苗床用遮阳网覆盖。

5.1.4 苗期管理

播种后4天~6天出苗，待苗生长健壮后，揭去遮阳网，及时拔除苗床杂草和防治病害。

5.1.4.1 间苗

当莴笋出苗，子叶展开后，进行第一次间苗，要间去弱苗、双株并靠苗，苗距2 cm，当真叶有2片~3片时，进行第二次间苗，苗距5 cm~6 cm。每次间苗后都要撒1次细土，以保护秧苗根系。

5.1.4.2 肥水管理

三叶期后，依据长势，若苗弱、苗小，叶呈淡黄色，每亩施尿素2 kg~3 kg。保持土壤湿润，干时应浇水，下雨时不使苗床积水。

5.1.5 壮苗标准

五叶一心，开展度 5 cm~6 cm，苗龄 30 天~35 天，无病虫害，叶色清秀。

5.2 定植

5.2.1 大田准备

5.2.1.1 大田选择

前 2 年未种植菊科类作物，土壤疏松、肥沃，排、灌方便，保水保肥力强的土地。

5.2.1.2 深耕

在前茬清理完毕的基础上，每亩投入商品有机肥 1 000 kg，然后机械翻耕，深度为 20 cm~25 cm。

5.2.1.3 开沟作畦

畦宽 90 cm，开沟，沟宽 30 cm，沟深 25 cm，每 15 m 开 1 条腰沟，四周开围沟，沟深 30 cm，沟宽 30 cm，确保排水通畅。

5.2.2 起苗

起苗前 2 天，喷保护性广谱灭菌剂与针对性杀虫剂 1 次，起苗前 1 天，苗床浇足水分。

5.2.3 定植

选健壮、无病秧苗，大小苗分开，带土定植，淘汰无心苗、劣质苗。行距×株距 = 30 cm × 30 cm，定植时不要伤及秧苗叶，定植后浇定根水 1 次~2 次。秋莴笋定植应选阴天，或晴天傍晚进行。

5.3 大田管理

5.3.1 水分管理

保持一定墒情，水分不足时浇水，下雨时田间不积水。春季雨水多，要做好开沟排水工作，以防烂根和霜霉病的发生。

5.3.2 施肥

定植活棵后，根据需求每亩施微生物复合肥 10 kg~25 kg。

5.3.3 中耕除草

活棵后中耕除草 1 次，中后期视杂草情况在植株封行前再中耕除草 1 次~2 次，确保田间无杂草危害。

5.3.4 肥料使用准则

5.3.4.1 肥料使用原则

（1）持续发展原则。绿色食品莴笋生产中所使用的肥料应对环境无不良影响，有利于保护生态环境，保持或提高土壤肥力及土壤生物活性。

（2）安全优质原则。绿色食品莴笋生产中应使用安全、优质的肥料产品，生产安全、优质的绿色食品。肥料的使用应对作物（营养、味道、品质和植物抗性）不产生不良后果。

（3）化肥减控原则。在保障植物营养有效供给的基础上减少化肥用量，兼顾元素之间的比例平衡，无机氮素用量不得高于当季作物需求量的一半。

（4）有机为主原则。绿色食品莴笋生产过程中肥料种类的选取应以农家肥料、有机肥料、微生物肥料为主，化学肥料为辅。

5.3.4.2 生产用肥料使用规定

（1）绿色食品莴笋生产过程中肥料使用应选用 NY/T 394 所列肥料种类。

（2）农家肥料的使用按 NY/T 394 规定执行。耕作制度允许情况下，宜利用秸秆和绿肥，按照约 25∶1 的比例补充化学氮素。厩肥、堆肥、沤肥、沼肥、饼肥等农家肥料应完全腐熟。

（3）有机肥料的使用按 NY/T 394 规定执行，主要以基肥施入，用量视地力和目标产量而定，可配施农家肥料、微生物肥料、有机-无机复混肥料、无机肥料。

（4）微生物肥料的使用按 NY/T 394 规定执行。可与农家肥料、有机肥料、微生物肥料配合施用，用于拌种、基肥或追肥。

（5）有机-无机复混肥料、无机肥料在绿色食品莴笋生产中作为辅助肥料使用，用来补充农家肥料、有机肥料、微生物肥料所含养分的不足。减控化肥用量，其中无机氮素用量按当地同种作物习惯施肥用量减半使用。

（6）根据土壤障碍因素，可选用土壤调理剂改良土壤。

6 病虫害防治

6.1 主要病虫害

主要病害：霜霉病、菌核病、灰霉病等。

主要虫害：蚜虫、小地老虎等。

6.2 有害生物防治原则

绿色食品莴笋生产中有害生物的防治应遵循以下原则。

6.2.1 以保持和优化农业生态系统为基础

建立有利于各类天敌繁衍和不利于病虫草害孳生的环境条件，提高生物多样性，维持农业生态系统的平衡。

6.2.2 优先采用农业措施

如抗病虫品种、种子种苗检疫、培育壮苗、加强栽培管理、中耕除草、耕翻晒垡、清洁田园、轮作倒茬等。

6.2.3 尽量利用物理和生物措施

如用灯光、色彩诱杀害虫，机械捕捉害虫，释放害虫天敌，机械或人工除草等。

6.2.4 必要时合理使用低风险农药

如没有足够有效的农业、物理和生物措施，在确保人员、产品和环境安全的前提下按照 6.3 的规定，配合使用低风险的农药。

6.3 农药使用准则

6.3.1 农药选用

6.3.1.1 所选用的农药应符合相关的法律法规，并获得国家农药登记许可。

6.3.1.2 应选择对主要防治对象有效的低风险农药品种，提倡兼治和不同作用机理农药交替使用。

6.3.1.3 农药剂型宜选用悬浮剂、微囊悬浮剂、水剂、水乳剂、微乳剂、颗粒剂、水分散粒剂和可溶性粒剂等环境友好型剂型。

6.3.1.4 绿色食品莴笋生产农药使用应按照 NY/T 393 的规定，优先从 NY/T 393 表 A.1 中选用农药。在 NY/T 393 表 A.1 所列农药不能满足有害生物防治需要时，还可适量使用 NY/T 393 A.2 所列的农药。

6.3.2 农药使用规范

6.3.2.1 应在主要防治对象的防治适期，根据有害生物的发生特点和农药特性，选择适当的施药方式。

6.3.2.2 应按照农药产品标签或 GB/T 8321 和 GB 12475 的规定使用农药，控制施药剂量（或浓度）、施药次数和安全间隔期。

7 包装与贮藏

7.1 包装

包装材料应符合 NY/T 658 的要求。

7.2 贮藏

贮藏应符合 NY/T 1056 的要求。贮藏须在通风、清洁、卫生的条件下进行，严防暴晒、雨淋、冻害及有毒物质的污染。

绿色食品 生菜生产技术规程

1 范围

本规程规定了绿色食品生菜生产所要求的产品质量、产地环境、栽培技术、采收与整理、包装与贮藏等技术。

本规程适用于上海市崇明区绿色食品生菜的生产。

2 规范性引用文件

下列文件对于本文件的应用是必不可少的。凡是注日期的引用文件，仅所注日期的版本适用于本文件。凡是不注日期的引用文件，其最新版本（包括所有的修改单）适用于本文件。

GB/T 8321（所有部分） 农药合理使用准则

GB/T 5737 食品塑料周转箱

GB 12475 农药贮运、销售和使用的防毒规程

NY/T 391 绿色食品 产地环境质量

NY/T 393 绿色食品 农药使用准则

NY/T 394 绿色食品 肥料使用准则

NY/T 658 绿色食品 包装通用准则

NY/T 743 绿色食品 绿叶类蔬菜

NY/T 1056 绿色食品 储藏运输准则

3 产品质量

生菜质量标准应符合 NY/T 743 的要求。

4 产地环境

生产基地应选择在无污染和生态条件良好的地区。基地选点远离工矿区和公路干线，避开工业和城市污染的影响，同时生产基地应具有可持续的生产能力。环境应符合 NY/T 391 的要求。

5 栽培技术

5.1 育苗前准备

5.1.1 品种选择

选用优质、高产、抗病的品种。

5.1.2 播前深耕

播种前 10 天左右，在前茬清理完毕的基础上，然后机械翻耕。

5.1.3 机械开沟

播种前 5 天左右开沟，畦宽 1.2 m，沟宽 30 cm，沟深 25 cm；每 15 m 开 1 条腰沟，四周开围沟，沟深 30 cm，沟宽 30 cm；人工清理沟系，确保排水通畅。

5.2 播种育苗

5.2.1 畦面平整

用六齿耙拉平畦面，土壤颗粒不超过 0.3 cm。播前 1 天苗床浇足水（或雨后 2 小时泥湿深度 10 cm 左右）。

5.2.2 种子精选

剔除霉籽、瘪籽、虫籽等，选用优良、饱满的种子。

5.2.3 播种

每亩苗床需种量 0.2 kg~0.3 kg，定量定畦均匀撒播，播后浅耙畦面，然后踏实，用 2 层遮阳网覆盖畦面。

5.3 苗期管理

5.3.1 出苗期管理

播种后 3 天~4 天，出苗达到 60%~70%时揭去遮阳网（夏季育苗），同时拔除苗床杂草，如苗床较干需及时浇水。

5.3.2 秧苗期管理

5.3.2.1 水分管理

保持适度墒情（土壤含水量 60%左右），不足时应补水，雨后无积水。

5.3.2.2 合理施肥

在此叶期，依据长势，若苗弱、苗小、叶呈淡黄色，每亩施复合肥 10 kg~25 kg 或尿素 2 kg~5 kg。

5.3.2.3 病虫害发生与防治

注意观察小菜蛾、菜青虫、甜菜夜蛾、蚜虫、霜霉病等的发生。

5.3.3 壮苗标准

叶片 4 片~5 片，苗龄夏秋季一般 25 天~30 天，冬春季 40 天~50 天，无病虫害，叶色清秀，根系发达。

5.4 定植

5.4.1 大田准备

5.4.1.1 大田选择

大田选择必须符合产地要求，土壤肥沃，排灌方便，保水保肥力强的土地。

5.4.1.2 深耕

定植前 10 天左右，在前茬清理完毕的基础上，每亩投入商品有机肥 1 000 kg～1 200 kg，然后机械翻耕。

5.4.1.3 机械开沟

定植前 3 天左右用蔬菜开沟机开沟，畦宽 1.2 m，沟宽 30 cm，沟深 25 cm；每 15 m 开 1 条腰沟，四周开围沟，沟深 30 cm，沟宽 30 cm；然后人工清理沟系，确保排水通畅。

5.4.2 起苗

起苗时用小刀挑起，不伤及主根，按大苗（4 片～5 片叶）、小苗（3 片～4 片叶）分级摆放，剔除劣苗，按级分别定植。

5.4.3 定植方法

用定植刀挖穴，把秧苗根埋入穴中，深度与根基相平，培实四周土壤，株距×行距 = (12～15) cm ×(15～18) cm，定植后浇定根水 1 次～2 次。

5.5 生长期管理

5.5.1 水分管理

保持一定墒情（土壤含水量 60%～70%），不足时补水，雨时不积水。

5.5.2 肥料使用准则

5.5.2.1 肥料使用原则

（1）持续发展原则。绿色食品生菜生产中所使用的肥料应对环境无不良影响，有利于保护生态环境，保持或提高土壤肥力及土壤生物活性。

（2）安全优质原则。绿色食品生菜生产中应使用安全、优质的肥料产品，生产安全、优质的绿色食品。肥料的使用应对作物（营养、味道、品质和植物抗性）不产生不良后果。

（3）化肥减控原则。在保障植物营养有效供给的基础上减少化肥用量，兼顾元素之间的比例平衡，无机氮素用量不得高于当季作物需求量的一半。

（4）有机为主原则。绿色食品生菜生产过程中肥料种类的选取应以有机肥料、微生物肥料为主，化学肥料为辅。

5.5.2.2 生产用肥料使用规定

（1）绿色食品生菜生产过程中肥料使用应选用 NY/T 394 所列肥料种类。

（2）有机肥料的使用按 NY/T 394 规定执行，主要以基肥施入，用量视地力和目标产量而定，可配施微生物肥料、有机-无机复混肥料。

（3）微生物肥料的使用按 NY/T 394 规定执行。

（4）减控化肥用量，其中无机氮素用量按当地同种作物习惯施肥用量减半使用。

5.5.3 中耕除草

活棵后中耕除草1~2次。

5.6 病虫害防治

5.6.1 主要病虫害

病害：霜霉病等。

虫害：小菜蛾、甜菜夜蛾等。

5.6.2 有害生物防治原则

绿色食品生菜生产中有害生物的防治应遵循以下原则。

5.6.2.1 以保持和优化农业生态系统为基础

建立有利于各类天敌繁衍和不利于病虫草害孳生的环境条件，提高生物多样性，维持农业生态系统的平衡。

5.6.2.2 优先采用农业措施

如抗病虫品种、种子种苗检疫、培育壮苗、加强栽培管理、中耕除草、耕翻晒垡、清洁田园、轮作倒茬等。

5.6.2.3 尽量利用物理和生物措施

如用灯光、色彩诱杀害虫，机械捕捉害虫，释放害虫天敌，机械或人工除草等。

5.6.2.4 必要时合理使用低风险农药

如没有足够有效的农业、物理和生物措施，在确保人员、产品和环境安全的前提下按照5.6.3的规定，配合使用低风险的农药。

5.6.3 农药使用准则

5.6.3.1 农药选用

（1）所选用的农药应符合相关的法律法规，并获得国家农药登记许可。

（2）绿色食品生菜生产农药使用应按照NY/T 393的规定，优先从NY/T 393表A.1中选用农药。在NY/T 393表A.1所列农药不能满足有害生物防治需要时，还可适量使用NY/T 393 A.2所列的农药。

5.6.3.2 农药使用规范

（1）应在主要防治对象的防治适期，根据有害生物的发生特点和农药特性，选择适当的施药方式。

（2）应按照农药产品标签或GB/T 8321和GB 12475的规定使用农药，控制施药剂量（或浓度）、施药次数和安全间隔期。

6 采收与整理

6.1 采收

生菜从4片~5片叶的幼苗到成株均可采收。当植株重达到120 g~160 g或符合客户要求的标准时可开始采收。

采收按标准分批进行，用刀在根基部截断，放入塑料蔬菜周转箱内（蔬菜周转箱符合 GB/T 5737 规定），在 2 小时内应运抵加工厂。装卸、运输时要轻拿、轻放。

6.2 整理

6.2.1 去叶

把生菜轻放在操作台上，每棵保留 7 片~8 片长成叶或按客户要求的标准，除去多余外叶。保持叶片上无泥渍、杂质、水滴。

6.2.2 分捡

剔除腐烂、黄叶、叶柄折断、病虫害、机械伤等明显不合格的生菜。

6.2.3 切根

用刀在根基部把根茎切平。

7 包装与贮藏

7.1 包装

包装材料应符合 NY/T 658 的要求。

7.2 贮藏

贮藏应符合 NY/T 1056 的要求。

贮藏须在通风、清洁、卫生的条件下进行，严防暴晒、雨淋、冻害及有毒物质的污染。最佳贮藏温度为 2℃~5℃，相对湿度为 70%~80%，库内堆码应保持空气均匀流通，堆码时包装箱距地 20 cm，距墙 30 cm，最高码层为 10 层。

绿色食品 油麦菜生产技术规程

1 范围

本规程规定了崇明地区绿色食品油麦菜生产所要求的产品质量、产地环境、栽培技术、采收与整理等技术。

本规程适用于上海市崇明区绿色食品油麦菜的生产。

2 规范性引用文件

下列文件对于本文件的应用是必不可少的。凡是注日期的引用文件，仅所注日期的版本适用于本文件。凡是不注日期的引用文件，其最新版本（包括所有的修改单）适用于本文件。

GB/T 8321（所有部分） 农药合理使用准则

GB/T 5737 食品塑料周转箱

GB 12475 农药贮运、销售和使用的防毒规程

NY/T 391 绿色食品 产地环境质量

NY/T 393 绿色食品 农药使用准则

NY/T 394 绿色食品 肥料使用准则

NY/T 743 绿色食品 绿叶类蔬菜

3 产品质量标准

油麦菜质量标准应符合 NY/T 743 的要求。

4 产地环境要求

生产基地应选择在无污染和生态条件良好的地区。基地选点远离工矿区和公路干线，避开工业和城市污染的影响，同时生产基地应具有可持续的生产能力。环境应符合 NY/T 391 的要求。

5 栽培技术

5.1 育苗前准备

5.1.1 品种选择

选用优质、高产、抗性强、商品性好、适应性广的品种。

5.1.2 播前深耕

播种前 5 天左右,在前茬清理完毕的基础上,然后机械翻耕。

5.2 播种育苗

5.2.1 畦面平整

用六齿耙拉平畦面,土壤颗粒不超过 0.3 cm。播前 1 天苗床浇足水(或雨后 2 小时泥湿深度 10 cm 左右)。

5.2.2 种子精选

剔除霉籽、瘪籽、虫籽等,选用优良、饱满的种子。

5.2.3 播种

每亩苗床需种量 100 g~120 g,均匀撒播后覆上盖籽泥,然后喷水保持湿润。高温季节播种后,用 2 层遮阳网覆盖畦面。

5.3 苗期管理

5.3.1 出苗期管理

播种后 3 天~4 天,出苗达到 60%~70% 时揭去遮阳网(夏季育苗),同时拔除苗床杂草,如苗床较干需及时浇水。

5.3.2 秧苗期管理

5.3.2.1 水分管理

保持适度墒情(土壤含水量 60% 左右),不足时应补水,雨后无积水。

5.3.2.2 病虫害发生与防治

注意观察蚜虫、霜霉病等的发生。

5.3.3 壮苗标准

叶片 4 片~5 片,苗龄一般 30 天~40 天,无病虫害,叶色清秀,根系发达。

5.4 定植

5.4.1 大田准备

5.4.1.1 大田选择

大田选择必须符合产地要求,土壤肥沃,排灌方便,保水保肥力强的土壤。

5.4.1.2 深耕

定植前 10 天左右,在前茬清理完毕的基础上,每亩投入商品有机肥 1 000 kg、复合肥 10 kg~20 kg。然后机械翻耕。

5.4.1.3 机械开沟

定植前 3 天左右用蔬菜开沟机开沟,畦宽 1.2 m,沟宽 30 cm,沟深 25 cm;每 15 m 开 1 条腰沟,四周开围沟,沟深 30 cm,沟宽 30 cm;然后人工清理沟系,确保排水通畅。

5.4.2 起苗

起苗时用小刀挑起,不伤及主根,按大苗(4 片~5 片叶)、小苗(3 片~4 片叶)分级摆放,剔除劣苗,按级分别定植。

5.4.3 定植方法

用定植刀挖穴，把秧苗根埋入穴中，深度与根基相平，培实四周土壤，株距×行距＝(12~15)cm ×(15~18)cm，定植后浇定根水1次~2次。

5.5 生长期管理

5.5.1 水分管理

保持一定墒情（土壤含水量60%~70%），不足时补水，雨时不积水。

5.5.2 肥料使用准则

5.5.2.1 肥料使用原则

（1）持续发展原则。绿色食品油麦菜生产中所使用的肥料应对环境无不良影响，有利于保护生态环境，保持或提高土壤肥力及土壤生物活性。

（2）安全优质原则。绿色食品油麦菜生产中应使用安全、优质的肥料产品，生产安全、优质的绿色食品。肥料的使用应对作物（营养、味道、品质和植物抗性）不产生不良后果。

（3）化肥减控原则。在保障植物营养有效供给的基础上减少化肥用量，兼顾元素之间的比例平衡，无机氮素用量不得高于当季作物需求量的一半。

（4）有机为主原则。绿色食品油麦菜生产过程中肥料种类的选取应以有机肥料、微生物肥料为主，化学肥料为辅。

5.5.2.2 生产用肥料使用规定

（1）绿色食品油麦菜生产过程中肥料使用应选用NY/T 394所列肥料种类。

（2）有机肥料的使用按NY/T 394规定执行，主要以基肥施入，用量视地力和目标产量而定，可配施微生物肥料、有机-无机复混肥料。

（3）微生物肥料的使用按NY/T 394规定执行。

（4）减控化肥用量，其中无机氮素用量按当地同种作物习惯施肥用量减半使用。

5.5.3 中耕除草

活棵后中耕除草1次，以后视情况再中耕除草1次，封行后不再进行中耕除草。

5.6 病虫害防治

5.6.1 主要病虫害

病害：霜霉病等。

虫害：小菜蛾等。

5.6.2 有害生物防治原则

绿色食品油麦菜生产中有害生物的防治应遵循以下原则。

5.6.2.1 以保持和优化农业生态系统为基础

建立有利于各类天敌繁衍和不利于病虫草害孳生的环境条件，提高生物多样性，维持农业生态系统的平衡。

5.6.2.2 优先采用农业措施

如抗病虫品种、种子种苗检疫、培育壮苗、加强栽培管理、中耕除草、耕翻晒垡、

清洁田园、轮作倒茬等。

5.6.2.3 尽量利用物理和生物措施

如色彩诱杀害虫，机械捕捉害虫，释放害虫天敌，人工除草等。

5.6.2.4 必要时合理使用低风险农药

如没有足够有效的农业、物理和生物措施，在确保人员、产品和环境安全的前提下按照5.6.3的规定，配合使用低风险的农药。

5.6.3 农药使用准则

5.6.3.1 农药选用

（1）所选用的农药应符合相关的法律法规，并获得国家农药登记许可。

（2）绿色食品油麦菜生产农药使用应按照 NY/T 393 的规定，优先从 NY/T 393 表 A.1 中选用农药。在 NY/T 393 表 A.1 所列农药不能满足有害生物防治需要时，还可适量使用 NY/T 393 A.2 所列的农药。

5.6.3.2 农药使用规范

（1）应在主要防治对象的防治适期，根据有害生物的发生特点和农药特性，选择适当的施药方式。

（2）应按照农药产品标签或 GB/T 8321 和 GB 12475 的规定使用农药，控制施药剂量（或浓度）、施药次数和安全间隔期。

6 采收与整理

6.1 采收

油麦菜从5片～10片叶的幼苗到成株均可采收。符合客户要求的标准时可开始采收。

采收按标准分批进行，用刀在根基部截断，放入塑料蔬菜周转箱内（蔬菜周转箱符合规定），装卸、运输时要轻拿、轻放。

6.2 整理

6.2.1 去叶

把油麦菜轻放在操作台上，按客户要求的标准，除去多余外叶。

6.2.2 分拣

剔除黄叶、叶柄折断、病虫害、机械伤等明显不合格的油麦菜。

6.2.3 切根

用刀在根基部把根茎切平。

绿色食品 小茴香生产技术规程

1 范围

本规程规定了绿色食品小茴香生产所要求的产品质量、产地选择、栽培技术、病虫害防治、适时收获等技术。

本规程适用于上海市崇明区绿色食品小茴香的生产。

2 规范性引用文件

下列文件对于本文件的应用是必不可少的。凡是注日期的引用文件，仅所注日期的版本适用于本文件。凡是不注日期的引用文件，其最新版本（包括所有的修改单）适用于本文件。

GB/T 8321（所有部分） 农药合理使用准则

GB 12475 农药贮运、销售和使用的防毒规程

NY/T 391 绿色食品 产地环境质量

NY/T 393 绿色食品 农药使用准则

NY/T 394 绿色食品 肥料使用准则

NY/T 901 绿色食品 香辛料及其制品

NY/T 1056 绿色食品 储藏运输准则

3 产品质量

小茴香质量标准应符合 NY/T 901 的要求。

4 产地环境

生产基地应选择在无污染和生态条件良好的地区。基地选点应远离工矿区和公路铁路干线，避开工业和城市污染源的影响，同时生产基地应具有可持续的生产能力。产地环境应符合 NY/T 391 的要求。

小茴香喜冷凉气候，较耐干旱，但不耐湿，由于小茴香植株矮小，根系较浅，一般分布在土层 5 cm~10 cm 处，对土壤要求较严，最适宜种植在有机质含量 1.5%~1.8% 的砂壤土地上。

小茴香最适宜生长期的温度为 15℃~20℃，高于 25℃ 生长缓慢，低于 5℃ 生长受到

抑制。播种时地温 5℃~10℃，15 天~16 天出苗，12℃~15℃时 7 天~8 天出苗。播种至成熟 85 天~95 天，开花到成熟 25 天~30 天。

5 栽培技术

5.1 土地选择

小茴香籽粒小，每千克种子约 50 万粒，不易出苗，因此对土地的选择及整地要求非常严格，要选肥力中上等、含有机质 1.5%~1.8%以上的砂壤土，切忌种植在盐碱土和黏性重的地块上，前茬为小麦、燕麦或杂草多的地块不宜安排种植。

5.2 整地

小茴香籽粒小，顶土力差，在整地时，要作到细、松、净、平、碎、墒六字标准，整地时要犁、耙、耕结合一条龙复式作业，达到地无小坑，无 3 cm 以上的土块，无残膜、杂草、秸秆，土松、地平、墒足。

5.3 种子处理

用 10%盐水浸种 10 分钟，再用清水洗干净晾干播种

5.4 播种期及播量

小茴香播种宜早不宜迟，一般在 3 月中旬播完，最迟在 4 月初。每亩播种量 1 kg~1.5 kg 播种深度 2.5 cm~3 cm。

5.5 播种方式

小茴香播种采用条播或撒播，条播采用 20 cm 等行距或 15 cm × 30 cm 宽窄行。也可开沟筑垄播种，或作小畦播种，播后镇压提墒，促壮苗齐苗。

5.6 田间管理

5.6.1 除草

当幼苗显行时封行前，应及时中耕松土、保墒，拔除株间杂草，如遇雨应及时耙地，以利幼苗生长。由于小茴香田间杂草种类多，生长快，须在封垄之前除净，中后期如有草害，须人工拔除。

5.6.2 肥水管理

小茴香生长期短，生长量小，需肥水不多，一般在播前施足基肥，不需灌水施肥，若土壤瘠薄，在封垄前（3 片~4 片真叶）结合灌头水每亩撒施尿素 8 kg~10 kg，以水调肥，以肥促苗。在开花前期和灌浆期，每亩喷磷酸二氢钾 200 g~250 g，促多坐果，多结实，提高籽粒重量。在开花后期和灌浆初期灌第二水，在灌浆末期灌第三水，促早熟。灌水要坚持早晚灌，要适时适量，避免高温灌水，减少死苗，坚持看苗、看地、看天灌水。

5.6.3 肥料使用准则

5.6.3.1 肥料使用原则

（1）持续发展原则。绿色食品小茴香生产中所使用的肥料应对环境无不良影响，有利于保护生态环境，保持或提高土壤肥力及土壤生物活性。

（2）安全优质原则。绿色食品小茴香生产中应使用安全、优质的肥料产品，生产安全、优质的绿色食品。肥料的使用应对作物（营养、味道、品质和植物抗性）不产生不良后果。

（3）化肥减控原则。在保障植物营养有效供给的基础上减少化肥用量，兼顾元素之间的比例平衡，无机氮素用量不得高于当季作物需求量的一半。

（4）有机为主原则。绿色食品小茴香生产过程中肥料种类的选取应以农家肥料、有机肥料、微生物肥料为主，化学肥料为辅。

5.6.3.2 生产用肥料使用规定

（1）绿色食品小茴香生产过程中肥料使用应选用 NY/T 394 所列肥料种类。

（2）农家肥料的使用按 NY/T 394 规定执行。耕作制度允许情况下，宜利用秸秆和绿肥，按照约 25∶1 的比例补充化学氮素。厩肥、堆肥、沤肥、沼肥、饼肥等农家肥料应完全腐熟。

（3）有机肥料的使用按 NY/T 394 规定执行，主要以基肥施入，用量视地力和目标产量而定，可配施农家肥料、微生物肥料、有机-无机复混肥料、无机肥料。

（4）微生物肥料的使用按 NY/T 394 规定执行。可与农家肥料、有机肥料、微生物肥料配合施用，用于拌种、基肥或追肥。

（5）有机-无机复混肥料、无机肥料在绿色食品小茴香生产中作为辅助肥料使用，用来补充农家肥料、有机肥料、微生物肥料所含养分的不足。减控化肥用量，其中无机氮素用量按当地同种作物习惯施肥用量减半使用。

（6）根据土壤障碍因素，可选用土壤调理剂改良土壤。

6 病虫害防治

6.1 小茴香的病害主要有白粉病、根腐病、菌核病、灰霉病、蚜虫、夜蛾等。

6.2 有害生物防治原则

绿色食品小茴香生产中有害生物的防治应遵循以下原则。

6.2.1 以保持和优化农业生态系统为基础

建立有利于各类天敌繁衍和不利于病虫草害孳生的环境条件，提高生物多样性，维持农业生态系统的平衡。

6.2.2 优先采用农业措施

如抗病虫品种、种子种苗检疫、培育壮苗、加强栽培管理、中耕除草、耕翻晒垡、清洁田园、轮作倒茬等。

6.2.3 尽量利用物理和生物措施

如用灯光、色彩诱杀害虫，机械捕捉害虫，释放害虫天敌，机械或人工除草等。

6.2.4 必要时合理使用低风险农药

如没有足够有效的农业、物理和生物措施，在确保人员、产品和环境安全的前提下按照 6.3 的规定，配合使用低风险的农药。

6.3 农药使用准则

6.3.1 农药选用

6.3.1.1 所选用的农药应符合相关的法律法规,并获得国家农药登记许可。

6.3.1.2 应选择对主要防治对象有效的低风险农药品种,提倡兼治和不同作用机理农药交替使用。

6.3.1.3 农药剂型宜选用悬浮剂、微囊悬浮剂、水剂、水乳剂、微乳剂、颗粒剂、水分散粒剂和可溶性粒剂等环境友好型剂型。

6.3.1.4 绿色食品小茴香生产农药使用应按照 NY/T 393 的规定,优先从 NY/T 393 表 A.1 中选用农药。在 NY/T 393 表 A.1 所列农药不能满足有害生物防治需要时,还可适量使用 NY/T 393 A.2 所列的农药。

6.3.2 农药使用规范

6.3.2.1 应在主要防治对象的防治适期,根据有害生物的发生特点和农药特性,选择适当的施药方式。

6.3.2.2 应按照农药产品标签或 GB/T 8321 和 GB 12475 的规定使用农药,控制施药剂量(或浓度)、施药次数和安全间隔期。

7 适时收获

当田间 70%~80% 小茴香单株整体叶片呈橙黄色、果皮微黄色时,即可收获。小茴香易落粒断枝,因此收获应在早晨或傍晚进行。收获通常采用人工拔除后集中晾晒,碾压后机械除杂质精选,装袋贮藏,防止受潮。

绿色食品 马兰头生产技术规程

1 范围

本规程规定了绿色食品马兰头生产所要求的栽培前准备、栽培方式、田间管理、病虫害防治、采收等技术。

本规程适用于上海市崇明区绿色食品马兰头的生产。

2 规范性引用文件

下列文件中的条款通过本标准的引用而成为本标准的条款。凡是注日期的引用文件，其随后所有的修改单（不包括勘误的内容）或修订版均不适用于本标准。凡是不注日期的引用文件，其最新版本适用于本标准。

GB/T 8321（所有部分） 农药合理使用准则

GB 12475 农药贮运、销售和使用的防毒规程

GB 5749 生活饮用水卫生标准

GB/T 5737 食品塑料周转箱

NY/T 391 绿色食品 产地环境质量

NY/T 393 绿色食品 农药使用准则

NY/T 394 绿色食品 肥料使用准则

NY/T 1507 绿色食品 山野菜

NY/T 658 绿色食品 包装通用准则

NY/T 1056 绿色食品 储藏运输准则

3 术语和定义

下列术语和定义适用于本规程。

3.1 马兰头

又称马兰、红梗菜、鸡儿肠、田边菊、紫菊、螃蜞头草等，属菊科多年生草本，丛生，株高 30 cm~60 cm，具细长地下匍匐茎。基生叶和茎下部叶宽卵形，茎中部叶互生，中部以上的叶片边缘具不规则锯齿；茎上部叶披针形或椭圆形。头状花序，苞片略带紫色；周缘舌状花 1 列，雌性，淡蓝紫色；中央管状花，两性，黄色。瘦果扁平，倒卵状椭圆形，冠毛较少。花、果期 8 月—11 月。本标准规定的马兰头是指人工栽培的野生品种。

3.2 分株栽培

将马兰头种株连地下茎挖出后，截去嫩的部分，再切成 10 cm~15 cm 为 1 根，5 根~6 根为 1 簇，按一定株行距穴栽或斜铺在开好的沟中，露出地面 5 cm~10 cm，覆土、踏实而生长的栽培方式，这是当前马兰头生产的主要栽培方式。

3.3 地上茎

马兰头地上部分，圆形直立，茎高可达 30 cm~60 cm，茎基部紫红色，从下至上颜色变淡，具有分枝。

3.4 地下茎

马兰头地下部分，为细长根状茎，在土中横向生长，茎上有节，节间短，节上着生根芽。

4 栽培前准备

4.1 产地环境

产地环境应符合 NY/T 391 的要求。宜选择排水良好、土质疏松、肥沃、湿润的壤土或砂质壤土。

4.2 整地施肥

播种或定植前深翻土地，晒垡，开挖畦沟。

施肥按 NY/T 394 执行。每亩施商品有机肥 1 000 kg，三元复合肥 30 kg~40 kg，整细耙平，作高畦或平畦，畦宽 1.2 m~1.5 m，沟宽 30 cm~35 cm。

5 栽培方式

5.1 分株栽培

5.1.1 时间

春季 3 月—4 月；夏季 7 月—8 月；秋季 9 月上旬至 10 月下旬。重新换根法或带根植株在同一时间进行。

5.1.2 种株选择

茎秆粗壮，生长旺盛，无黄叶，根系发达，无病虫害的野生或栽培健壮株。

5.1.3 方法

连地下茎一起挖取种株，切成 10 cm~15 cm 小段，将茎段穴栽或斜铺在沟中，沟深 10 cm~15 cm，沟间距 20 cm~25 cm，覆土后踏实，浇透水 1 次。

5.1.4 覆盖栽培

11 月上旬前后，日均温度 10℃ 左右时加盖塑料薄膜，冬季可有产量。覆盖以大、中棚为主。覆盖前四周及畦沟进行清理和开挖深沟，2 畦~3 畦为 1 个大、中棚覆盖单元，支架选用圆竹或竹弓。

5.2 种子直播栽培

5.2.1 种子质量

应符合 GB 16715.5 的要求。

5.2.2 播种时间和播种量

一般 3 月中旬开始播种，每亩用种量为 500 g 左右。

5.2.3 播种方法

播种前将种子与3倍~4倍干细土混匀，条播按行距10 cm开沟，沟深约1 cm，播后稍加镇压，浇透水，盖地膜或稻草以保持土壤湿润防止板结。种子萌芽出土后，揭去覆盖物，保持畦面湿润。

5.2.4 冬季覆盖

11月上旬前后，日均温度10℃左右时加盖塑料薄膜。覆盖以大、中棚覆盖为主，覆盖前四周及畦沟进行清理和开挖深沟。

6 田间管理

6.1 露地期间田间管理

6.1.1 中耕锄草

小苗及分栽、换根（株）初期生长缓慢，应及时清除田间杂草。封行前中耕锄草，将杂草除净，中耕时不宜松动地下根。

6.1.2 浇水

种子直播的，萌芽出土后，揭去覆盖物，保持畦面湿润；生长期间保持湿润，一般每10天~15天浇水1次。遇春旱时，应及时灌水追肥。夏季高温应及时浇水抗旱保苗。夏季雨量大时，及时注意排涝。

6.1.3 施肥

定植成活后或种子出苗后，适当追施提苗肥，待幼苗长到2片~3片真叶时进行追肥。

6.1.4 间苗

幼苗5片~8片真叶时开始间苗、补苗、均苗，保持适当的株行距。

6.2 覆盖期间的田间管理

6.2.1 温度

白天保持20℃~25℃，夜间保持10℃~15℃为宜。盖棚后，前期温度较高时，应注意通风降温；中期温度低，应注意保暖，必要时加盖草帘等；2月中旬后温度较高时，应加强通风降温。

6.2.2 湿度

保持棚外四周排水顺畅，棚内畦面土壤见干见湿，空气湿度100%左右时通风降湿。

6.2.3 肥水管理

以施复合肥为主，可根据长势每亩用量30 kg~50 kg，一次施足，满足快速生长需要。

6.3 其他管理

及时摘除老叶，及时防治病虫害。

7 病虫害防治

7.1 主要病虫害

生长期间基本不生病害，主要虫害：蚜虫、蓟马等。

7.2 防治方法

7.2.1 农业防治

降低田间湿度，及时清除田内和四周杂草，烧毁或深埋病株。

7.2.2 有害生物防治原则

绿色食品马兰头生产中有害生物的防治应遵循以下原则。

7.2.2.1 以保持和优化农业生态系统为基础

建立有利于各类天敌繁衍和不利于病虫草害孳生的环境条件，提高生物多样性，维持农业生态系统的平衡。

7.2.2.2 优先采用农业措施

如抗病虫品种、种子种苗检疫、培育壮苗、加强栽培管理、中耕除草、耕翻晒垡、清洁田园、轮作倒茬等。

7.2.2.3 尽量利用物理和生物措施

如用灯光、色彩诱杀害虫，机械捕捉害虫，释放害虫天敌，机械或人工除草等。

7.2.2.4 必要时合理使用低风险农药

如没有足够有效的农业、物理和生物措施，在确保人员、产品和环境安全的前提下按照 7.3 的规定，配合使用低风险的农药。

7.3 农药使用准则

7.3.1 农药选用

7.3.1.1 所选用的农药应符合相关的法律法规，并获得国家农药登记许可。

7.3.1.2 应选择对主要防治对象有效的低风险农药品种，提倡兼治和不同作用机理农药交替使用。

7.3.1.3 农药剂型宜选用悬浮剂、微囊悬浮剂、水剂、水乳剂、微乳剂、颗粒剂、水分散粒剂和可溶性粒剂等环境友好型剂型。

7.3.1.4 绿色食品马兰头生产农药使用应按照 NY/T 393 的规定，优先从 NY/T 393 表 A.1 中选用农药。在 NY/T 393 表 A.1 所列农药不能满足有害生物防治需要时，还可适量使用 NY/T 393 A.2 所列的农药。

7.3.2 农药使用规范

7.3.2.1 应在主要防治对象的防治适期，根据有害生物的发生特点和农药特性，选择适当的施药方式。

7.3.2.2 应按照农药产品标签或 GB/T 8321 和 GB 12475 的规定使用农药，控制施药剂量（或浓度）、施药次数和安全间隔期。

8 采收

植株高达 10 cm 左右即可采收。用手、剪或刀采收，应留茬 1 cm~5 cm。一般上午收割，保证马兰头新鲜度，然后包装保湿至出售。

绿色食品 茼蒿生产技术规程

1 范围

本规程规定了绿色食品茼蒿生产所要求的产品质量、产地环境、栽培技术、采收与整理等技术。

本规程适用于上海市崇明区绿色食品茼蒿的生产。

2 规范性引用文件

下列文件对于本文件的应用是必不可少的。凡是注日期的引用文件，仅所注日期的版本适用于本文件。凡是不注日期的引用文件，其最新版本（包括所有的修改单）适用于本文件。

GB/T 5737　食品塑料周转箱

GB 5749　生活饮用水卫生标准

NY/T 391　绿色食品　产地环境质量

NY/T 393　绿色食品　农药使用准则

NY/T 394　绿色食品　肥料使用准则

NY/T 743　绿色食品　绿叶类蔬菜

3 产品质量

茼蒿质量标准应符合 NY/T 743 的要求。

4 产地环境

生产基地应选择在无污染和生态条件良好的地区。基地选点应远离工矿区和公路铁路干线，避开工业和城市污染源的影响，同时生产基地应具有可持续的生产能力。

选择交通方便、地势高、水源丰富、排灌方便，土层深厚、疏松、肥沃的地块。

5 栽培技术

5.1 品种的选择

选用株型紧凑，茎叶粗壮，适应性广，抗逆性强，早熟，高产，质地柔嫩，商品性好的品种。

5.2 播前准备
5.2.1 深耕
在前茬清理完毕的基础上,每亩投入商品有机肥1 000 kg、复合肥10 kg~20 kg,然后机械翻耕,深度为20 cm~25 cm。

5.2.2 开沟
畦宽1.5 m,沟宽30 cm,沟深25 cm,每30 m开1条腰沟,四周开围沟,沟深30 cm,沟宽30 cm,然后清理沟系,确保排水通畅。

播前3天~4天,用六齿耙人工精细平整畦面。

5.2.3 种子消毒与种子处理
播种前将种子置阳光下暴晒2天~3天。播前用50℃~60℃温水浸烫种子20分钟,再用清水浸种15小时,中间换水1次,浸后将其捞出洗净,置25℃~28℃温度下催芽,保持湿润,每天中午用清水淘洗1次,待种子露白,即可播种。

5.2.4 精细播种
保护地栽培可在当年12月至翌年2月播种;露地栽培可在4月中旬至5月下旬播种,每亩用种量3 000 g。播种至出苗保持土壤湿润。

5.3 田间管理
5.3.1 苗期管理
5.3.1.1 水分管理
育苗期,保持畦面湿润;遇高温干旱天,要增加浇水量,每天早、晚各浇1次,每7天~10天灌1次透水。

5.3.1.2 肥料运筹
缓苗后至封行前,结合中耕,根据苗情适量追施尿素10 kg/亩。

5.3.1.3 肥料使用准则
(1)持续发展原则。绿色食品茼蒿生产中所使用的肥料应对环境无不良影响,有利于保护生态环境,保持或提高土壤肥力及土壤生物活性。

(2)安全优质原则。绿色食品茼蒿生产中应使用安全、优质的肥料产品,生产安全、优质的绿色食品。肥料的使用应对作物(营养、味道、品质和植物抗性)不产生不良后果。

(3)化肥减控原则。在保障植物营养有效供给的基础上减少化肥用量,兼顾元素之间的比例平衡,无机氮素用量不得高于当季作物需求量的一半。

(4)有机为主原则。绿色食品茼蒿生产过程中肥料种类的选取应以农家肥料、有机肥料、微生物肥料为主,化学肥料为辅。

5.3.1.4 生产用肥料使用规定
(1)绿色食品茼蒿生产过程中肥料使用应选用NY/T 394所列肥料种类。

(2)农家肥料的使用按NY/T 394规定执行。耕作制度允许情况下,宜利用秸秆和绿肥,按照约25∶1的比例补充化学氮素。厩肥、堆肥、沤肥、沼肥、饼肥等农家肥料应完全腐熟。

(3)有机肥料的使用按NY/T 394规定执行,主要以基肥施入,用量视地力和目标产量而定，可配施农家肥料、微生物肥料、有机-无机复混肥料、无机肥料。

（4）微生物肥料的使用按 NY/T 394 规定执行。可与农家肥料、有机肥料、微生物肥料配合施用，用于拌种、基肥或追肥。

（5）有机-无机复混肥料、无机肥料在绿色食品茼蒿生产中作为辅助肥料使用，用来补充农家肥料、有机肥料、微生物肥料所含养分的不足。减控化肥用量，其中无机氮素用量按当地同种作物习惯施肥用量减半使用。

（6）根据土壤障碍因素，可选用土壤调理剂改良土壤。

5.3.2 生长期管理

5.3.2.1 水的管理

大田生长期，在多雨天气除施肥外，一般不浇水；保持土壤湿润，高温时灌水应选在早、晚时间；多雨季节应注意开沟排水，保持田间不积水。

5.3.2.2 肥料运筹

在生长期可叶面喷施有机液肥，每 10 天 1 次，提高产量，期间可适当追施 1 次尿素 10 kg/亩。

5.3.3 病虫害发生与防治

茼蒿病虫害较少，不使用农药，使用杀虫灯和黄板就可以了。

5.3.3.1 农业防治

合理安排轮作，清洁田园，选用抗病品种，培育壮苗。

5.3.3.2 物理防治

彩色粘虫板、黑光灯及频振式杀虫灯诱虫，杀虫；防虫网防虫；结合田间管理，发现卵块或幼虫群，将其捏杀并摘除叶片。采用频振式杀虫灯诱蛾，黄板诱蚜。

6 采收与整理

6.1 采收

当株高 20 cm~30 cm 时，一般在定植后 25 天~30 天，开始采收，初次采收要使根基部留 2 节~3 节，促侧根生长，第二次采收在根基部留 1 节~2 节，继续采收，根蔓基部只留 1 个节，每 7 天~10 天采收 1 次，可连续采收 10 次以上。

6.1.1 当茼蒿单株重达到 0.12 kg~0.16 kg 时，可开始采收。

6.1.2 采收时按标准分批采收，用刀在根基部截断，放入塑料蔬菜周转箱内（蔬菜周转箱符合 GB/T 5737 的规定），装卸、运输时要轻拿、轻放。

6.2 整理

除去多余外叶、黄叶、病叶。把茼蒿清洗去泥渍、杂质等。剔除叶柄折断、黄叶、病虫害、机械伤等明显不合格产品，然后装箱上市。

绿色食品　苋菜生产技术规程

1　范围

本规程规定了绿色食品苋菜生产所要求的产品质量、产地环境、栽培技术、采收等技术。

本规程适用于上海市崇明区绿色食品苋菜的生产。

2　规范性引用文件

下列文件对于本文件的应用是必不可少的。凡是注日期的引用文件，仅所注日期的版本适用于本文件。凡是不注日期的引用文件，其最新版本（包括所有的修改单）适用于本文件。

GB/T 8321（所有部分）　农药合理使用准则

GB 12475　农药贮运、销售和使用的防毒规程

GB 5749　生活饮用水卫生标准

GB/T 5737　食品塑料周转箱

NY/T 391　绿色食品　产地环境质量

NY/T 393　绿色食品　农药使用准则

NY/T 394　绿色食品　肥料使用准则

NY/T 743　绿色食品　绿叶菜类蔬菜

3　产品质量

苋菜质量标准应符合绿色食品绿叶菜类蔬菜 NY/T 743 的要求。

4　产地环境

生产基地应选择在无污染和生态条件良好的地区。基地选点应远离工矿区和公路铁路干线，避开工业和城市污染源的影响，同时生产基地应具有可持续的生产能力。产地环境应符合 NY/T 391 的要求。

5　栽培技术

5.1　品种选择

选用各类优质、高产、抗病、抗逆性强、商品性好的品种。

5.2 大田选择

必须选择符合产地环境要求，2年内未种植苋科作物，土壤肥沃，排灌方便，杂草少的田块。

5.3 播前准备

5.3.1 深耕

播种前10天左右，在前茬清理完毕的基础上，每亩投入商品有机肥1 000 kg，然后机械翻耕。

5.3.2 二次旋耕

在播种前5天左右进行第一次机械旋耕，旋耕后立即进行机械平整，平整后每亩投入复合微生物肥料30 kg（N：P：K＝10：5：15）再进行第二次旋耕。

5.3.3 机械开沟

播种前5天左右，用蔬菜开沟机开沟，畦宽1.2 m，沟宽30 cm，沟深25 cm；每15 m开1条腰沟，四周开围沟，沟深30 cm，沟宽30 cm；清理沟系，确保排水通畅。

5.4 播种

5.4.1 播种时间

从4月上旬至8月中旬都可露地播种，利用小环棚或管棚可提早到1月中旬至3月下旬播种。高温期间播种的品质较差，而春播早收的品质佳。

5.4.2 播种方法

撒播，每亩用种量1.5 kg~5 kg，具体根据播种季节和土壤情况而定，一般播种期越早，用种量越大。播后覆盖细土或草木灰，适当镇压，并覆盖地膜或遮阳网。

5.5 田间管理

早春播种的10天左右出苗，夏秋播种的只需3天~5天即出苗。出苗前保持土壤湿润，出苗后揭去地膜或遮阳网，并及时除草。每隔7天~10天追肥1次，以氮肥为主，每亩施尿素5 kg。苋菜夏秋栽培应保持充足的肥水，否则会急速开花结实，影响品质和产量。

5.6 肥料使用准则

5.6.1 肥料使用原则

5.6.1.1 持续发展原则

绿色食品苋菜生产中所使用的肥料应对环境无不良影响，有利于保护生态环境，保持或提高土壤肥力及土壤生物活性。

5.6.1.2 安全优质原则

绿色食品苋菜生产中应使用安全、优质的肥料产品，生产安全、优质的绿色食品。肥料的使用应对作物（营养、味道、品质和植物抗性）不产生不良后果。

5.6.1.3 化肥减控原则

在保障植物营养有效供给的基础上减少化肥用量，兼顾元素之间的比例平衡，无机氮素用量不得高于当季作物需求量的一半。

5.6.1.4 有机为主原则

绿色食品苋菜生产过程中肥料种类的选取应以农家肥料、有机肥料、微生物肥料为主，化学肥料为辅。

5.6.2 生产用肥料使用规定

5.6.2.1 绿色食品苋菜生产过程中肥料使用应选用 NY/T 394 所列肥料种类。

5.6.2.2 农家肥料的使用按 NY/T 394 规定执行。耕作制度允许情况下，宜利用秸秆和绿肥，按照约 25∶1 的比例补充化学氮素。厩肥、堆肥、沤肥、沼肥、饼肥等农家肥料应完全腐熟。

5.6.2.3 有机肥料的使用按 NY/T 394 规定执行，主要以基肥施入，用量视地力和目标产量而定，可配施农家肥料、微生物肥料、有机-无机复混肥料、无机肥料。

5.6.2.4 微生物肥料的使用按 NY/T 394 规定执行。可与农家肥料、有机肥料、微生物肥料配合施用，用于拌种、基肥或追肥。

5.6.2.5 有机-无机复混肥料、无机肥料在绿色食品苋菜生产中作为辅助肥料使用，用来补充农家肥料、有机肥料、微生物肥料所含养分的不足。减控化肥用量，其中无机氮素用量按当地同种作物习惯施肥用量减半使用。

5.6.2.6 根据土壤障碍因素，可选用土壤调理剂改良土壤。

5.7 病虫害防治

常见主要病虫害包括：蚜虫、小菜蛾、夜蛾类、炭疽病、霜霉病等。

5.7.1 有害生物防治原则

绿色食品苋菜生产中有害生物的防治应遵循以下原则：

——以保持和优化农业生态系统为基础：建立有利于各类天敌繁衍和不利于病虫草害孳生的环境条件，提高生物多样性，维持农业生态系统的平衡；

——优先采用农业措施：如抗病虫品种、种子种苗检疫、培育壮苗、加强栽培管理、中耕除草、耕翻晒垡、清洁田园、轮作倒茬等；

——尽量利用物理和生物措施：如用灯光、色彩诱杀害虫，机械捕捉害虫，释放害虫天敌，机械或人工除草等；

——必要时合理使用低风险农药：如没有足够有效的农业、物理和生物措施，在确保人员、产品和环境安全的前提下按照 5.7.2 的规定，配合使用低风险的农药。

5.7.2 农药使用准则

5.7.2.1 所选用的农药应符合相关的法律法规，并获得国家农药登记许可。

5.7.2.2 应选择对主要防治对象有效的低风险农药品种，提倡兼治和不同作用机理农药交替使用。

5.7.2.3 农药剂型宜选用悬浮剂、微囊悬浮剂、水剂、水乳剂、微乳剂、颗粒剂、水分散粒剂和可溶性粒剂等环境友好型剂型。

5.7.2.4 绿色食品苋菜生产农药使用应按照 NY/T 393 的规定，优先从 NY/T 393 表 A.1 中选用农药。在 NY/T 393 表 A.1 所列农药不能满足有害生物防治需要时，还可适量使用 NY/T 393 A.2 所列的农药。

5.7.3 农药使用规范

5.7.3.1 应在主要防治对象的防治适期，根据有害生物的发生特点和农药特性，选择适当的施药方式。

5.7.3.2 应按照农药产品标签或 GB/T 8321 和 GB 12475 的规定使用农药，控制施药剂量（或浓度）、施药次数和安全间隔期。

6 采收

苋菜播种后，一般 40 天~50 天开始采收，但早春播种的，有时可能要延后，而以后随温度升高，始收期相应提前。

苋菜采收方法有 2 种：春播采取刈割嫩头的方法，苗高 12 cm 左右可第一次刈割，以后根据生长情况再割 2 次~3 次。秋播的当植株长至一定高度（10 cm~15 cm）后连根拔起，扎成小把，上海称为"扎根米苋"。

绿色食品 番茄生产技术规程

1 范围

本规程规定了绿色食品番茄生产所要求的产品质量、产地环境、栽培技术、病虫害防治、采收等技术。

本规程适用于上海市崇明区绿色食品番茄的生产。

2 规范性引用文件

下列文件对于本文件的应用是必不可少的。凡是注日期的引用文件，仅所注日期的版本适用于本文件。凡是不注日期的引用文件，其最新版本（包括所有的修改单）适用于本文件。

GB/T 8321（所有部分） 农药合理使用准则

GB 12475 农药贮运、销售和使用的防毒规程

NY/T 391 绿色食品 产地环境质量

NY/T 393 绿色食品 农药使用准则

NY/T 394 绿色食品 肥料使用准则

NY/T 655 绿色食品 茄果类蔬菜

3 产品质量

番茄质量标准应符合 NY/T 655 的要求。

4 产地环境

生产基地应选择在无污染和生态条件良好的地区。基地选点应远离工矿区和公路铁路干线，避开工业和城市污染源的影响，同时生产基地应具有可持续的生产能力。产地环境应符合 NY/T 391 的要求。

5 栽培技术

5.1 育苗技术

5.1.1 品种选择

根据种植季节和市场需求选用抗病、优质、丰产、抗逆性强、商品性好的品种。

5.1.2 育苗

（1）育苗盘选用：选择 25 cm × 60 cm 的塑料育苗盘。

（2）基质可选用以下配方：①蛭石 50%、草炭 50%；②蛭石 70%，珍珠岩 30%（以上 2 种配方中每立方米基质中加三元复合肥 1 kg，混匀）；③肥沃园田土 50%、草炭 30%、腐熟厩肥 20%；④肥沃园田土 20%、草炭 40%、腐熟厩肥 30%（以上 2 种配方每立方米营养土加三元复合肥 500 g，混匀）。基质装入育苗盘。夏季育苗肥料可酌情减少。

（3）种子处理：剔除杂质、霉籽、瘪籽、虫籽等，播种前用高锰酸钾 1 000 倍液浸种 10 分钟，然后用清水冲洗，再在温水中浸 6 小时，洗净种子，甩干水，用湿纱布保湿，于 25℃ 左右催芽，露白后播种。

5.1.3 适时播种

5.1.3.1 播种

春季：一般于 11 月下旬至 12 月上旬在大棚内播种。秋季：一般于 7 月上中旬播种。

5.1.3.2 精细播种

播种应在塑料大棚内进行，每亩大田用种量为 20 g。为保证较高的成株率，采用无土育苗法，播在育苗盘中，要求稀播，并覆盖营养土 0.5 cm 厚，每盘育苗盘中播 4 g，育苗盘下铺电加温线，电加温线间距 10 cm。育苗盘上用小环棚覆 1 层薄膜。

5.1.4 苗期管理

5.1.4.1 温光调控

出苗前应保持较高温度，出苗后为防徒长，应注意通风，并应经常保持光照。

5.1.4.2 肥水管理

移苗活棵后应以控水为主，根据天气、秧苗情况适当进行肥水调控，肥水要轻。

5.1.4.3 移苗

苗期移苗分 2 次进行，第一次在出苗后（子叶开展 4 天~5 天）应立即进行搭秧（移苗），搭秧应搭在营养土中（营养土由 3 份 2 年内未种过茄果类作物的菜园土加 1 份腐熟细碎的有机肥处理而成）。第二次移苗在番茄三叶一心期进行，选择健壮无病苗，于晴天傍晚进行带肥、带药、带土"三带"假植（蹲苗）。每亩大田需移苗床 70 m^2~80 m^2。

5.1.4.4 炼苗

当番茄真叶长有 6 片~7 片，移栽前 5 天~7 天逐步炼苗，以保证移栽后能较快缓苗。

5.1.4.5 壮苗标准

苗高 20 cm~23 cm，茎粗 0.3 cm~0.4 cm，有真叶 6 片~7 片，叶色深绿色初显花蕾，无病虫害，苗龄 70 天左右。

5.2 定植

5.2.1 整地作畦

（1）整地：选择地势高爽，排水良好，前 2 年未种过茄果类作物的大棚，整地前每亩施商品有机肥 1 000 kg~1 500 kg、45%三元复合肥 50 kg，过磷酸钙 20 kg，然后深翻晒白。

（2）作畦：6 m 标准大棚内设置 4 畦，每畦连沟宽 1.5 m，沟深 20 cm。

5.2.2 盖地膜和扣棚

定植前 7 天用 0.015 mm 厚地膜连沟覆盖畦面，大棚应在定植前 15 天扣好膜，以利增加棚内地温，大棚膜选用无滴多功能膜。

5.2.3 适时定植

定植一般在播种后 70 天左右进行。

定植方式与密度：每畦种植 2 行，株距 35 cm，每亩栽植 2 200 株左右。

定植方法：畦面按株距先用移苗器打孔，然后定植，定植深度以子叶到畦面 1 cm 处为宜；定植后浇足定植水，定植孔用土密封严实，以免地表热气溢出，损伤秧苗叶片。

5.3 田间管理

5.3.1 温光调控

番茄定植后，缓苗期封棚 3 天左右，缓苗后根据天气情况逐渐通风换气，降低棚内温湿度。一般要求白天棚内温度维持在 25℃~26℃，夜间不低于 10℃。坐果后为促进果实生长，白天棚温维持在 25℃~26℃，夜温 15℃~16℃。通风方法：先开大棚再适度揭小棚膜；夜间温度低时，小棚膜再加覆盖物防霜冻；后期为防高温，应加强通风。

5.3.2 肥料使用准则

5.3.2.1 肥料使用原则

（1）持续发展原则。绿色食品番茄生产中所使用的肥料应对环境无不良影响，有利于保护生态环境，保持或提高土壤肥力及土壤生物活性。

（2）安全优质原则。绿色食品番茄生产中应使用安全、优质的肥料产品，生产安全、优质的绿色食品。肥料的使用应对作物（营养、味道、品质和植物抗性）不产生不良后果。

（3）化肥减控原则。在保障植物营养有效供给的基础上减少化肥用量，兼顾元素之间的比例平衡，无机氮素用量不得高于当季作物需求量的一半。

（4）有机为主原则。绿色食品番茄生产过程中肥料种类的选取应以农家肥料、有机肥料、微生物肥料为主，化学肥料为辅。

5.3.2.2 生产用肥料使用规定

（1）绿色食品番茄生产过程中肥料使用应选用 NY/T 394 所列肥料种类。

（2）农家肥料的使用按 NY/T 394 规定执行。耕作制度允许情况下，宜利用秸秆和绿肥，按照约 25∶1 的比例补充化学氮素。厩肥、堆肥、沤肥、沼肥、饼肥等农家肥料应完全腐熟。

（3）有机肥料的使用按 NY/T 394 规定执行，主要以基肥施入，用量视地力和目标产量而定，可配施农家肥料、微生物肥料、有机-无机复混肥料、无机肥料。

（4）微生物肥料的使用按 NY/T 394 规定执行。可与农家肥料、有机肥料、微生物肥料配合施用，用于拌种、基肥或追肥。

（5）有机-无机复混肥料、无机肥料在绿色食品番茄生产中作为辅助肥料使用，用来补充农家肥料、有机肥料、微生物肥料所含养分的不足。减控化肥用量，其中无机氮素用量按当地同种作物习惯施肥用量减半使用。

（6）根据土壤障碍因素，可选用土壤调理剂改良土壤。

5.3.3 肥水管理

要保持土壤湿度，而不能忽干忽湿，以免产生裂果。缓苗后至开花前轻浇 1 次尿素，每亩用肥量为 15 kg，第一穗果坐稳后追复合肥 1 次保果，以后结合果实的批量采收补充追肥 2 次~3 次，结果期追肥每亩施 45%三元复合肥 15 kg 或适量叶面肥。灌水宜采用浇灌法，如要采用沟灌，水不能浸畦，并尽可能速灌速排，刚好使土壤湿润即可。另外，从见花到开始坐果，应适当控水，即土不干则不浇水。

5.3.4 整枝

采用单秆整枝，仅留主枝，侧枝留叶 1 片~2 片打顶，主枝不打顶。一般搭立架或井架，有利于采收和透光；苗高 30 cm~40 cm 开始绑蔓，支架高 2 m。进入采果期后，果实采到哪一档位，就把基部老叶摘到该档位置。

6 病虫害防治

6.1 主要病虫害

病害：早疫病、灰霉病、叶霉病、脐腐病、晚疫病、病毒病等。

虫害：蚜虫、夜蛾类、小菜蛾等。

6.2 有害生物防治原则

绿色食品番茄生产中有害生物的防治应遵循以下原则。

6.2.1 以保持和优化农业生态系统为基础

建立有利于各类天敌繁衍和不利于病虫草害孳生的环境条件，提高生物多样性，维持农业生态系统的平衡。

6.2.2 优先采用农业措施

如抗病虫品种、种子种苗检疫、培育壮苗、加强栽培管理、中耕除草、耕翻晒垡、清洁田园、轮作倒茬等。

6.2.3 尽量利用物理和生物措施

如用灯光、色彩诱杀害虫，机械捕捉害虫，释放害虫天敌，机械或人工除草等。

6.2.4 必要时合理使用低风险农药

如没有足够有效的农业、物理和生物措施，在确保人员、产品和环境安全的前提下

按照6.3的规定，配合使用低风险的农药。

6.3 农药使用准则

6.3.1 农药选用

6.3.1.1 所选用的农药应符合相关的法律法规，并获得国家农药登记许可。

6.3.1.2 应选择对主要防治对象有效的低风险农药品种，提倡兼治和不同作用机理农药交替使用。

6.3.1.3 农药剂型宜选用悬浮剂、微囊悬浮剂、水剂、水乳剂、微乳剂、颗粒剂、水分散粒剂和可溶性粒剂等环境友好型剂型。

6.3.1.4 绿色食品番茄生产农药使用应按照 NY/T 393 的规定，优先从 NY/T 393 表 A.1 中选用农药。在 NY/T 393 表 A.1 所列农药不能满足有害生物防治需要时，还可适量使用 NY/T 393 A.2 所列的农药。

6.3.2 农药使用规范

6.3.2.1 应在主要防治对象的防治适期，根据有害生物的发生特点和农药特性，选择适当的施药方式。

6.3.2.2 应按照农药产品标签或 GB/T 8321 和 GB 12475 的规定使用农药，控制施药剂量（或浓度）、施药次数和安全间隔期。

7 采收

番茄采收一般从5月上旬开始，因其同穗果上果实成熟有先后，应分批采收。果实处于转色期时即可采收，并应在下午进行，采收果实不留果柄。

绿色食品 辣椒生产技术规程

1 范围

本规程规定了绿色食品辣椒生产所要求的产品质量、产地环境、栽培技术、病虫害防治、采收、运输与贮藏等技术。

本规程适用于上海市崇明区绿色食品辣椒的生产。

2 规范性引用文件

下列文件对于本文件的应用是必不可少的。凡是注日期的引用文件，仅所注日期的版本适用于本文件。凡是不注日期的引用文件，其最新版本（包括所有的修改单）适用于本文件。

GB/T 5737 食品塑料周转箱

GB/T 8321（所有部分） 农药合理使用准则

GB 12475 农药贮运、销售和使用的防毒规程

NY/T 391 绿色食品 产地环境质量

NY/T 393 绿色食品 农药使用准则

NY/T 394 绿色食品 肥料使用准则

NY/T 655 绿色食品 茄果类蔬菜

NY/T 1056 绿色食品 储藏运输准则

3 产品质量

辣椒质量标准应符合 NY/T 655 的要求。

4 产地环境

生产基地应选择在无污染和生态条件良好的地区。基地选点应远离工矿区和公路铁路干线，避开工业和城市污染源的影响，同时生产基地应具有可持续的生产能力。产地环境应符合 NY/T 391 的要求。

5 栽培技术

5.1 育苗

5.1.1 品种的选择

根据客户需求来选择各类优质非转基因种子。

5.1.2 苗床准备

5.1.2.1 苗床选择

育苗地选择：按每亩大田准备5 m²~7 m²苗床，选择平坦向阳，土壤疏松肥沃，浇水方便，地下水位低，排水良好的3年内未种过茄科类作物的旱地做苗床地。

苗床制作：深翻晒垡3天~5天，按1.4 m~1.5 m畦面，10 cm~15 cm埂高，30 cm~40 cm埂宽，理高埂低墒，整平墒面，浇足底水，上铺1层厚约4 cm的营养土摊平，用喷壶浇透水即可播种。

5.1.2.2 基质配制与消毒

按草炭土体积：珍珠岩体积：商品有机肥体积为6∶2∶2的比例配制营养基质，按基质总重量的3‰~5‰投入45%三元复合肥（N∶P∶K＝15∶15∶15）充分拌匀，250 g/L嘧菌酯悬浮剂稀释1 000倍液后，按基质总重量的0.5‰投入（药剂喷湿基质后闷24小时）；晾开堆放7天~10天，待用。

5.1.3 播种育苗

5.1.3.1 种子处理

剔除霉籽、瘪籽、虫籽等。

5.1.3.2 播种

每平方米苗床播常规种15 g~20 g或杂交种7 g~8 g，分2次~3次均匀撒播后，盖1层约1 cm厚的营养土，覆盖1层隐约可见墒土的稻草或地膜，用喷壶浇水1次覆膜压严压实。

5.1.4 成苗期管理

5.1.4.1 揭膜

出苗前原则上不需要再浇水，但若发现墒面缺水需及时补浇。遇下雨时，天晴后及时去掉膜上的水，待70%左右的苗出土时，于上午8时—9时揭去薄膜，子叶展开揭去覆盖物。

5.1.4.2 苗龄控制

间苗、定苗：三叶~四叶期间间苗，五叶期按2 cm~3 cm定苗，清除过密苗、弱苗和过旺苗。

5.1.4.3 苗肥追施及水分管理

三叶~四叶期，每5 m²~7 m²用三元复合肥250 g兑水追施苗肥，施后用清水冲洗1次。辣椒苗白天萎蔫，第二天早晨不能恢复应及时浇水，若墒面过湿待水分干后用干细土或草木灰调节，栽前7天~10天断水炼苗。

5.2 定植

5.2.1 大田准备

5.2.1.1 大田选择

大田必须选择 2 年内未种植茄科类作物，土壤肥沃，排、灌方便，呈弱酸性至中性，保水保肥力强的土地。

5.2.1.2 深耕

定植前 20 天左右，在前茬清理完毕的基础上，每亩投入商品有机肥 1 000 kg，然后机械翻耕，深度为 20 cm~25 cm。

5.2.1.3 二次旋耕

在定植前 15 天左右进行第一次机械旋耕，旋耕后立即进行机械平整，平整后每亩投入 45% 三元复合肥 30 kg，进行第二次旋耕。

5.2.1.4 机械开沟

播前 10 天左右，用蔬菜开沟机开沟，一般标准大棚畦宽 1.2 m，沟宽 30 cm，沟深 25 cm；然后人工清理沟系，确保排水通畅。

5.2.2 起苗

起苗前 2 天，混喷保护性广谱灭菌剂与针对性杀虫剂 1 次（药剂防治参考 NY/T 393 表 A.1），定植前 1 天，补足水分（以盘底滴水孔渗水为宜）；出棚运输待定植期间，如遇天气干旱、秧苗失水过多时，要及时补充水分。

5.2.3 定植

用插刀挖坑，把已从育苗盘中脱下的带营养土的秧苗放入坑中，深度与营养土面平，培实四周土壤。行距×株距=60 cm × 30 cm，每畦定植 2 行，定植时不得伤及秧苗子叶，定植后浇定根水 1 次~2 次。

5.3 田间管理

5.3.1 肥料使用准则

5.3.1.1 肥料使用原则

（1）持续发展原则。绿色食品辣椒生产中所使用的肥料应对环境无不良影响，有利于保护生态环境，保持或提高土壤肥力及土壤生物活性。

（2）安全优质原则。绿色食品辣椒生产中应使用安全、优质的肥料产品，生产安全、优质的绿色食品。肥料的使用应对作物（营养、味道、品质和植物抗性）不产生不良后果。

（3）化肥减控原则。在保障植物营养有效供给的基础上减少化肥用量，兼顾元素之间的比例平衡，无机氮素用量不得高于当季作物需求量的一半。

（4）有机为主原则。绿色食品辣椒生产过程中肥料种类的选取应以农家肥料、有机肥料、微生物肥料为主，化学肥料为辅。

5.3.1.2 生产用肥料使用规定

（1）绿色食品辣椒生产过程中肥料使用应选用 NY/T 394 所列肥料种类。

（2）农家肥料的使用按 NY/T 394 规定执行。耕作制度允许情况下，宜利用秸秆和绿肥，按照约 25∶1 的比例补充化学氮素。厩肥、堆肥、沤肥、沼肥、饼肥等农家肥料应完全腐熟。

（3）有机肥料的使用按 NY/T 394 规定执行，主要以基肥施入，用量视地力和目标产量而定，可配施农家肥料、微生物肥料、有机-无机复混肥料、无机肥料。

（4）生物肥料的使用按 NY/T 394 规定执行。可与农家肥料、有机肥料、微生物肥料配合施用，用于拌种、基肥或追肥。

（5）有机-无机复混肥料、无机肥料在绿色食品辣椒生产中作为辅助肥料使用，用来补充农家肥料、有机肥料、微生物肥料所含养分的不足。减控化肥用量，其中无机氮素用量按当地同种作物习惯施肥用量减半使用。

（6）据土壤障碍因素，可选用土壤调理剂改良土壤。

5.3.2　中耕培土
结合锄草及时进行中耕培土。

5.3.3　追肥
如基肥充足生长前期一般不需追肥，如叶色较淡可适量追肥。结果期每亩施三元复合肥 30 kg。

5.3.4　水分管理
遇干旱及时灌水、雨天要及时排水、保证田间无积水。

5.3.5　注意观察蚜虫、粉虱、红蜘蛛、炭疽病、病毒病等病虫害的发生。

6　病虫害防治

6.1　有害生物防治原则
绿色食品辣椒生产中有害生物的防治应遵循以下原则。

6.1.1　以保持和优化农业生态系统为基础
建立有利于各类天敌繁衍和不利于病虫草害孳生的环境条件，提高生物多样性，维持农业生态系统的平衡。

6.1.2　优先采用农业措施
如抗病虫品种、种子种苗检疫、培育壮苗、加强栽培管理、中耕除草、耕翻晒垡、清洁田园、轮作倒茬等。

6.1.3　尽量利用物理和生物措施
如用灯光、色彩诱杀害虫，机械捕捉害虫，释放害虫天敌，机械或人工除草等。

6.1.4　必要时合理使用低风险农药
如没有足够有效的农业、物理和生物措施，在确保人员、产品和环境安全的前提下按照 6.2 的规定，配合使用低风险的农药。

6.2 农药使用准则

6.2.1 农药选用

6.2.1.1 所选用的农药应符合相关的法律法规,并获得国家农药登记许可。

6.2.1.2 应选择对主要防治对象有效的低风险农药品种,提倡兼治和不同作用机理农药交替使用。

6.2.1.3 农药剂型宜选用悬浮剂、微囊悬浮剂、水剂、水乳剂、微乳剂、颗粒剂、水分散粒剂和可溶性粒剂等环境友好型剂型。

6.2.1.4 绿色食品辣椒生产农药使用应按照 NY/T 393 的规定。

6.2.2 农药使用规范

6.2.2.1 应在主要防治对象的防治适期,根据有害生物的发生特点和农药特性,选择适当的施药方式。

6.2.2.2 应按照农药产品标签或 GB/T 8321 和 GB 12475 的规定使用农药,控制施药剂量(或浓度)、施药次数和安全间隔期。

7 采收

7.1 采收标准

在果实不再膨大,果肉增厚,质脆色绿有光泽时采收。

7.2 采收方法

采收时按标准分批采收,采收时要避免机械伤害,采收的青椒果柄要完整。采好的果实放入塑料蔬菜周转箱内(蔬菜周转箱符合 GB/T 5737 规定),装卸、运输时要轻拿、轻放。

8 运输与贮藏

运输与贮藏应符合 NY/T 1056 的要求。

8.1 辣椒长途外运,产品应在 8℃的冷库中预冷 12 小时后,才可装集装箱冷藏外运。

8.2 贮藏须在通风、清洁、卫生的条件下进行,严防暴晒、雨淋、冻害及有毒物质的污染。

8.3 最佳贮藏温度为 8℃,相对湿度为 90%~95%,库内堆码应保持空气均匀流通。

绿色食品　茄子生产技术规程

1　范围

本规程规定了绿色食品茄子生产所要求的产品质量、产地环境、栽培技术、病虫害防治、采收、包装、贮存与运输等技术。

本规程适用于上海市崇明区绿色食品茄子的生产。

2　规范性引用文件

下列文件对于本文件的应用是必不可少的。凡是注日期的引用文件，仅所注日期的版本适用于本文件。凡是不注日期的引用文件，其最新版本（包括所有的修改单）适用于本文件。

GB/T 8321（所有部分）　农药合理使用准则

GB 12475　农药贮运、销售和使用的防毒规程

NY/T 391　绿色食品　产地环境质量

NY/T 393　绿色食品　农药使用准则

NY/T 394　绿色食品　肥料使用准则

NY/T 655　绿色食品　茄果类蔬菜

NY/T 658　绿色食品　包装通用准则

NY/T 1056　绿色食品　储藏运输准则

3　产品质量

茄子质量标准应符合 NY/T 655 的要求。

4　产地环境

生产基地应选择在无污染和生态条件良好的地区。基地选点应远离工矿区和公路铁路干线，避开工业和城市污染源的影响，同时生产基地应具有可持续的生产能力。环境应符合 NY/T 391 的要求。

5 栽培技术

5.1 育苗技术

5.1.1 品种选择

选用抗病、优质、丰产、抗逆性强、商品性好的品种,要根据种植季节和市场需求选择优质非转基因种子。

5.1.2 育苗

(1) 育苗盘选用:选择 25 cm × 60 cm 的塑料育苗盘。

(2) 基质可选用以下配方:①蛭石 50%、草炭 50%;②蛭石 70%,珍珠岩 30%(以上 2 种配方中每立方米基质中加三元复合肥 1 kg,混匀);③肥沃园田土 50%、草炭 30%、腐熟厩肥 20%;④肥沃园田土 20%、草炭 40%、腐熟厩肥 30%(以上 2 种配方每立方米营养土加三元复合肥 500 g,混匀)。基质装入育苗盘。夏季育苗肥料可酌情减少。

5.1.3 播种

5.1.3.1 适时播种

(1) 春茄:9月—10月播种。

(2) 夏茄:2月—3月播种。

(3) 秋茄:3月—4月播种。

5.1.3.2 种子处理

剔除杂质、霉籽、瘪籽、虫籽等,种子表面甚至内部常常带有多种病原菌,一般采用温汤浸种,也可以采用晒种的方法。

5.1.3.3 浸种催芽

选用 55℃温水浸种,不断搅拌并保持水温 15 分钟;然后转入 20℃~30℃的常温水中继续浸泡 8 小时~10 小时,将冲洗干净的种子稍加风干至松散,然后用干净、湿润的消毒纱布包起来,放在 25℃~30℃的条件下催芽,每 24 小时用清水洗 1 次~2 次,翻 2 次~3 次,再控干水分,继续催芽,使种子内外受热均匀。一般经过 6 天~7 天,有 70%的种子出芽时,就可播种。

5.1.3.4 播种方法

育苗盘装好基质浇足底水后,人工播种,播种后覆盖 0.5 cm~1 cm 厚度的盖籽土,然后摆放在苗床土上。育苗盘上铺 1 层地膜,春季应搭小环棚保温。当有 50%种子出苗时及时揭去育苗盘上的地膜。每亩大田用种量 20 g。

5.2 苗期管理

5.2.1 温度管理

在整个育苗期,依照控温不控水的原则,茄子出苗的适宜温度为白天 25℃~30℃,夜间 20℃~22℃。应在苗床上用地膜覆盖,若床内温度超过 35℃时,可进行短时间通风。出苗后维持 18℃~20℃地温,白天气温不低于 25℃,夜间不低于 15℃。

可在幼苗出齐后,结合间苗覆 1 层细土,以利于保墒,出苗后,晴天上午早揭膜,下午适时延迟覆膜。分苗后缓苗期地温维持在 25℃~30℃,夜间保持在 18℃~20℃,温度过高时可适当遮阴。分苗到定植前白天温度保持在 20℃左右,夜温 12℃~14℃,可适当降低夜温,进行炼苗以防徒长。定植前 3 天~5 天温度接近于露地条件。温度调节见表 1。

表 1 温度调节

时期	白天适温（℃）	夜间适温（℃）
播种至出苗	28~32	20~22
齐苗至分苗	25~28	16~18
分苗前 1 周	20~25	13~15
分苗至缓苗	25~30	18~20
定植前 10 天至定植	18~20	12~14

5.2.2 肥水管理

出苗期要保持土壤湿润,种子拱土后还应在床面上撒一薄层细湿土,以便于保墒和防治"戴帽"现象。出苗后以保水为主,苗床表土干时应浇水,必须用温水,不可用冷水直接浇苗。选择晴天上午 10 时~12 时浇水。分苗后当幼苗叶片稍有萎蔫,就应在第二天上午浇水。

5.2.2.1 肥料使用原则

（1）持续发展原则。绿色食品茄子生产中所使用的肥料应对环境无不良影响,有利于保护生态环境,保持或提高土壤肥力及土壤生物活性。

（2）安全优质原则。绿色食品茄子生产中应使用安全、优质的肥料产品,生产安全、优质的绿色食品。肥料的使用应对作物（营养、味道、品质和植物抗性）不产生不良后果。

（3）化肥减控原则。在保障植物营养有效供给的基础上减少化肥用量,兼顾元素之间的比例平衡,无机氮素用量不得高于当季作物需求量的一半。

（4）有机为主原则。绿色食品茄子生产过程中肥料种类的选取应以农家肥料、有机肥料、微生物肥料为主,化学肥料为辅。

5.2.2.2 生产用肥料使用规定

（1）绿色食品茄子生产过程中肥料使用应选用 NY/T 394 所列肥料种类。

（2）农家肥料的使用按 NY/T 394 规定执行。耕作制度允许情况下,宜利用秸秆和绿肥,按照约 25:1 的比例补充化学氮素。厩肥、堆肥、沤肥、沼肥、饼肥等农家肥料应完全腐熟。

（3）有机肥料的使用按 NY/T 394 规定执行,主要以基肥施入,用量视地力和目标产量而定,可配施农家肥料、微生物肥料、有机-无机复混肥料、无机肥料。

（4）微生物肥料的使用按 NY/T 394 规定执行。可与农家肥料、有机肥料、微生物肥料配合施用，用于拌种、基肥或追肥。

（5）有机-无机复混肥料、无机肥料在绿色食品茄子生产中作为辅助肥料使用，用来补充农家肥料、有机肥料、微生物肥料所含养分的不足。减控化肥用量，其中无机氮素用量按当地同种作物习惯施肥用量减半使用。

（6）根据土壤障碍因素，可选用土壤调理剂改良土壤。

5.2.3 炼苗

为使幼苗定植后适应环境，并提高幼苗耐寒性，要在定植前 5 天~7 天，进行低温锻炼，这时要加大风量，夜间覆盖也要逐渐减少，白天温度保持在 15℃~20℃，夜间在不遭受霜冻的前提下，最低气温可以达到 8℃~10℃。这时期应加大昼夜温差，加大通风量，同时控制浇水，发生局部干旱时，在叶片萎蔫处稍喷些水。

5.3 大田移栽

5.3.1 整地

选择前茬未种植过茄果类的田块，前作收获后，深耕 1 次，定植前再翻耕 1 次然后整地作畦，施足基肥。畦面要平，畦沟要深。基肥以有机肥为主，每亩施入腐熟的有机肥 3 000 kg~4 000 kg 或商品有机肥 1 000 kg~1 500 kg，配施三元复合肥 25 kg~35 kg，然后机械翻耕。

5.3.2 定植

开挖定植穴，把苗埋入穴中，深度与钵面或营养块面相平，定植的距离，视品种及气候环境而异。早熟种，行距 50 cm~70 cm，株距 30 cm~40 cm，每亩可栽 2 800 株~3 200 株。中熟及晚熟种，行距 70 cm，株距 40 cm~50 cm，每亩可栽 2 800 株。

5.4 田间管理

5.4.1 中耕、培土

中耕工作可结合除草进行。露地栽培的，大雨过后，为了防止土壤板结，在半干半湿时进行中耕。当植株生长到高 30 cm 左右时，要结合中耕进行培土，以免须根露出土面。

5.4.2 肥水管理

定植当天浇 1 次水，水量适中，活棵后应及时中耕松土，以利保墒，促进发新根。若天气干旱，可在开花前浇 1 次催花水，门茄达到瞪眼（受精后子房膨大露出花萼时称为瞪眼）时可追 1 次稳果肥，每亩施 5 kg~10 kg 左右的尿素，浇 1 次稳果水，以后每隔 4 天~6 天浇 1 次水，保持地面经常湿润，对茄和四母斗茄子迅速膨大后，对肥水要求达到最高峰，分别随水施含磷钾的叶面肥 1 次~2 次。进入雨季要注意排水，田间不可有积水现象。追肥应化肥和有机肥交替使用。

5.4.3 整枝摘叶

由于茄子的枝条生长及开花结果习性相当有规则，一般不进行整枝，而只是把根茄以下过于繁密的侧枝除去，以便于通风，后期将老叶、黄叶、病叶及时摘除。门茄开花前,将门茄以下的腋芽全部打掉,以利通风透光,控制病害发生。

6 病虫害防治

6.1 主要病虫害

主要病害:灰霉病、菌核病等。主要虫害:蚜虫、茶黄螨、红蜘蛛、蓟马等。

6.2 有害生物防治原则

绿色食品茄子生产中有害生物的防治应遵循以下原则。

6.2.1 以保持和优化农业生态系统为基础

建立有利于各类天敌繁衍和不利于病虫草害孳生的环境条件,提高生物多样性,维持农业生态系统的平衡。

6.2.2 优先采用农业措施

如抗病虫品种、种子种苗检疫、培育壮苗、加强栽培管理、中耕除草、耕翻晒垡、清洁田园、轮作倒茬等。

6.2.3 尽量利用物理和生物措施

如用灯光、色彩诱杀害虫,机械捕捉害虫,释放害虫天敌,机械或人工除草等。

6.2.4 必要时合理使用低风险农药

如没有足够有效的农业、物理和生物措施,在确保人员、产品和环境安全的前提下按照6.3的规定,配合使用低风险的农药。

6.3 农药使用准则

6.3.1 农药选用

6.3.1.1 所选用的农药应符合相关的法律法规,并获得国家农药登记许可。

6.3.1.2 应选择对主要防治对象有效的低风险农药品种,提倡兼治和不同作用机理农药交替使用。

6.3.1.3 药剂型宜选用悬浮剂、微囊悬浮剂、水剂、水乳剂、微乳剂、颗粒剂、水分散粒剂和可溶性粒剂等环境友好型剂型。

6.3.1.4 绿色食品茄子生产农药使用应按照 NY/T 393 的规定,优先从 NY/T 393 表 A.1 中选用农药。在 NY/T 393 表 A.1 所列农药不能满足有害生物防治需要时,还可适量使用 NY/T 393 A.2 所列的农药。

6.3.2 农药使用规范

6.3.2.1 应在主要防治对象的防治适期,根据有害生物的发生特点和农药特性,选择适当的施药方式。

6.3.2.2 应按照农药产品标签或 GB/T 8321 和 GB 12475 的规定使用农药,控制施药剂量(或浓度)、施药次数和安全间隔期。

7 采收

早熟品种,在定植后40天~50天即可采收;中熟品种,定植后经过50天~60天采收；晚熟品种，定植后要经过60天~70天采收。果实采收的标准是看萼片与果实相结合处果皮的颜色来判断。果皮白色或淡紫色的带环愈宽，说明果实此时发育很快，如果带环颜色加深、带环变窄或带环不明显时，说明果实已经停止生长或生长缓慢，此时应及时采收。"门茄"应提早采收。

8 包装、运输与贮藏

8.1 包装

8.1.1 包装应符合 NY/T 658 的要求。用于产品包装的容器如塑料箱（塑料箱应符合 GB/T 8868 的要求）、纸箱等须按产品的大小规格设计，同一规格必须大小一致，整洁、干燥、牢固、透气、美观、无污染、无异味，内壁无尖突物，无虫蛀、腐烂、霉变等，纸箱无受潮、离层现象。

8.1.2 每一包装上应标明产品名称、产品的标准编号、商标、生产单位（或企业）名称、详细地址、产地、规格、净含量和包装日期等，标志上的字迹应清晰、完整、准确。

8.1.3 按产品的品种、规格分别包装，同一件包装内的产品应摆放整齐紧密。

8.1.4 每批产品所用的包装、单位质量应一致，每件包装净含量不应超过 10 kg。

8.1.5 包装检验规则

逐件称量抽取的样品，每件的净含量应不得低于包装外标志的净含量。根据整齐度计算的结果，确定所抽取样品的规格，并检查与包装外所示的规格是否一致。

8.2 运输与贮藏

运输与贮藏应符合 NY/T 1056 的要求。

8.2.1 运输

运输应做到快装、快运、快卸。严禁日晒、雨淋，装卸、搬运时要轻拿轻放，严禁乱丢乱掷；运输工具应清洁、干燥、无异味。长途运输时宜采用冷藏运输工具。

8.2.2 贮藏

8.2.2.1 茄子贮藏于仓库时，不得与其他有毒有害物质混杂。

8.2.2.2 贮藏时应按品种、规格分别贮藏。

8.2.2.3 贮藏温度：适宜产品的贮存温度。

8.2.2.4 贮藏湿度：空气相对湿度保持在85%~90%。

8.2.2.5 库藏堆码应保证空气均匀流通。

绿色食品 结球甘蓝生产技术规程

1 范围

本规程规定了绿色食品结球甘蓝生产所要求的产品质量、产地环境、栽培技术、病虫害防治、肥料使用准则、采收与加工、包装与贮藏等技术。

本规程适用于上海市崇明区绿色食品结球甘蓝的生产。

2 规范性引用文件

下列文件对于本文件的应用是必不可少的。凡是注日期的引用文件，仅所注日期的版本适用于本文件。凡是不注日期的引用文件，其最新版本（包括所有的修改单）适用于本文件。

GB/T 8321（所有部分） 农药合理使用准则

GB/T 5737 食品塑料周转箱

GB 12475 农药贮运、销售和使用的防毒规程

NY/T 391 绿色食品 产地环境质量

NY/T 393 绿色食品 农药使用准则

NY/T 394 绿色食品 肥料使用准则

NY/T 658 绿色食品 包装通用准则

NY/T 746 绿色食品 甘蓝类蔬菜

NY/T 1056 绿色食品 储藏运输准则

3 产品质量

结球甘蓝质量标准应符合 NY/T 746 的要求。

4 产地环境

生产基地应选择在无污染和生态条件良好的地区。基地选点应远离工矿区和公路铁路干线，避开工业和城市污染源的影响，同时生产基地应具有可持续的生产能力。产地环境应符合 NY/T 391 的要求。

5 栽培技术

5.1 育苗

5.1.1 品种选择

根据不同栽培季节选择优质、抗病、抗逆性强、耐抽薹、丰产性好的品种。

5.1.2 苗床准备

5.1.2.1 苗床选择

苗床应选择土壤肥沃，排、灌方便，杂草基数少，3年内未种植十字花科类作物的土地。苗床：大田＝1∶15。

5.1.2.2 播前深耕

播前30天左右，每亩投入45%三元复合肥30 kg机械耕翻，深度20 cm~25 cm。

5.1.2.3 二次旋耕

播前20天左右，进行第一次机械旋耕；播前15天左右，机械平整后，每亩增施过磷酸钙30 kg进行第二次机械旋耕。

5.1.2.4 机械开沟

播前10天左右，用蔬菜开沟机开沟，畦宽1.2 m，沟宽30 cm，沟深20 cm；每15 m开1条腰沟，四周开围沟，沟深30 cm，沟宽30 cm，然后人工清理沟系，确保排水通畅。

5.1.2.5 盖籽泥的准备

播种前2天左右，按园土∶糠灰为6∶4的要求，每亩配置3 m^{3}盖籽泥，盖籽土粒直径不大于0.2 cm，盖上农膜，备用。

5.1.3 播种育苗

5.1.3.1 精整畦面

清平畦面，土壤颗粒不超过0.3 cm。在夏末初秋，当地表土温达26℃~27℃（上海地区一般在7月下旬左右）时，用营养钵或穴盘育苗；浇水（或雨后）到土壤含水量75%，用8 cm×8 cm打钵机打钵，打好后立即用地膜覆盖。当地表土温达24℃~25℃时，用营养块育苗；播前1天浇足水（或雨后2小时泥湿深度10 cm左右）。

5.1.3.2 种子处理

剔除霉籽、瘪籽、虫籽等，选用优良、饱满的种子。

5.1.3.3 精细播种

每亩苗床需种量250 g左右；营养钵或穴盘育苗的每钵或每穴1粒种子，营养块育苗的采用条点播：行距8 cm~10 cm，穴距6 cm~8 cm，每穴1粒种子，然后覆上盖籽泥，厚度0.3 cm，用两层遮阳网覆盖畦面。

5.1.4 苗期管理

5.1.4.1 出苗期管理

播种后 4 天~5 天，出苗 60%~70%时，应及时用竹拱棚支起遮阳网，同时拔除苗床杂草。发现少量病苗时，应及时防治，拔出病株、撒干土去湿，防止病害扩展。

5.1.4.2 成秧前管理

A 炼苗

当甘蓝长到一叶一心期，逐步炼苗（在晴天 9 时—14 时覆上遮阳网，其他时间不覆盖，但依据天气预报，在暴雨前应盖上遮阳网，当苗达 3 叶期时，不再覆盖）。

B 水分管理

保持适度墒情（土壤含水量 60%左右），不足时应补水，雨时无积水。

C 肥料运筹

在 3 叶期，依据长势，若苗弱、苗小，叶呈淡黄色，每亩施尿素 5 kg。

D 病虫害防治

注意观察夜蛾类、小菜蛾、菜青虫、蚜虫、猝倒病、立枯病、病毒病等的发生。

5.1.5 壮苗标准

叶片 5 片~6 片，展开度 18 cm~20 cm，苗龄 30 天左右，无病虫害，叶色清秀。

5.2 定植

5.2.1 大田准备

5.2.1.1 大田选择

大田必须选择三年内未种植十字花科类作物，土壤肥沃，排、灌方便，保水保肥力强的土地。

5.2.1.2 深耕

播前 30 天左右，每亩投入 45%三元复合肥 30 kg 机械耕翻，深度 20 cm~25 cm。

5.2.1.3 二次旋耕

播前 20 天左右，进行第一次机械旋耕；播前 15 天左右，机械平整后，每亩增施过磷酸钙 30 kg 进行第二次机械旋耕。

5.2.1.4 机械开沟

播前 10 天左右，用蔬菜开沟机开沟，畦宽 1.2 m，沟宽 30 cm，沟深 20 cm；每 15 m 开 1 条腰沟，四周开围沟，沟深 30 cm，沟宽 30 cm，然后人工清理沟系，确保排水通畅。

5.2.2 起苗

起苗前 2 天，喷保护性广谱杀菌剂与针对性杀虫剂 1 次；起苗前 1 天，浇足水（泥湿深度 10 cm），起苗时：①营养钵或穴盘育苗的，连钵体或穴盘起苗；②营养块育苗的，用小插刀把苗和营养块一起挑起。按大（开展度 16 cm~20 cm）、小（开展度 12 cm~15 cm）分级摆放，剔除劣苗（病苗、弱苗、僵苗、无心苗等），按级分别定植。

5.2.3 定植

用插刀挖坑,把营养钵(或营养块)埋入坑中,深度与钵面或营养块面相平,行距×株距=60 cm×(30~33)cm,浇定根水1次~2次。

5.3 大田管理(3个阶段)

5.3.1 前期管理(团棵期管理)

(1)水分管理。保持一定墒情(土壤含水量40%~70%),不足时补水,雨时不积水。

(2)肥料运筹。定植后3天~5天,兑水喷施1%尿素,促苗活棵。活棵(太阳升起时,结球甘蓝叶尖吐水)后,距结球甘蓝根部7 cm~10 cm,每亩穴施尿素7.5 kg。

(3)中耕除草。活棵后中耕除草1次。

(4)病虫害防治。注意观察小菜蛾、菜青虫、蚜虫、甜菜夜蛾、斜纹夜蛾、病毒病等的发生。

5.3.2 中期管理(莲座期管理)

(1)水分管理。保持一定墒情(土壤含水量40%~70%),不足时补水,雨时不积水。

(2)肥料运筹。严格控制莲座叶开展度到(40 cm~60 cm),过盛时控制水分(不补水,深中耕),不施肥。

(3)中耕除草。依据杂草生长情况进行中耕除草。

(4)病虫防治。注意观察小菜蛾、菜青虫、蚜虫、甜菜夜蛾、斜纹夜蛾、病毒病、霜霉病等的发生。

5.3.3 后期管理(结球期管理)

(1)水分管理。保持一定的墒情(土壤含水量40%~70%),但结球后期(叶球直径17 cm~18 cm)时,停止浇水。

(2)肥料运筹。在结球直径达8 cm时依据长势,若叶片厚实、叶色浓绿、生长势旺可不施肥,否则追施复合肥20 kg/亩。

(3)病虫害防治。注意观察小菜蛾、菜青虫、蚜虫、甜菜夜蛾、斜纹夜蛾、菌核病、霜霉病等的发生。

6 病虫害防治

6.1 有害生物防治原则

绿色食品结球甘蓝生产中有害生物的防治应遵循以下原则。

6.1.1 以保持和优化农业生态系统为基础

建立有利于各类天敌繁衍和不利于病虫草害孳生的环境条件,提高生物多样性,维持农业生态系统的平衡。

6.1.2 优先采用农业措施

如抗病虫品种、种子种苗检疫、培育壮苗、加强栽培管理、中耕除草、耕翻晒垡、清洁田园、轮作倒茬等。

6.1.3 尽量利用物理和生物措施

如用灯光、色彩诱杀害虫，机械捕捉害虫，释放害虫天敌，机械或人工除草等。

6.1.4 必要时合理使用低风险农药

如没有足够有效的农业、物理和生物措施，在确保人员、产品和环境安全的前提下按照6.2的规定，配合使用低风险的农药。

6.2 农药使用准则

6.2.1 所选用的农药应符合相关的法律法规，并获得国家农药登记许可。

6.2.2 应选择对主要防治对象有效的低风险农药品种，提倡兼治和不同作用机理农药交替使用。

6.2.3 农药剂型宜选用悬浮剂、微囊悬浮剂、水剂、水乳剂、微乳剂、颗粒剂、水分散粒剂和可溶性粒剂等环境友好型剂型。

6.2.4 绿色食品结球甘蓝生产农药使用应按照NY/T 393的规定，优先从NY/T 393表A.1中选用农药。在NY/T 393表A.1所列农药不能满足有害生物防治需要时，还可适量使用NY/T 393 A.2所列的农药。

6.3 农药使用规范

6.3.1 应在主要防治对象的防治适期，根据有害生物的发生特点和农药特性，选择适当的施药方式。

6.3.2 应按照农药产品标签或GB/T 8321和GB 12475的规定使用农药，控制施药剂量（或浓度）、施药次数和安全间隔期。

7 肥料使用准则

7.1 肥料使用原则

7.1.1 持续发展原则

绿色食品结球甘蓝生产中所使用的肥料应对环境无不良影响，有利于保护生态环境，保持或提高土壤肥力及土壤生物活性。

7.1.2 安全优质原则

绿色食品结球甘蓝生产中应使用安全、优质的肥料产品，生产安全、优质的绿色食品。肥料的使用应对作物（营养、味道、品质和植物抗性）不产生不良后果。

7.1.3 化肥减控原则

在保障植物营养有效供给的基础上减少化肥用量，兼顾元素之间的比例平衡，无机氮素用量不得高于当季作物需求量的一半。

7.1.4 有机为主原则

绿色食品结球甘蓝生产过程中肥料种类的选取应以农家肥料、有机肥料、微生物肥料为主，化学肥料为辅。

7.2 生产用肥料使用规定

7.2.1 绿色食品结球甘蓝生产过程中肥料使用应选用 NY/T 394 所列肥料种类。

7.2.2 农家肥料的使用按 NY/T 394 规定执行。耕作制度允许情况下，宜利用秸秆和绿肥，按照约 25∶1 的比例补充化学氮素。厩肥、堆肥、沤肥、沼肥、饼肥等农家肥料应完全腐熟。

7.2.3 有机肥料的使用按 NY/T 394 规定执行，主要以基肥施入，用量视地力和目标产量而定，可配施农家肥料、微生物肥料、有机-无机复混肥料、无机肥料。

7.2.4 微生物肥料的使用按 NY/T 394 规定执行。可与农家肥料、有机肥料、微生物肥料配合施用，用于拌种、基肥或追肥。

7.2.5 有机-无机复混肥料、无机肥料在绿色食品结球甘蓝生产中作为辅助肥料使用，用来补充农家肥料、有机肥料、微生物肥料所含养分的不足。减控化肥用量，其中无机氮素用量按当地同种作物习惯施肥用量减半使用。

7.2.6 根据土壤障碍因素，可选用土壤调理剂改良土壤。

8 采收与加工

8.1 采收

8.1.1 当结球甘蓝充分长大，结球紧实时可分批采收。

8.1.2 采收时按标准分批采收，用刀从根基部截断，放入塑料蔬菜周转箱内（蔬菜周转箱符合 GB/T 5737 的规定），在 2 小时内应运抵分级包装场所，装卸时要轻拿、轻放。

8.2 整理

8.2.1 去叶

把结球甘蓝轻放在操作台上，保留 3 片外叶，人工除去多余外叶。

8.2.2 分拣

剔除腐烂、黄叶、焦边、胀裂、膨松、冻害、病虫害、机械伤等明显不合格结球甘蓝。

8.2.3 切根

用刀把根切至与叶球相平，每切 10 棵时，刀要放入 500 倍高锰酸钾液中消毒。

8.2.4 除渍

用干净抹布抹去甘蓝上的泥渍、杂质、水滴。

9 包装与贮藏

9.1 包装

9.1.1 包装材料

应符合 NY/T 658 的要求。选择整洁、干燥、牢固、美观、无污染、无异味、内壁无尖突物、无虫蛀、腐烂、霉变现象的结球甘蓝包装容器；纸箱无受潮离层现象，规格一般为 50 cm × 40 cm × 15 cm，成品纸箱耐压强度为 400 kg。

9.1.2 包装条件

应符合国家有关规定。包装上应标明产品名、产地、生产者名称、规格、棵数、毛重、净重、采收日期等。

9.2 贮藏

按 NY/T 1056 的规定要求执行。

绿色食品 花椰菜生产技术规程

1 范围

本规程规定了绿色食品花椰菜生产所要求的产品质量、产地环境、栽培技术、病虫害防治、摘叶盖球、采收等技术。

本规程适用于上海市崇明区绿色食品花椰菜的生产。

2 规范性引用文件

下列文件对于本文件的应用是必不可少的。凡是注日期的引用文件，仅所注日期的版本适用于本文件。凡是不注日期的引用文件，其最新版本（包括所有的修改单）适用于本文件。

GB/T 8321（所有部分） 农药合理使用准则

GB 12475 农药贮运、销售和使用的防毒规程

NY/T 391 绿色食品 产地环境质量

NY/T 393 绿色食品 农药使用准则

NY/T 394 绿色食品 肥料使用准则

NY/T 746 绿色食品 甘蓝类蔬菜

3 产品质量

花椰菜质量标准应符合 NY/T 746 的要求。

4 产地环境

生产基地应选择在无污染和生态条件良好的地区。基地选点应远离工矿区和公路铁路干线，避开工业和城市污染源的影响，同时生产基地应具有可持续的生产能力。产地环境应符合 NY/T 391 的要求。

5 栽培技术

5.1 品种选择

花椰菜应根据栽培季节和市场需求，选择抗逆性强、适应性广、商品性好的优良品种。

早熟品种：申花一号、申花四号、崇花一号等。
中熟品种：崇花二号、申花二号、申花三号等。
晚熟品种：崇花三号及通过提纯复壮后本地 120 天及以上的常规品种等。

5.2 种子要求

5.2.1 花椰菜种子应选籽粒圆整、饱满、大小一致、具有光泽、无杂质的当年种子，去除微小的菌核、秕子和弱小的种子。

5.2.2 花椰菜种子的纯度、净度、发芽率、含水量指标应达到一级良种规定的下列要求：①品种纯度>96%；②种子净度>99%；③种子发芽率>95%；④种子含水量≤8%。

5.3 育苗

5.3.1 苗床准备

花椰菜苗床应选地势高、土质好的地块，筑成深沟高畦长 10 m~15 m、宽 1.2 m 的苗床，并施腐熟的有机肥作底肥。

5.3.2 育苗时间

①早熟品种在 6 月下旬至 7 月上旬播种；②中、晚熟品种宜在 7 月中、下旬播种。

5.3.3 种子消毒处理

温水浸种：用 55℃的温水，水量是种子的 5 倍~6 倍，浸 20 分钟~25 分钟后，用清水冲洗干净，晾干后即可播种。

5.3.4 育苗技术

播种前苗床浇足底水，每平方米均匀地撒播 2 g~3 g 种子，然后覆盖 0.5 cm 厚的盖籽泥，同时搭好高 60 cm 左右的遮阴棚。

5.3.5 苗期管理

5.3.5.1 温度管理

花椰菜一般播种出苗后，遮阳网要日盖夜揭。

5.3.5.2 水分管理

根据种苗生长情况及时补充水分，一般要求傍晚或清晨浇水。

5.3.5.3 壮苗标准

植株健壮，株高约 12 cm，6 片~7 片真叶，叶片肥厚，根系发达，无病虫害。

5.4 定植

5.4.1 施足基肥

每亩施腐熟有机肥 2 000 kg~2 500 kg、30%有机无机复合微生物肥（N：P：K=15：6：9）40 kg~50 kg。全耕层深施，筑深沟高畦。

5.4.2 定植密度

一般早熟品种每亩 2 000 株~2 400 株，中熟品种每亩 1 800 株~2 200 株，晚熟品种每亩 1 600 株~2 000 株。

5.5 田间管理
5.5.1 肥料使用准则
5.5.1.1 肥料使用原则

（1）持续发展原则。绿色食品花椰菜生产中所使用的肥料应对环境无不良影响，有利于保护生态环境，保持或提高土壤肥力及土壤生物活性。

（2）安全优质原则。绿色食品花椰菜生产中应使用安全、优质的肥料产品，生产安全、优质的绿色食品。肥料的使用应对作物（营养、味道、品质和植物抗性）不产生不良后果。

（3）化肥减控原则。在保障植物营养有效供给的基础上减少化肥用量，兼顾元素之间的比例平衡，无机氮素用量不得高于当季作物需求量的一半。

（4）有机为主原则。绿色食品花椰菜生产过程中肥料种类的选取应以农家肥料、有机肥料、微生物肥料为主，化学肥料为辅。

5.5.1.2 生产用肥料使用规定

（1）绿色食品花椰菜生产过程中肥料使用应选用 NY/T 394 所列肥料种类。

（2）农家肥料的使用按 NY/T 394 规定执行。耕作制度允许情况下，宜利用秸秆和绿肥，按照约 25：1 的比例补充化学氮素。厩肥、堆肥、沤肥、沼肥、饼肥等农家肥料应完全腐熟。

（3）有机肥料的使用按 NY/T 394 规定执行，主要以基肥施入，用量视地力和目标产量而定，可配施农家肥料、微生物肥料、有机-无机复混肥料、无机肥料。

（4）微生物肥料的使用按 NY/T 394 规定执行。可与农家肥料、有机肥料、微生物肥料配合施用，用于拌种、基肥或追肥。

（5）有机-无机复混肥料、无机肥料在绿色食品花椰菜生产中作为辅助肥料使用，用来补充农家肥料、有机肥料、微生物肥料所含养分的不足。减控化肥用量，其中无机氮素用量按当地同种作物习惯施肥用量减半使用。

（6）根据土壤障碍因素，可选用土壤调理剂改良土壤。

5.5.2 施肥
5.5.2.1 苗期

花椰菜苗期应轻施氮肥。

5.5.2.2 莲座期

定植 4 天后第一次施肥。每 50 kg 水加尿素 100 g~150 g，以后每隔 1 周施 1 次，每次增加尿素 50 g。

5.5.2.3 结球期

花椰菜开始结球时应每隔 10 天施肥 1 次，共施 3 次。每亩每次施 45% 三元复合肥 10 kg~15 kg 或尿素 10 kg~15 kg。早熟品种可少些。

在花椰菜的整个生长期间，应减少含氮化肥的施用量，增加磷、钾肥的使用，采收前 15 天停止施肥。

5.5.3 水分调节

花椰菜的水分调节主要结合追肥进行,不能脱水。

5.5.3.1 苗期

花椰菜苗期要控制水分,浇水在晴天的傍晚进行。

5.5.3.2 莲座期

定植后每天浇水 1 次,浇水不能过湿,以第二天中午菜叶不萎蔫为宜。由于早熟品种定植时正处于夏季高温干旱季节,所以需早、晚各浇 1 次水,连浇 3 天~4 天至秧苗成活;中晚熟品种定植后视气候状况,以晚上浇水为主,如遇干旱,早上增浇 1 次,连浇 3 天~4 天至秧苗成活。生长旺盛期浇水要充足。雨后及时除草、松土、壅根。

5.5.3.3 结球期

平时土壤宜保持湿润,逢干旱天气,菜叶因干旱而萎蔫时可灌水,畦面湿透后及时将水放掉,7 天~15 天进行 1 次,保证花球质量。

6 病虫害防治

6.1 主要病虫害

主要病害:黑腐病、霜霉病等。

主要虫害:黄条跳甲、菜螟、菜青虫、小菜蛾、蚜虫及夜蛾类等。

6.2 有害生物防治原则

绿色食品花椰菜生产中有害生物的防治应遵循以下原则。

6.2.1 以保持和优化农业生态系统为基础

建立有利于各类天敌繁衍和不利于病虫草害孳生的环境条件,提高生物多样性,维持农业生态系统的平衡。

6.2.2 优先采用农业措施

如抗病虫品种、种子种苗检疫、培育壮苗、加强栽培管理、中耕除草、耕翻晒垡、清洁田园、轮作倒茬等。

6.2.3 尽量利用物理和生物措施

如用灯光、色彩诱杀害虫,机械捕捉害虫,释放害虫天敌,机械或人工除草等。

6.2.4 必要时合理使用低风险农药

如没有足够有效的农业、物理和生物措施,在确保人员、产品和环境安全的前提下按照 6.3 的规定,配合使用低风险的农药。

6.3 农药使用准则

6.3.1 农药选用

6.3.1.1 所选用的农药应符合相关的法律法规,并获得国家农药登记许可。

6.3.1.2 应选择对主要防治对象有效的低风险农药品种,提倡兼治和不同作用机理农药交替使用。

6.3.1.3 农药剂型宜选用悬浮剂、微囊悬浮剂、水剂、水乳剂、微乳剂、颗粒剂、水分散粒剂和可溶性粒剂等环境友好型剂型。

6.3.1.4 绿色食品花椰菜生产农药使用应按照 NY/T 393 的规定，优先从 NY/T 393 表 A.1 中选用农药。在 NY/T 393 表 A.1 所列农药不能满足有害生物防治需要时，还可适量使用 NY/T 393 A.2 所列的农药。

6.3.2 农药使用规范

（1）应在主要防治对象的防治适期，根据有害生物的发生特点和农药特性，选择适当的施药方式。

（2）应按照农药产品标签或 GB/T 8321 和 GB 12475 的规定使用农药，控制施药剂量（或浓度）、施药次数和安全间隔期。

7 摘叶盖球

当花球直径达 8 cm～10 cm 时要折叶盖球，以免阳光照射影响花球质量，保持花球洁白柔嫩。盖花球的老叶干枯后要及时换掉，盖花球要做到勤检查、勤遮盖。

8 采收

一般早熟品种见花球后 20 天左右；中、晚熟品种见花球后 30 天～45 天可采收。冬春季节气温低，可适当提前或推迟采收。

绿色食品 小香葱生产技术规程

1 范围

本规程规定了绿色食品小香葱生产所要求的产品质量、产地选择、栽培技术、采收等技术。

本规程适用于上海市崇明区绿色食品小香葱的生产。

2 规范性引用文件

下列文件对于本文件的应用是必不可少的。凡是注日期的引用文件，仅所注日期的版本适用于本文件。凡是不注日期的引用文件，其最新版本（包括所有的修改单）适用于本文件。

GB/T 8321（所有部分） 农药合理使用准则

GB 12475 农药贮运、销售和使用的防毒规程

NY/T 391 绿色食品 产地环境质量

NY/T 393 绿色食品 农药使用准则

NY/T 394 绿色食品 肥料使用准则

NY/T 744 绿色食品 葱蒜类蔬菜

NY/T 658 绿色食品 包装通用准则

NY/T 1056 绿色食品 储藏运输准则

3 产品质量

小香葱质量标准应符合 NY/T 744 的要求。

4 产地选择

绿色食品小香葱生产基地应选择在无污染和生态条件良好的地区。基地选点应远离工矿区和公路铁路干线，避开工业和城市污染源的影响，同时生产基地应具有可持续的生产能力。产地环境应符合 NY/T 391 的要求。

5 栽培技术

5.1 品种选择

选择抗性强、品质优的小香葱品种。

5.2 育苗
5.2.1 种子消毒
用55℃温水浸种20分钟，然后用清水冲洗，晾干后即可播种。
5.2.2 苗床准备
小香葱的苗床应选地势高燥、土质好的地块，作畦宽1.2 m、深沟高畦的苗床，施腐熟有机肥作基肥。
5.2.3 播种
5.2.3.1 播种时间
小香葱适宜播种期为3月—5月和9月—10月。
5.2.3.2 播种方法
播种前夜浇足底水，每亩苗床撒播种子4 g~5 g，然后覆盖0.5 cm厚的细土，同时在畦面上覆盖遮阳网、稻草等保湿。
5.2.3.3 苗期管理
播种后至长出叶子伸展之前必须保持土壤湿润。
5.3 定植
5.3.1 密度
按行距20 cm、株距10 cm在地膜上打孔，每穴栽植4株~6株。
5.3.2 施肥
每亩商品有机肥1 000 kg，硫酸钾型复合肥20 kg，全耕层深施，作成1.5 m宽的深沟高畦。
5.4 肥水管理
5.4.1 苗期
移栽后至株高15 cm左右时，应轻施氮肥，保持充足的水分，促进小香葱快速生长。
5.4.2 成株期
进入生长中期，水分应逐渐减少，做到干干湿湿；施肥以速效性的氮肥为主，一般每隔15天左右追施1次肥，每次采收后每亩追施硫酸钾复合肥15 kg，以确保葱管叶健壮生长。
5.4.3 肥料使用准则
5.4.3.1 肥料使用原则
（1）持续发展原则。绿色食品小香葱生产中所使用的肥料应对环境无不良影响，有利于保护生态环境，保持或提高土壤肥力及土壤生物活性。
（2）安全优质原则。绿色食品小香葱生产中应使用安全、优质的肥料产品，生产安全、优质的绿色食品。肥料的使用应对作物（营养、味道、品质和植物抗性）不产生不良后果。
（3）化肥减控原则。在保障植物营养有效供给的基础上减少化肥用量，兼顾元素之间的比例平衡，无机氮素用量不得高于当季作物需求量的一半。

（4）有机为主原则。绿色食品小香葱生产过程中肥料种类的选取应以农家肥料、有机肥料、微生物肥料为主，化学肥料为辅。

5.4.3.2 生产用肥料使用规定

（1）绿色食品小香葱生产过程中肥料使用应选用 NY/T 394 所列肥料种类。

（2）农家肥料的使用按 NY/T 394 规定执行。耕作制度允许情况下，宜利用秸秆和绿肥，按照约 25∶1 的比例补充化学氮素。厩肥、堆肥、沤肥、沼肥、饼肥等农家肥料应完全腐熟。

（3）有机肥料的使用按 NY/T 394 规定执行，主要以基肥施入，用量视地力和目标产量而定，可配施农家肥料、微生物肥料、有机-无机复混肥料、无机肥料。

（4）微生物肥料的使用按 NY/T 394 规定执行。可与农家肥料、有机肥料、微生物肥料配合施用，用于拌种、基肥或追肥。

（5）有机-无机复混肥料、无机肥料在绿色食品小香葱生产中作为辅助肥料使用，用来补充农家肥料、有机肥料、微生物肥料所含养分的不足。减控化肥用量，其中无机氮素用量按当地同种作物习惯施肥用量减半使用。

（6）根据土壤障碍因素，可选用土壤调理剂改良土壤。

5.5 病虫害防治

5.5.1 农业防治

5.5.1.1 种子处理

播前要对种子采取温汤浸种等处理。

5.5.1.2 轮作

与非葱蒜类蔬菜实行 2 年以上轮作，水旱轮作防病效果更佳。

5.5.1.3 深耕晒田

减少田间病原菌和虫口基数，减轻病虫危害。

5.5.1.4 加强肥水管理

施有机肥，增施磷钾肥，常保持田间湿润，以增强植株的抗性。

5.5.1.5 中耕除草

清洁田园，及时清除田间杂草、病株残体，并进行处理，以减少病虫害的侵染源。

5.5.2 有害生物防治原则

绿色食品小香葱生产中有害生物的防治应遵循以下原则。

5.5.2.1 以保持和优化农业生态系统为基础

建立有利于各类天敌繁衍和不利于病虫草害孳生的环境条件，提高生物多样性，维持农业生态系统的平衡。

5.5.2.2 优先采用农业措施

如抗病虫品种、种子种苗检疫、培育壮苗、加强栽培管理、中耕除草、耕翻晒垡、清洁田园、轮作倒茬等。

5.5.2.3 尽量利用物理和生物措施

如用灯光、色彩诱杀害虫，机械捕捉害虫，释放害虫天敌，机械或人工除草等。

5.5.2.4　必要时合理使用低风险农药

如没有足够有效的农业、物理和生物措施，在确保人员、产品和环境安全的前提下按照 5.5.3 的规定，配合使用低风险的农药。

5.5.3　农药使用准则

5.5.3.1　农药选用

（1）所选用的农药应符合相关的法律法规，并获得国家农药登记许可。

（2）应选择对主要防治对象有效的低风险农药品种，提倡兼治和不同作用机理农药交替使用。

（3）农药剂型宜选用悬浮剂、微囊悬浮剂、水剂、水乳剂、微乳剂、颗粒剂、水分散粒剂和可溶性粒剂等环境友好型剂型。

（4）绿色食品小香葱生产农药使用应按照 NY/T 393 的规定，优先从 NY/T 393 表 A.1 中选用农药。在 NY/T 393 表 A.1 所列农药不能满足有害生物防治需要时，还可适量使用 NY/T 393 A.2 所列的农药。

5.5.3.2　农药使用规范

（1）应在主要防治对象的防治适期，根据有害生物的发生特点和农药特性，选择适当的施药方式。

（2）应按照农药产品标签或 GB/T 8321 和 GB 12475 的规定使用农药，控制施药剂量（或浓度）、施药次数和安全间隔期。

6　采收

6.1　采收时间

当小香葱植株高度在 40 cm 左右时即可采收。定植后一般约 2 个月才可收割，以后在生长适宜的季节中约 1 个月收割 1 次，1 年可收割 4 次~5 次。

6.2　采收标准

采收时，应在离地面 5 cm 高度处用刀将葱叶割下，不可带有葱基部白色部分，并去掉叶尖枯黄部分及有病虫危害的叶子，葱叶长度在 25 cm～30 cm，葱管直径在 0.3 cm~0.7 cm。

绿色食品 萝卜生产技术规程

1 范围

本规程规定了绿色食品萝卜生产所要求的产品质量、产地环境、栽培技术、病虫害防治、采收等技术。

本规程适用于上海市崇明区绿色食品萝卜的生产。

2 规范性引用文件

下列文件对于本文件的应用是必不可少的。凡是注日期的引用文件，仅所注日期的版本适用于本文件。凡是不注日期的引用文件，其最新版本（包括所有的修改单）适用于本文件。

GB/T 8321（所有部分） 农药合理使用准则

GB 12475 农药贮运、销售和使用的防毒规程

NY/T 391 绿色食品 产地环境质量

NY/T 393 绿色食品 农药使用准则

NY/T 394 绿色食品 肥料使用准则

NY/T 745 绿色食品 根菜类蔬菜

NY/T 658 绿色食品 包装通用准则

NY/T 1056 绿色食品 储藏运输准则

3 产品质量

萝卜质量标准应符合绿色食品根菜类蔬菜 NY/T 745 的要求。

4 产地环境

生产基地应选择在无污染和生态条件良好的地区。基地选点应远离工矿区和公路铁路干线，避开工业和城市污染源的影响，同时生产基地应具有可持续的生产能力。产地环境应符合 NY/T 391 的要求。

5 栽培技术

5.1 品种选择

选用优质、高产、抗病虫、抗逆性强、商品性好、耐贮运、适合本地栽培、适应市

场需求的萝卜品种。

5.2 播种育苗

5.2.1 大田准备

应根据不同品种,选择适宜的栽培地块,要做到深耕细耙,每亩施商品有机肥1 000 kg、45%三元复合肥 30 kg~40 kg。畦面宽 100 cm~150 cm,沟深 25 cm、宽 25 cm;每 15 m~20 m 开 1 条腰沟,四周开围沟,沟深 30 cm,宽 30 cm;然后清理沟系,保持排水通畅。

5.2.2 播种

一般进行条播或穴播,穴播每穴 1 粒~2 粒,每亩播种量约 250 g~500 g,播种时应根据不同的品种不同季节适当调整株行距。并保持温度在 12℃ 以上,否则易先期春化抽薹。

5.3 田间管理

5.3.1 肉质根膨大前应勤浇水,重施速效氮肥,保持地上部分生长旺盛。

5.3.2 当肉质根开始露肩时,应适当控制灌水,掌握土壤发白时浇水。

5.3.3 当有植株已春化抽薹时,对白玉春等冬性强的品种可留 3 cm~5 cm 的薹摘心,并追施速效化肥,半冬性和春性强的品种或营养体较小已普遍抽薹的品种,应及时改种。

5.4 肥料使用准则

5.4.1 持续发展原则

绿色食品萝卜生产中所使用的肥料应对环境无不良影响,有利于保护生态环境,保持或提高土壤肥力及土壤生物活性。

5.4.2 安全优质原则

绿色食品萝卜生产中应使用安全、优质的肥料产品,生产安全、优质的绿色食品。肥料的使用应对作物(营养、味道、品质和植物抗性)不产生不良后果。

5.4.3 化肥减控原则

在保障植物营养有效供给的基础上减少化肥用量,兼顾元素之间的比例平衡,无机氮素用量不得高于当季作物需求量的一半。

5.4.4 有机为主原则

绿色食品萝卜生产过程中肥料种类的选取应以农家肥料、有机肥料、微生物肥料为主,化学肥料为辅。

5.4.5 生产用肥料使用规定

5.4.5.1 绿色食品萝卜生产过程中肥料使用应选用 NY/T 394 所列肥料种类。

5.4.5.2 农家肥料的使用按 NY/T 394 规定执行。耕作制度允许情况下,宜利用秸秆和绿肥,按照约 25:1 的比例补充化学氮素。厩肥、堆肥、沤肥、沼肥、饼肥等农家肥料应完全腐熟。

5.4.5.3 有机肥料的使用按 NY/T 394 规定执行,主要以基肥施入,用量视地力和目标产量而定，可配施农家肥料、微生物肥料、有机-无机复混肥料、无机肥料。

5.4.5.4 微生物肥料的使用按 NY/T 394 规定执行。可与农家肥料、有机肥料、微生物肥料配合施用，用于拌种、基肥或追肥。

5.4.5.5 有机-无机复混肥料、无机肥料在绿色食品萝卜生产中作为辅助肥料使用，用来补充农家肥料、有机肥料、微生物肥料所含养分的不足。减控化肥用量，其中无机氮素用量按当地同种作物习惯施肥用量减半使用。

5.4.5.6 根据土壤障碍因素，可选用土壤调理剂改良土壤。

6 病虫害防治

6.1 主要病虫害

主要病害：霜霉病等。

主要虫害：地下害虫、蚜虫等。

6.2 有害生物防治原则

绿色食品白萝卜生产中有害生物的防治应遵循以下原则。

6.2.1 以保持和优化农业生态系统为基础

建立有利于各类天敌繁衍和不利于病虫草害孳生的环境条件，提高生物多样性，维持农业生态系统的平衡。

6.2.2 优先采用农业措施

如抗病虫品种、种子种苗检疫、培育壮苗、加强栽培管理、中耕除草、耕翻晒垡、清洁田园、轮作倒茬等。

6.2.3 尽量利用物理和生物措施

如用灯光、色彩诱杀害虫，机械捕捉害虫，释放害虫天敌，机械或人工除草等。

6.2.4 必要时合理使用低风险农药

如没有足够有效的农业、物理和生物措施，在确保人员、产品和环境安全的前提下按照 6.3 的规定，配合使用低风险的农药。

6.3 农药使用准则

6.3.1 农药选用

6.3.1.1 所选用的农药应符合相关的法律法规，并获得国家农药登记许可。

6.3.1.2 应选择对主要防治对象有效的低风险农药品种，提倡兼治和不同作用机理农药交替使用。

6.3.1.3 农药剂型宜选用悬浮剂、微囊悬浮剂、水剂、水乳剂、微乳剂、颗粒剂、水分散粒剂和可溶性粒剂等环境友好型剂型。

6.3.1.4 绿色食品萝卜生产农药使用应按照 NY/T 393 的规定，优先从 NY/T 393 表 A.1 中选用农药。在 NY/T 393 表 A.1 所列农药不能满足有害生物防治需要时，还可适量使用 NY/T 393 A.2 所列的农药。

6.3.2 农药使用规范

6.3.2.1 应在主要防治对象的防治适期，根据有害生物的发生特点和农药特性，选择适当的施药方式。

6.3.2.2 应按照农药产品标签或 GB/T 8321 和 GB 12475 的规定使用农药，控制施药剂量（或浓度）、施药次数和安全间隔期。

7 采收

采收萝卜因品种及播种时间中早迟，采收时间也不一样。春播和夏播的都要适时收获，以防抽薹、糠心和老化。秋播的中晚熟品种，比较耐贮藏，收获后立即将根头切除，以防在贮藏中发芽，消耗养分而降低品质。冬萝卜的收获依品种和上市期而定。当根部直径膨大至 8 cm~10 cm、长度在 25 cm~30 cm 时采收较为适宜。

绿色食品 黄瓜生产技术规程

1 范围

本规程规定了绿色食品黄瓜生产所要求的产品质量、产地环境、栽培技术、病虫害防治、采收等技术。

本规程适用于上海市崇明区绿色食品黄瓜的生产。

2 规范性引用文件

下列文件对于本文件的应用是必不可少的。凡是注日期的引用文件，仅所注日期的版本适用于本文件。凡是不注日期的引用文件，其最新版本（包括所有的修改单）适用于本文件。

GB/T 8321（所有部分） 农药合理使用准则

GB 12475 农药贮运、销售和使用的防毒规程

NY/T 391 绿色食品 产地环境质量

NY/T 393 绿色食品 农药使用准则

NY/T 394 绿色食品 肥料使用准则

NY/T 747 绿色食品 瓜类蔬菜

3 产品质量

黄瓜质量标准应符合 NY/T 747 的要求。

4 产地环境

生产基地应选择在无污染和生态条件良好的地区。基地选点应远离工矿区和公路铁路干线，避开工业和城市污染源的影响，同时生产基地应具有可持续的生产能力。产地环境应符合 NY/T 391 的要求。

5 栽培技术

5.1 选种和育苗

5.1.1 品种选择

选用优质、抗病虫、耐低温、耐弱光、商品性好，适应市场需求的黄瓜品种。

5.1.2 播种期

根据茬口和上市季节要求安排播期。

5.1.3 浸种

先用清水浸种 15 分钟，用凉水浸没种子，然后向浸种子的盆内注入开水，边倒边按一个方向搅拌，使水温迅速升至 55℃~60℃。经 1 分钟~2 分钟再注入凉水，使水温降至 25℃~30℃ 后浸种。

5.1.4 催芽

将消毒处理过的种子用 30℃ 水浸种 4 小时~5 小时，捞出后用湿纱布包好，置于 25℃~28℃ 的条件下保湿催芽，每 6 小时~12 小时用清水中洗 1 次，约 20 小时种子便开始露白，当 85% 的种子露白时即可播种。

5.1.5 播种

选择前茬不是瓜类的菜园地作苗床，苗床宽 1.2 m。

5.1.6 育苗

营养钵育苗，钵体规格为直径 8 cm~10 cm，高 10 cm~12 cm。苗床要施足有机肥，打碎土块，充分整平。此外还要准备好充足的营养土，以备盖籽和装钵之用。配制营养土宜用 2/3 优质菜园土和 1/3 商品有机肥混合。将配好的营养土装入营养钵中，使营养土距钵口 1 cm，然后用手稍压实。将营养钵摆放整齐，浇透水，待水下渗后即可播种。每钵 1 粒~2 粒种子，种子上覆盖 1 cm~1.5 cm 的营养土，土上再覆 1 层地膜并加盖小环棚。若用塑盘育苗，每穴播黄瓜种 1 粒，苗期 20 天。苗期做好浇水工作，培育壮秧壮苗。

5.2 定植前准备

5.2.1 施肥

10 月中旬，整地前每亩施商品有机肥 3 000 kg、硫酸钾复合肥 100 kg，施用时，可先将其总量的 70% 撒施后深翻 30 cm~40 cm，土肥充分拌匀，后将余下的 30% 施于定植行内，也可一次性基施。

5.2.2 整地作畦

施肥深翻（30 cm~40 cm）后，耧耙整平地面，然后做成宽 100 cm，高 15 cm~20 cm 高畦。畦面中间留 10 cm~15 cm 的"V"形水沟，沟一头稍高，以备膜下暗灌，整个垄面覆盖地膜。

5.2.3 扣棚

扣棚应在定植前 7 天~10 天结束。

5.3 定植

5.3.1 定植适期

达壮苗标准即可定植。越冬栽培的黄瓜宜于 9 月底定植，此时定植可在春节前后上市。

5.3.2 定植方法、密度

定植应在晴天 9 时—15 时进行。在覆膜的畦面"V"形沟的两侧按 25 cm~30 cm

打一穴，穴深10 cm，在穴中浇足水后把苗放入，用手按一下营养钵面，并填土用手稍压实，使钵底与穴底周围土壤接触紧密，每亩定植3 500株~4 000株。

5.4 田间管理

定植至活棵以促进根系生长为主，晴天应早揭晚盖草帘，让幼苗多见光，不通风或少通风，以保持棚（室）内较高的温、湿度，白天气温28℃~32℃，夜间20℃，不低于16℃。活棵后防瓜苗徒长，应适当降低温度，白天25℃~26℃，夜间15℃以上，并注意通风排湿。深冬严寒季节以保温为主，白天尽可能增温，晚上保温。

5.4.1 温度管理

春季气温逐步回升，白天温度保持在27℃~30℃，夜间12℃~14℃。4月以后，外界气温稳定在15℃以上可在温室前上部或棚两侧昼夜通风。使棚（室）内温度不超过30℃。一般棚（室）内温度达30℃时开始通风。

5.4.2 光照管理

合理安排揭盖草帘时间，尽量早揭帘晚盖帘，揭帘后扫除棚膜表面灰尘、草屑；雨雪天应进行人工补光；选择流滴性、消雾性好，透光率高的薄膜材料。

5.4.3 肥水管理

肥料使用应符合NY/T 394的要求。9月下旬至10月初，定植后至活株时，浇水1次每亩喷施200 g磷酸二氢钾（兑水50 kg~70 kg）；缓苗后至初花期不发生旱情不浇水；坐果初期至盛期，每5天~10天浇1次水，视长势情况可喷施200 g磷酸二氢钾。浇水均应坚持膜下暗灌或滴灌，不能大水漫灌。根瓜坐住后结合浇水每亩喷施200 g磷酸二氢钾。

5.4.4 绑蔓与整枝

定植后约1周，黄瓜开始抽蔓，应及时用绳缠于秧蔓基部，垂直吊于棚室骨架或铁丝上，并随蔓的生长，及时将蔓和吊绳互缠绕，形成"S"形绑蔓。随时去除雄花，打掉卷须，去除植株基部侧枝，及时摘除畸形瓜。生长后期打掉下部病、老叶。

5.5 肥料使用准则

5.5.1 肥料使用原则

5.5.1.1 持续发展原则

绿色食品黄瓜生产中所使用的肥料应对环境无不良影响，有利于保护生态环境，保持或提高土壤肥力及土壤生物活性。

5.5.1.2 安全优质原则

绿色食品黄瓜生产中应使用安全、优质的肥料产品，生产安全、优质的绿色食品。肥料的使用应对作物（营养、味道、品质和植物抗性）不产生不良后果。

5.5.1.3 化肥减控原则

在保障植物营养有效供给的基础上减少化肥用量，兼顾元素之间的比例平衡，无机氮素用量不得高于当季作物需求量的一半。

5.5.1.4 有机为主原则

绿色食品黄瓜生产过程中肥料种类的选取应以农家肥料、有机肥料、微生物肥料为主，化学肥料为辅。

5.5.2 生产用肥料使用规定

5.5.2.1 绿色食品黄瓜生产过程中肥料使用应选用 NY/T 394 所列肥料种类。

5.5.2.2 农家肥料的使用按 NY/T 394 规定执行。耕作制度允许情况下，宜利用秸秆和绿肥，按照约 25:1 的比例补充化学氮素。厩肥、堆肥、沤肥、沼肥、饼肥等农家肥料应完全腐熟。

5.5.2.3 有机肥料的使用按 NY/T 394 规定执行，主要以基肥施入，用量视地力和目标产量而定，可配施农家肥料、微生物肥料、有机-无机复混肥料、无机肥料。

5.5.2.4 微生物肥料的使用按 NY/T 394 规定执行。可与农家肥料、有机肥料、微生物肥料配合施用，用于拌种、基肥或追肥。

5.5.2.5 有机-无机复混肥料、无机肥料在绿色食品黄瓜生产中作为辅助肥料使用，用来补充农家肥料、有机肥料、微生物肥料所含养分的不足。减控化肥用量，其中无机氮素用量按当地同种作物习惯施肥用量减半使用。

5.5.2.6 根据土壤障碍因素，可选用土壤调理剂改良土壤。

6 病虫害防治

6.1 主要病虫害

霜霉病、灰霉病、白粉病、斑潜蝇、蚜虫。

6.2 有害生物防治原则

绿色食品黄瓜生产中有害生物的防治应遵循以下原则。

6.2.1 以保持和优化农业生态系统为基础

建立有利于各类天敌繁衍和不利于病虫草害孳生的环境条件，提高生物多样性，维持农业生态系统的平衡。

6.2.2 优先采用农业措施

如抗病虫品种、种子种苗检疫、培育壮苗、加强栽培管理、中耕除草、耕翻晒垡、清洁田园、轮作倒茬等。

6.2.3 尽量利用物理和生物措施

如用灯光、色彩诱杀害虫，机械捕捉害虫，释放害虫天敌，机械或人工除草等。

6.2.4 必要时合理使用低风险农药

如没有足够有效的农业、物理和生物措施，在确保人员、产品和环境安全的前提下按照 6.3 的规定，配合使用低风险的农药。

6.3 农药使用准则

6.3.1 农药选用

6.3.1.1 所选用的农药应符合相关的法律法规，并获得国家农药登记许可。

6.3.1.2 应选择对主要防治对象有效的低风险农药品种，提倡兼治和不同作用机理农药交替使用。

6.3.1.3 农药剂型应选用悬浮剂、微囊悬浮剂、水剂、水乳剂、微乳剂、颗粒剂、水分散粒剂和可溶性粒剂等环境友好型剂型。

6.3.1.4 绿色食品黄瓜生产农药使用应按照 NY/T 393 的规定，优先从 NY/T 393 表 A.1 中选用农药。在 NY/T 393 表 A.1 所列农药不能满足有害生物防治需要时，还可适量使用 NY/T 393 A.2 所列的农药。

6.3.2 农药使用规范

6.3.2.1 应在主要防治对象的防治适期，根据有害生物的发生特点和农药特性，选择适当的施药方式。

6.3.2.2 应按照农药产品标签或 GB/T 8321 和 GB 12475 的规定使用农药，控制施药剂量（或浓度）、施药次数和安全间隔期。

7 采收

根瓜要及时采收。瓜秧生长旺盛，叶大茎粗可迟收，反之瓜秧长势弱的应尽早采收，以利其他瓜生长。

绿色食品 金瓜生产技术规程

1 范围

本规程规定了绿色食品金瓜生产所要求的产品质量、产地环境、栽培技术、采收、包装、运输与贮藏等技术。

本规程适用于上海市崇明区绿色食品金瓜的生产。

2 规范性引用文件

下列文件对于本文件的应用是必不可少的。凡是注日期的引用文件，仅所注日期的版本适用于本文件。凡是不注日期的引用文件，其最新版本（包括所有的修改单）适用于本文件。

GB/T 8321（所有部分） 农药合理使用准则

GB 12475 农药贮运、销售和使用的防毒规程

NY/T 391 绿色食品 产地环境质量

NY/T 393 绿色食品 农药使用准则

NY/T 394 绿色食品 肥料使用准则

NY/T 658 绿色食品 包装通用准则

NY/T 747 绿色食品 瓜类蔬菜

NY/T 1056 绿色食品 储藏运输准则

3 产品质量

金瓜质量标准应符合 NY/T 747 的要求。

4 产地环境

生产基地应选择在无污染和生态条件良好的地区。基地选点应远离工矿区和公路铁路干线，避开工业和城市污染源的影响，同时生产基地应具有可持续的生产能力。产地环境应符合 NY/T 391 的要求。

5 栽培技术

5.1 播种

5.1.1 播种时间

崇明金瓜的播种，根据栽培方式及季节的不同，可采用大棚温床、大棚、小环棚3种育苗方式。

5.1.1.1 大棚温床育苗

1月中旬大棚电加温育苗，2月上旬大棚小环棚地膜移栽，5月中旬开始收获。

5.1.1.2 大棚育苗

2月中旬大棚冷床育苗，3月上中旬地膜小环棚移栽，5月下旬开始收获。

5.1.1.3 小环棚育苗

3月下旬小环棚育苗，4月中旬地膜移栽，6月中旬开始采收。

5.1.2 播种育苗

5.1.2.1 种子处理

种子表面甚至内部常常带有多种病原菌，一般采用50℃～55℃温水温汤浸种，冷却至30℃水温时，浸泡1小时～2小时。用清水漂洗2次，捞出沥干后即可直接播种。

5.1.2.2 育苗

营养土的配制比例为床土：有机肥：过磷酸钙＝100：19：1，用薄膜覆盖堆置1周后制钵。每亩大田准备800只～1 200只营养钵（根据大田播种方式来具体确定制钵数），营养钵规格应选用8 cm×8 cm。制好钵后在播种前1天晚上浇足底水，每个营养钵播种1粒种子，上覆1 cm～1.5 cm细土后及时覆盖地膜。育苗期间，根据外界温度的变化，通过增加保温材料保证出苗温度。

5.1.2.3 苗期管理

（1）做好揭地膜或破膜工作，及时通风换气。保护地育苗在出苗率为70%时，及时揭去钵上的地膜或其他覆盖物。当棚内温度超过30℃时，应根据通风量由小到大，通风时间由短到长的原则进行通风换气，并在移栽前1周做好炼苗工作。直播田块，出苗后应及时破膜。

（2）当子叶展开后，及时拔除田间杂草，以及直播田块的间苗补苗工作。并在气温正常的时候，揭膜追施1次尿素，每亩使用量为5 kg。

5.2 整地移栽

5.2.1 整地

种植大田应在入冬前进行冬翻，开春后整细整平田块。高畦双行种植：畦宽3 m，畦上作一宽70 cm，高15 cm的种植垄。高畦单行种植：行距2 m，畦上作一宽40 cm，高15 cm的种植垄。开沟条施基肥，每亩施腐熟有机肥2 500 kg、过磷酸钙25 kg、硫酸钾15 kg或25%混合肥100 kg，上覆1层细泥，移栽前1周覆盖地膜，后按株行距开挖定植穴。

5.2.2 移栽

应选择在天气晴朗时带药、带土移栽。并根据苗的大小，按原设定的株行距分开定植。双行定植株行距为 50 cm × 80 cm，单行距的株距为 35 cm，定植深度以土面高于钵面 1 cm 为宜，浇足活棵水。

5.3 田间管理

5.3.1 中耕除草

直播大田在定苗后，育苗移栽大田在定植缓苗后到抽蔓前，中耕 2 次~3 次，中耕深度为 3 cm 左右，近根处宜浅，行间可加深。

5.3.2 整枝摘心

以主蔓结瓜为主，及时剪去多余的侧蔓，每蔓预留 1 个~2 个瓜后，在末瓜后留 4 片~6 片真叶摘心，并在整个生长发育过程中压蔓 2 次~3 次。

5.3.3 人工辅助授粉

开花期间可在上午 9 时进行人工辅助授粉。方法用毛笔蘸取花粉涂抹在雌花柱头上，或摘取雄花去掉花瓣，直接将花粉蘸在雌花柱头。

5.3.4 保瓜、护瓜

金瓜进入膨果期后，根据土壤肥力和植株长势，每蔓选留 1 个~2 个瓜形圆正、长势良好的果实，摘除多余果实。倒蔓期后，在畦上铺盖稻草或麦秆，及时护瓜。

5.3.5 施肥技术

5.3.5.1 施肥

生育期间追肥 2 次。第一次在定植缓苗后或直播田 4 片真叶时，每亩追施商品有机肥 1 000 kg 或尿素 5 kg~8 kg。开花期间适当控制肥水。第二次追肥在开花坐果后，每亩追施尿素 15 kg 或 25% 混合肥 15 kg。

5.3.5.2 肥料使用准则

（1）持续发展原则。绿色食品金瓜生产中所使用的肥料应对环境无不良影响，有利于保护生态环境，保持或提高土壤肥力及土壤生物活性。

（2）安全优质原则。绿色食品金瓜生产中应使用安全、优质的肥料产品，生产安全、优质的绿色食品。肥料的使用应对作物（营养、味道、品质和植物抗性）不产生不良后果。

（3）化肥减控原则。在保障植物营养有效供给的基础上减少化肥用量，兼顾元素之间的比例平衡，无机氮素用量不得高于当季作物需求量的一半。

（4）有机为主原则。绿色食品金瓜生产过程中肥料种类的选取应以农家肥料、有机肥料、微生物肥料为主，化学肥料为辅。

5.3.5.3 生产用肥料使用规定

（1）绿色食品金瓜生产过程中肥料使用应选用 NY/T 394 所列肥料种类。

（2）农家肥料的使用按 NY/T 394 规定执行。耕作制度允许情况下，宜利用秸秆和绿肥，按照约 25∶1 的比例补充化学氮素。厩肥、堆肥、沤肥、沼肥、饼肥等农家肥料应完全腐熟。

（3）有机肥料的使用按 NY/T 394 规定执行，主要以基肥施入，用量视地力和目标产量而定，可配施农家肥料、微生物肥料、有机-无机复混肥料、无机肥料。

（4）微生物肥料的使用按 NY/T 394 规定执行。可与农家肥料、有机肥料、微生物肥料配合施用，用于拌种、基肥或追肥。

（5）有机-无机复混肥料、无机肥料在绿色食品金瓜生产中作为辅助肥料使用，用来补充农家肥料、有机肥料、微生物肥料所含养分的不足。减控化肥用量，其中无机氮素用量按当地同种作物习惯施肥用量减半使用。

（6）据土壤障碍因素，可选用土壤调理剂改良土壤。

5.4 病虫害防治

5.4.1 有害生物防治原则

绿色食品金瓜生产中有害生物的防治应遵循以下原则。

5.4.1.1 以保持和优化农业生态系统为基础

建立有利于各类天敌繁衍和不利于病虫草害孳生的环境条件，提高生物多样性，维持农业生态系统的平衡。

5.4.1.2 优先采用农业措施

如抗病虫品种、种子种苗检疫、培育壮苗、加强栽培管理、中耕除草、耕翻晒垡、清洁田园、轮作倒茬等。

5.4.1.3 尽量利用物理和生物措施

如用灯光、色彩诱杀害虫，机械捕捉害虫，释放害虫天敌，机械或人工除草等。

5.4.1.4 必要时合理使用低风险农药

如没有足够有效的农业、物理和生物措施，在确保人员、产品和环境安全的前提下按照 5.4.2 的规定，配合使用低风险的农药。

5.4.2 农药使用准则

5.4.2.1 农药选用

（1）所选用的农药应符合相关的法律法规，并获得国家农药登记许可。

（2）选择对主要防治对象有效的低风险农药品种，提倡兼治和不同作用机理农药交替使用。

（3）药剂型应选用悬浮剂、微囊悬浮剂、水剂、水乳剂、微乳剂、颗粒剂、水分散粒剂和可溶性粒剂等环境友好型剂型。

（4）绿色食品金瓜生产农药使用应按照 NY/T 393 的规定，优先从 NY/T 393 表 A.1 中选用农药。在 NY/T 393 表 A.1 所列农药不能满足有害生物防治需要时，还可适量使用 NY/T 393 A.2 所列的农药。

5.4.3 农药使用规范

5.4.3.1 应在主要防治对象的防治适期，根据有害生物的发生特点和农药特性，选择适当的施药方式。

5.4.3.2 应按照农药产品标签或 GB/T 8321 和 GB 12475 的规定使用农药，控制施药剂量（或浓度）、施药次数和安全间隔期。

6 采收

崇明金瓜从授粉至成熟，一般需要 35 天~45 天，采收的金瓜以老熟瓜为主，外表特征是瓜皮黄色或者橘黄色，果皮坚硬。应根据市场及天气情况分批或一次性采收。采收后将果实竖排在阴凉、干燥、通风的室内。

7 包装、运输与贮藏

7.1 包装

崇明金瓜可采用洁净的袋具和其他适用于食品的包装容器，如麻袋、编织袋等包装。包装应符合 NY/T 658 的要求。

7.2 运输与贮存

运输与贮存应符合 NY/T 1056 的要求。

以瓜柄较硬，果皮坚硬、无机械损伤、无病虫危害，并在梅雨来临之前采收的金瓜作为贮藏瓜。贮藏方法为自然贮藏，即将金瓜放于通风干燥处，瓜柄向上，单层堆置或搭架堆置，并在贮藏过程中经常检查，及时清理病瓜、烂瓜。

崇明金瓜运输过程中，运输工具必须保证清洁、干燥，无毒无害，并有防雨设施，不得与有毒有害、有腐蚀性、易发霉、发潮的货物混运，严防运输污染。

绿色食品 西葫芦生产技术规程

1 范围

本规程规定了绿色食品西葫芦生产所要求的产品质量、产地环境、栽培技术、采收等技术。

本规程适用于上海市崇明区绿色食品西葫芦的生产。

2 规范性引用文件

下列文件对于本文件的应用是必不可少的。凡是注日期的引用文件，仅所注日期的版本适用于本文件。凡是不注日期的引用文件，其最新版本（包括所有的修改单）适用于本文件。

GB/T 8321（所有部分） 农药合理使用准则

GB 12475 农药贮运、销售和使用的防毒规程

NY/T 391 绿色食品 产地环境质量

NY/T 393 绿色食品 农药使用准则

NY/T 394 绿色食品 肥料使用准则

NY/T 747 绿色食品 瓜类蔬菜

3 产品质量

西葫芦质量标准应符合 NY/T 747 的要求。

4 产地环境

生产基地应选择在无污染和生态条件良好的地区，同时选择前茬未种过瓜类，有机质丰富、土壤疏松、排水较好的地块。产地环境应符合绿色食品 产地环境技术条件 NY/T 391 的要求。

5 栽培技术

5.1 育苗

5.1.1 品种选择

选择抗病、优质、丰产、耐贮运、商品性好，适应市场的品种。

5.1.2 种子处理

先用10%盐水浸泡种子，除去浮在水面上不饱满的种子，此后用清水反复搓洗，去除表面的黏液，以利发芽整齐一致。将浸好的种子放在25℃~30℃恒温条件下催芽并保持湿度，每天翻种3次~4次，48小时后即可出芽。

5.1.3 苗床准备

选择3年以上未种过瓜类蔬菜的90%优质田园土与10%有机肥混合过筛后备用。切忌临时取土和使用未腐熟有机肥。营养土配比为90%田园土、10%有机肥充分混匀过筛后使用。

5.2 播种

播种期为9月下旬。采用营养钵大棚育苗，将催好芽的种子平放入装好营养土的营养钵中，每钵1粒，然后盖1.5 cm厚的消毒营养土，再盖上地膜，保持一定的湿度。春季三叶一心、秋季二叶一心时移栽大田。

5.3 苗期管理

播种前浇足底水，一般出苗前不再浇水，当80%的幼苗出土时控制好温、湿度，以防徒长。经3天~5天出苗后，须立即去掉地膜降温。一般白天温度28℃~30℃、晚上15℃~20℃。定植前5天~7天降温炼苗，以提高抗性。

5.4 定植

5.4.1 整地施肥

前茬出地后及时翻耕，结合整地每亩施商品有机肥1 000 kg、三元复合肥35 kg，大棚内作4畦，铺设好地膜。

5.4.2 定植方法

春季当秧苗苗龄30天~35天，三叶一心时选择晴暖天气移栽，株距50 cm；秋季苗龄25天~30天，二叶一心时移栽。每亩栽1 200株左右，定植时不宜栽植过深，栽好后及时浇好搭根水，春季加盖小环棚保湿。

5.5 田间管理

5.5.1 追肥

西葫芦吸肥力强，早期要控制氮肥，果实膨大期充分追肥，增施磷钾肥。第一次追肥在定植后10天~14天，每亩施尿素10 kg、碳酸氢铵4 kg，第二次追肥在膨瓜期，每亩施尿素10 kg，适当增施钾肥。

5.5.2 水分管理

南瓜耐旱怕湿，生育期需水较少，幼瓜坐稳后结合追肥浇水1次，其余时间可视苗情而定是否浇水，采收前10天不再浇水；梅雨季节注意排水，以防烂根和落花落果。

5.5.3 整枝

采用立架栽培，单蔓整枝，一般在长出7片~8片叶时吊蔓。去除主蔓上的所有侧枝，在主蔓24节左右时打顶，降低养分消耗。

5.5.4 人工授粉

为了提高坐果率，需进行人工授粉，一般授粉时间为6时—9时为宜。

5.5.5 疏花留果

为提高商品性,要及时摘除根瓜,在主蔓10节以后坐果,每株留果3个~5个。

5.5.6 温湿度管理

大棚西葫芦要求夜间叶面不结露,可减轻多种病害发生。白天大棚温度控制在20℃~30℃,最高不超过35℃,相对湿度70%左右,夜间温度最低可降至11℃~12℃,如温度在13℃以上可整夜通风,以降低棚内湿度。

5.5.7 肥料管理

5.5.7.1 肥料使用准则

(1)持续发展原则。绿色食品西葫芦生产中所使用的肥料应对环境无不良影响,有利于保护生态环境,保持或提高土壤肥力及土壤生物活性。

(2)安全优质原则。绿色食品西葫芦生产中应使用安全、优质的肥料产品,生产安全、优质的绿色食品。肥料的使用应对作物(营养、味道、品质和植物抗性)不产生不良后果。

(3)化肥减控原则。在保障植物营养有效供给的基础上减少化肥用量,兼顾元素之间的比例平衡,无机氮素用量不得高于当季作物需求量的一半。

(4)有机为主原则。绿色食品西葫芦生产过程中肥料种类的选取应以农家肥料、有机肥料、微生物肥料为主,化学肥料为辅。

5.5.7.2 生产用肥料使用规定

(1)绿色食品西葫芦生产过程中肥料使用应选用NY/T 394所列肥料种类。

(2)农家肥料的使用按NY/T 394规定执行。耕作制度允许情况下,宜利用秸秆和绿肥,按照约25:1的比例补充化学氮素。厩肥、堆肥、沤肥、沼肥、饼肥等农家肥料应完全腐熟。

(3)有机肥料的使用按NY/T 394规定执行,主要以基肥施入,用量视地力和目标产量而定,可配施农家肥料、微生物肥料、有机-无机复混肥料、无机肥料。

(4)微生物肥料的使用按NY/T 394规定执行。可与农家肥料、有机肥料、微生物肥料配合施用,用于拌种、基肥或追肥。

(5)有机-无机复混肥料、无机肥料在绿色食品西葫芦生产中作为辅助肥料使用,用来补充农家肥料、有机肥料、微生物肥料所含养分的不足。减控化肥用量,其中无机氮素用量按当地同种作物习惯施肥用量减半使用。

(6)根据土壤障碍因素,可选用土壤调理剂改良土壤。

5.6 病虫害防治

西葫芦主要的病虫害有白粉病、霜霉病、蚜虫、瓜绢螟等。

5.6.1 农业防治

合理轮作,清洁田园,选用抗病品种,创造适宜的生育环境条件,培育适龄壮苗,提高植株抗逆性,控制好温湿度,给予适宜的肥水,充足的光照,通过放风或辅助加温,调节不同生育期的适宜温度,避免高温、低温的危害;深沟高畦,全膜覆盖,严防积水，做到有利于植株生长发育，避免侵染性病害的发生，严格轮作制度，与瓜类作物3年以上轮作。

5.6.2 化学防治

5.6.2.1 有害生物防治原则

绿色食品西葫芦生产中有害生物的防治应遵循以下原则：

——以保持和优化农业生态系统为基础：建立有利于各类天敌繁衍和不利于病虫草害孳生的环境条件，提高生物多样性，维持农业生态系统的平衡；

——优先采用农业措施：如抗病虫品种、种子种苗检疫、培育壮苗、加强栽培管理、中耕除草、耕翻晒垡、清洁田园、轮作倒茬等；

——尽量利用物理和生物措施：如用灯光、色彩诱杀害虫，机械捕捉害虫，释放害虫天敌，机械或人工除草等。

——必要时合理使用低风险农药：如没有足够有效的农业、物理和生物措施，在确保人员、产品和环境安全的前提下按照5.6.2.2的规定，配合使用低风险的农药。

5.6.2.2 农药使用准则

（1）所选用的农药应符合相关的法律法规，并获得国家农药登记许可。

（2）应选择对主要防治对象有效的低风险农药品种，提倡兼治和不同作用机理农药交替使用。

（3）农药剂型应选用悬浮剂、微囊悬浮剂、水剂、水乳剂、微乳剂、颗粒剂、水分散粒剂和可溶性粒剂等环境友好型剂型。

（4）绿色食品西葫芦生产农药使用应按照 NY/T 393 的规定，优先从 NY/T 393 表 A.1 中选用农药。在 NY/T 393 表 A.1 所列农药不能满足有害生物防治需要时，还可适量使用 NY/T 393 A.2 所列的农药。

5.6.2.3 农药使用规范

（1）应在主要防治对象的防治适期，根据有害生物的发生特点和农药特性，选择适当的施药方式。

（2）应按照农药产品标签或 GB/T 8321 和 GB 12475 的规定使用农药，控制施药剂量（或浓度）、施药次数和安全间隔期。

6 采收

采收因其同穗果上果实成熟有先后，应分批采收。果实处于转色期时即可采收，并应在下午进行，采收果实不留果柄。商品果单果重因品种而异。

绿色食品 南瓜（桔瓜）生产技术规程

1 范围

本规程规定了绿色食品南瓜（桔瓜）生产所要求的产品质量、产地环境、栽培技术、采收等技术。

本规程适用于上海市崇明区绿色食品南瓜（桔瓜）的生产。

2 规范性引用文件

下列文件对于本文件的应用是必不可少的。凡是注日期的引用文件，仅所注日期的版本适用于本文件。凡是不注日期的引用文件，其最新版本（包括所有的修改单）适用于本文件。

GB/T 8321（所有部分） 农药合理使用准则

GB 12475 农药贮运、销售和使用的防毒规程

NY/T 391 绿色食品 产地环境质量

NY/T 393 绿色食品 农药使用准则

NY/T 394 绿色食品 肥料使用准则

NY/T 747 绿色食品 瓜类蔬菜

3 产品质量

南瓜（桔瓜）质量标准应符合 NY/T 747 的要求。

4 产地环境

生产基地应选择在无污染和生态条件良好的地区。基地选点应远离工矿区和公路铁路干线，避开工业和城市污染源的影响，同时生产基地应具有可持续的生产能力。产地环境应符合 NY/T 391 的要求。

5 栽培技术

5.1 育苗前准备

5.1.1 品种选择

选择色泽鲜亮、品质佳、适宜本地栽培的优质南瓜（桔瓜）品种，如日本桔瓜等。

5.1.2 田块选择

选择土层深厚、排灌方便的旱地栽培种植，避免连作。

5.1.3 栽培方式

采用立架双季栽培，春季栽培2月上旬播种，3月上旬移栽；秋季栽培8月上旬播种，8月底移栽。

5.1.4 营养土准备

选择3年以上未种过瓜类蔬菜的优质田园土和有机肥混合过筛后备用。切忌临时取土和使用未腐熟有机肥。营养土配比为90%田园土、10%有机肥充分混匀过筛后使用。

5.2 播种

5.2.1 浸种

将选好的种子放入55℃的水中烫种15分钟，同时不断地搅拌，使水温自然降到30℃左右，并浸种1小时~2小时后搓掉种子表面的黏液，洗净后捞出。

5.2.2 催芽

将浸好的种子放在25℃~30℃恒温条件下催芽并保持湿度，每天翻种3次~4次，48小时后即可出芽。

5.2.3 播种方法

采用营养钵大棚育苗，将催好芽的种子平放入装好营养土的营养钵中，每钵1粒，然后盖1.5 cm厚的消毒营养土，再盖上地膜，春季加盖小环棚，保持一定的湿度。春季三叶一心、秋季二叶一心时移栽大田。

5.3 苗期管理

播种前浇足底水，一般出苗前不再浇水，当80%的幼苗出土时控制好温湿度，以防徒长。一般白天温度20℃~25℃，晚上15℃~18℃，保证充足的光照，定植前5天~7天炼苗。

5.4 定植

5.4.1 定植前准备

前茬清理完成后及时翻耕，结合整地每亩施商品有机肥1 000 kg、三元复合肥35 kg，大棚内作4畦，铺设好地膜。

5.4.2 定植方法

春季当秧苗苗龄30天~35天，三叶一心时选择晴暖天气移栽，株距50 cm；秋季苗龄25天~30天，二叶一心时移栽。每亩栽1 200株左右，定植时不宜栽植过深，栽好后及时浇好搭根水，春季加盖小环棚保湿。

5.5 田间管理

5.5.1 追肥

南瓜（桔瓜）吸肥力强，早期要控制氮肥，果实膨大期充分追肥，增施磷钾肥。第一次追肥在定植后10天~14天，每亩施尿素10 kg、碳酸氢铵4 kg，第二次追肥在膨瓜期，每亩施尿素10 kg，适当增施钾肥。

5.5.2 水分管理

南瓜（桔瓜）耐旱怕湿，生育期需水较少，幼瓜坐稳后结合追肥浇水 1 次，其余时间可视苗情而定是否浇水，采收前 10 天停止浇水；梅雨季节注意排水，以防烂根和落花落果。

5.5.3 整枝

采用立架栽培，单蔓整枝，去除主蔓上的所有侧枝，在主蔓 24 节左右时打顶。

5.5.4 人工授粉

为了提高坐果率，需进行人工授粉，一般授粉时间为 6 时—9 时为宜。

5.5.5 疏花留果

为提高商品性，要及时摘除根瓜，在主蔓 10 节以后坐果，每株留果 3 个~5 个。

5.5.6 肥料使用准则

5.5.6.1 肥料使用原则

（1）持续发展原则。绿色食品南瓜（桔瓜）生产中所使用的肥料应对环境无不良影响，有利于保护生态环境，保持或提高土壤肥力及土壤生物活性。

（2）安全优质原则。绿色食品南瓜（桔瓜）生产中应使用安全、优质的肥料产品，生产安全、优质的绿色食品。肥料的使用应对作物（营养、味道、品质和植物抗性）不产生不良后果。

（3）化肥减控原则。在保障植物营养有效供给的基础上减少化肥用量，兼顾元素之间的比例平衡，无机氮素用量不得高于当季作物需求量的一半。

（4）有机为主原则。绿色食品南瓜（桔瓜）生产过程中肥料种类的选取应以农家肥料、有机肥料、微生物肥料为主，化学肥料为辅。

5.5.6.2 生产用肥料使用规定

（1）绿色食品南瓜（桔瓜）生产过程中肥料使用应选用 NY/T 394 所列肥料种类。

（2）农家肥料的使用按 NY/T 394 规定执行。耕作制度允许情况下，宜利用秸秆和绿肥，按照约 25∶1 的比例补充化学氮素。厩肥、堆肥、沤肥、沼肥、饼肥等农家肥料应完全腐熟。

（3）有机肥料的使用按 NY/T 394 规定执行，主要以基肥施入，用量视地力和目标产量而定，可配施农家肥料、微生物肥料、有机-无机复混肥料、无机肥料。

（4）微生物肥料的使用按 NY/T 394 规定执行。可与农家肥料、有机肥料、微生物肥料配合施用，用于拌种、基肥或追肥。

（5）有机-无机复混肥料、无机肥料在绿色食品南瓜（桔瓜）生产中作为辅助肥料使用，用来补充农家肥料、有机肥料、微生物肥料所含养分的不足。减控化肥用量，其中无机氮素用量按当地同种作物习惯施肥用量减半使用。

（6）根据土壤障碍因素，可选用土壤调理剂改良土壤。

5.6 病虫害防治

5.6.1 主要病虫害

南瓜（桔瓜）主要病虫害有白粉病、霜霉病、蚜虫、瓜绢螟等。

5.6.2 有害生物防治原则

绿色食品南瓜（桔瓜）生产中有害生物的防治应遵循以下原则。

5.6.2.1 以保持和优化农业生态系统为基础

建立有利于各类天敌繁衍和不利于病虫草害孳生的环境条件，提高生物多样性，维持农业生态系统的平衡。

5.6.2.2 优先采用农业措施

如抗病虫品种、种子种苗检疫、培育壮苗、加强栽培管理、中耕除草、耕翻晒垡、清洁田园、轮作倒茬等。

5.6.2.3 尽量利用物理和生物措施

如用灯光、色彩诱杀害虫，机械捕捉害虫，释放害虫天敌，机械或人工除草等。

5.6.2.4 必要时合理使用低风险农药

如没有足够有效的农业、物理和生物措施，在确保人员、产品和环境安全的前提下按照5.6.3的规定，配合使用低风险的农药。

5.6.3 农药使用准则

5.6.3.1 农药选用

（1）所选用的农药应符合相关的法律法规，并获得国家农药登记许可。

（2）应选择对主要防治对象有效的低风险农药品种，提倡兼治和不同作用机理农药交替使用。

（3）农药剂型应选用悬浮剂、微囊悬浮剂、水剂、水乳剂、微乳剂、颗粒剂、水分散粒剂和可溶性粒剂等环境友好型剂型。

（4）绿色食品南瓜（桔瓜）生产农药使用应按照 NY/T 393 的规定，优先从 NY/T 393 表 A.1 中选用农药。在 NY/T 393 表 A.1 所列农药不能满足有害生物防治需要时，还可适量使用 NY/T 393 A.2 所列的农药。

5.6.3.2 农药使用规范

（1）应在主要防治对象的防治适期，根据有害生物的发生特点和农药特性，选择适当的施药方式。

（2）应按照农药产品标签或 GB/T 8321 和 GB 12475 的规定使用农药，控制施药剂量（或浓度）、施药次数和安全间隔期。

6 采收

采收因其同穗果上果实成熟有先后，应分批采收。果实处于转色期时即可采收，并应在下午进行，采收果实不留果柄。商品果单果重因品种而异。

绿色食品 冬瓜生产技术规程

1 范围

本规程规定了绿色食品冬瓜生产所要求的产品质量、产地环境、栽培技术、病虫害防治、采收、运输与贮藏等技术。

本规程适用于上海市崇明区绿色食品冬瓜的生产。

2 规范性引用文件

下列文件对于本文件的应用是必不可少的。凡是注日期的引用文件，仅所注日期的版本适用于本文件。凡是不注日期的引用文件，其最新版本（包括所有的修改单）适用于本文件。

GB/T 8321（所有部分） 农药合理使用准则

GB 12475 农药贮运、销售和使用的防毒规程

NY/T 391 绿色食品 产地环境质量

NY/T 393 绿色食品 农药使用准则

NY/T 394 绿色食品 肥料使用准则

NY/T 747 绿色食品 瓜类蔬菜

NY/T 1056 绿色食品 储藏运输准则

3 产品质量

冬瓜质量标准应符合 NY/T 747 的要求。

4 产地环境

生产基地应选择在无污染和生态条件良好的地区。基地选点应远离工矿区和公路铁路干线，避开工业和城市污染源的影响，同时生产基地应具有可持续的生产能力。产地环境应符合 NY/T 391 的要求。

5 栽培技术

5.1 选择品种

主要选择小青皮冬瓜、大青皮冬瓜和广东黑皮冬瓜等品种。其中以广东黑皮冬瓜为

主。该品种植株生长势强，分枝较多，耐热、抗病性较强，冬瓜组织紧密而耐贮藏、运输。

5.2 栽培方式及播种时间

5.2.1 早春大棚栽培

12月下旬播种育苗，2月下旬定植，5月上中旬至8月中旬收获。

5.2.2 春季小环棚栽培

1月下旬播种育苗，3月下旬定植，6月上旬至9月中旬收获。

5.2.3 春季露地栽培

2月中旬至3月上旬播种育苗，4月中下旬定植，6月底至10月上旬收获。

5.3 播前准备

5.3.1 营养土的配制

将充分腐熟的有机肥与前茬非瓜类的熟土和砻糠灰以3:6:1的体积比充分混合、碾细、过筛后备用。

5.3.2 苗床准备

选择地势高燥的田块作苗床，平整后铺设电加温线，把配制好的营养土灌放入营养钵中，约九成满，然后整齐地排放在苗床上。

5.3.3 浸种催芽

播种前先将冬瓜种子放在55℃的温水中浸15分钟~20分钟，捞出后清水再浸种20小时~24小时。然后放在30℃~33℃的温度下催芽。待种子露出胚根后便可播种。

5.3.4 播种方法

播种前营养钵浇足底水，每钵播2粒种子，撒上0.5 cm~1.0 cm的盖籽泥，平盖好地膜，再盖好小环棚薄膜。

5.4 苗期管理

5.4.1 温度管理

大棚内温度白天保持在30℃，夜间保持在15℃以上。若床内温度超过30℃时，可进行短时间通风。出苗后维持18℃~20℃地温，白天气温不低于20℃，夜间不低于13℃。晴天上午早揭膜，下午适时延迟覆膜。

5.4.2 肥水管理

出苗期要保持土壤湿润，种子拱土后还应在床面上撒一薄层细湿土，以便于保墒和防止"戴帽"现象。育苗期间少浇水，以培育茎粗节密叶厚的壮苗。

5.4.3 炼苗

为使幼苗定植后适应环境，并提高幼苗耐寒性，要在定植前5天~7天进行低温锻炼，这时要加大通风量，夜间覆盖也要逐渐减少，白天温度保持在15℃~20℃，夜间在不遭受霜冻的前提下，最低温度可以降到10℃左右。这时期应加大昼夜温差，加大通风量，同时控制浇水，发生局部干旱时，在叶片萎蔫处稍喷些水。

5.5 大田移栽

5.5.1 整地

大田应选择前茬不是瓜类的土地,在入冬前进行冬翻,开春后整细整平田块。采用高畦单行种植,畦宽 2 m。定植前每亩施入商品有机肥 2 000 kg~2 500 kg,过磷酸钙 20 kg,25%蔬菜专用复合肥 50 kg,开深沟条施。

5.5.2 移栽

选择在天气晴朗时带药、带土移栽。并根据苗的大小,按原设定的株行距分开定植。定植深度以土面高于钵面 1 cm 为宜,浇足活棵水。

5.5.3 定植密度

营养钵育苗一般在 5 叶~6 叶时定植。冬瓜的定植密度因品种、栽培方式与栽培季节而不同,小型冬瓜,早熟栽培可适当密植,每亩定植在 1 000 株左右;大型冬瓜,地爬栽培的每亩定植在 300 株~400 株,一般的行距为 2 m,株距为 0.8 m~1 m。

5.6 大田管理

5.6.1 中耕除草

定植缓苗后到抽蔓前,中耕 1 次~2 次,中耕深度为 3 cm 左右,近根处宜浅,行间可加深。

5.6.2 肥水管理

定植当天浇 1 次水,水量适中,定植活棵后应加强肥水管理,以水带肥促早发。在活棵及抽蔓期,轻施追肥 2 次,每次每亩追尿素 2 kg~3 kg,结瓜初期和中期适当施壮果肥,每亩埋施 25%蔬菜专用复合肥 20 kg~30 kg,结果盛期(视植株生长情况而定)每亩施 25%蔬菜专用复合肥 20 kg 或尿素 15 kg~20 kg。

5.6.3 整枝摘心

为使冬瓜取得高产,须进行植株调整,主要是摘蔓、引蔓和压蔓,调整主侧蔓之间的生长,集中养分保证果实发育良好。应采取一主一副的整枝方式,剪去多余的侧蔓,当茎蔓满畦后摘去蔓心,每蔓预留 2 个~3 个瓜后,在末瓜后留 4 片~6 片叶摘心,并在整个生长发育过程中压蔓 1 次~2 次。

5.6.4 肥料使用准则

5.6.4.1 肥料使用原则

(1)持续发展原则。绿色食品冬瓜生产中所使用的肥料应对环境无不良影响,有利于保护生态环境,保持或提高土壤肥力及土壤生物活性。

(2)安全优质原则。绿色食品冬瓜生产中应使用安全、优质的肥料产品,生产安全、优质的绿色食品。肥料的使用应对作物(营养、味道、品质和植物抗性)不产生不良后果。

(3)化肥减控原则。在保障植物营养有效供给的基础上减少化肥用量,兼顾元素之间的比例平衡,无机氮素用量不得高于当季作物需求量的一半。

(4)有机为主原则。绿色食品冬瓜生产过程中肥料种类的选取应以农家肥料、有机肥料、微生物肥料为主，化学肥料为辅。

5.6.4.2 生产用肥料使用规定

（1）绿色食品冬瓜生产过程中肥料使用应选用 NY/T 394 所列肥料种类。

（2）农家肥料的使用按 NY/T 394 规定执行。耕作制度允许情况下，宜利用秸秆和绿肥，按照约 25∶1 的比例补充化学氮素。厩肥、堆肥、沤肥、沼肥、饼肥等农家肥料应完全腐熟。

（3）有机肥料的使用按 NY/T 394 规定执行，主要以基肥施入，用量视地力和目标产量而定，可配施农家肥料、微生物肥料、有机-无机复混肥料、无机肥料。

（4）微生物肥料的使用按 NY/T 394 规定执行。可与农家肥料、有机肥料、微生物肥料配合施用，用于拌种、基肥或追肥。

（5）有机-无机复混肥料、无机肥料在绿色食品冬瓜生产中作为辅助肥料使用，用来补充农家肥料、有机肥料、微生物肥料所含养分的不足。减控化肥用量，其中无机氮素用量按当地同种作物习惯施肥用量减半使用。

（6）根据土壤障碍因素，可选用土壤调理剂改良土壤。

6 病虫害防治

6.1 主要病虫害

冬瓜的病虫害主要有白粉病、炭疽病、疫病、枯萎病和蚜虫、螨类、瓜绢螟等。

6.2 有害生物防治原则

绿色食品冬瓜生产中有害生物的防治应遵循以下原则。

6.2.1 以保持和优化农业生态系统为基础

建立有利于各类天敌繁衍和不利于病虫草害孳生的环境条件，提高生物多样性，维持农业生态系统的平衡。

6.2.2 优先采用农业措施

如抗病虫品种、种子种苗检疫、培育壮苗、加强栽培管理、中耕除草、耕翻晒垡、清洁田园、轮作倒茬等。

6.2.3 尽量利用物理和生物措施

如用灯光、色彩诱杀害虫，机械捕捉害虫，释放害虫天敌，机械或人工除草等。

6.2.4 必要时合理使用低风险农药

如没有足够有效的农业、物理和生物措施，在确保人员、产品和环境安全的前提下按照 6.3 的规定，配合使用低风险的农药。

6.3 农药使用准则

6.3.1 农药选用

6.3.1.1 所选用的农药应符合相关的法律法规，并获得国家农药登记许可。

6.3.1.2 应选择对主要防治对象有效的低风险农药品种，提倡兼治和不同作用机理农药交替使用。

6.3.1.3 农药剂型应选用悬浮剂、微囊悬浮剂、水剂、水乳剂、微乳剂、颗粒剂、水分散粒剂和可溶性粒剂等环境友好型剂型。

6.3.1.4 绿色食品冬瓜生产农药使用应按照 NY/T 393 的规定，优先从 NY/T 393 表 A.1 中选用农药。在 NY/T 393 表 A.1 所列农药不能满足有害生物防治需要时，还可适量使用 NY/T 393 A.2 所列的农药。

6.3.2 农药使用规范

6.3.2.1 应在主要防治对象的防治适期，根据有害生物的发生特点和农药特性，选择适当的施药方式。

6.3.2.2 应按照农药产品标签或 GB/T 8321 和 GB 12475 的规定使用农药，控制施药剂量（或浓度）、施药次数和安全间隔期。

7 采收、运输与贮藏

7.1 采收

冬瓜的嫩瓜和成熟瓜都可食用，采收时间常根据植株生长情况、市场需要和不同用途等而定。冬瓜可适宜贮藏，通过贮藏延长供应期，调节淡旺季，对蔬菜均衡上市有一定作用。贮藏的冬瓜采收前半个月不要浇水，采收时应避免碰伤果实。采收后将果实一个个竖排在阴凉、干燥、通风的室内。

7.2 运输与贮藏

贮藏与运输应符合 NY/T 1056 的要求。

达到食用成熟度的嫩瓜采收后应及早供应市场。而生理成熟的老熟瓜采收后可贮藏，其贮藏环境要求温度、空气湿度较低，无直射光且有良好的通风条件，并不得与其他有毒有害物混杂。贮藏适宜温度为 7℃~10℃，贮藏适宜湿度为 70%~75%。

冬瓜运输过程中，运输工具必须保持清洁、干燥，无毒无害，并有防雨设施，不得与有毒有害、有腐蚀性、易发霉、发潮的货物混运，严防运输污染。

绿色食品 白扁豆生产技术规程

1 范围

本规程规定了绿色食品白扁豆生产所要求的产品质量、产地环境、栽培技术、肥料使用、病虫害防治、采收、包装、运输与贮存等技术。

本规程适用于上海市崇明区绿色食品白扁豆的生产。

2 规范性引用文件

下列文件对于本文件的应用是必不可少的。凡是注日期的引用文件，仅所注日期的版本适用于本文件。凡是不注日期的引用文件，其最新版本（包括所有的修改单）适用于本文件。

GB/T 8321（所有部分） 农药合理使用准则

GB 12475 农药贮运、销售和使用的防毒规程

NY/T 391 绿色食品 产地环境质量

NY/T 393 绿色食品 农药使用准则

NY/T 394 绿色食品 肥料使用准则

NY/T 748 绿色食品 豆类蔬菜

NY/T 1056 绿色食品 储藏运输准则

3 产品质量

白扁豆产品质量应符合 NY/T 748 的要求。

4 产地环境

生产基地应选择在无污染和生态条件良好的地区。基地选点应远离工矿区和公路铁路干线，避开工业和城市污染源的影响，同时生产基地应具有可持续的生产能力。产地环境应符合 NY/T 391 的要求。

5 栽培技术

5.1 品种选择

选用品质好、产量高、适应性强的本地地方品种为主。

5.2 播种时间和方法

5.2.1 播种时间

保护地栽培1月中下旬播种，2月上中旬定植，露地地膜种植在2月中旬至3月上旬播种，3月下旬移栽。

5.2.2 播种方法

采用大棚制基质育苗要争早苗，先做好苗床，浇足水分，分穴播种，每穴下种子1粒~2粒。然后覆盖籽泥，喷洒水使之湿润；直播的在畦面上按行距75 cm的标准，开深度为2 cm~3 cm深的播种沟，按株距30 cm~40 cm进行播种，播后盖1 cm~2 cm的盖籽泥并覆盖地膜。

5.2.3 苗期管理

出苗之后因小苗体弱，应控制好温度、湿度，必要时蹲苗，以培养壮苗，苗龄掌握在30天~40天，每亩用种量约为3.5 kg。苗期做好炼苗及田间除草工作。

5.2.4 大田管理

5.2.4.1 整地

白扁豆移栽前先做好大田准备，按播种要求，先开沟下足基肥后覆土，基肥以有机肥为主，每亩施商品有机肥1 000 kg，45%三元复合肥20 kg。

5.2.4.2 移栽

露地地膜种植一般在3月中下旬后开始移栽，浇足水后用地膜覆盖，可增温保湿争早苗。

5.2.4.3 定植

移栽行距为75 cm，株距为30 cm，每亩密度为3 000穴，每穴2株，基本苗为6 000株左右，确保足苗。

5.2.4.4 中耕除草

苗移栽好，定植缓苗后到抽蔓前，中耕2次~3次，中耕深度为3 cm左右，近根处宜浅，行间可加深。

5.2.4.5 搭架

为保证幼苗粗壮，在苗长到20 cm~30 cm时应及时搭棚架，棚架高为180 cm左右吊线引蔓。当主蔓高度为170 cm左右时，及时打顶，有利通风透光，也有利于促进下部花芽分化和荚果充实。

5.2.4.6 肥水管理

在苗期6叶~7叶时，每亩可追施尿素5 kg~7 kg，始花结荚前以控为主，基本不追肥，以促进花芽分化，结荚后，可视植株长势进行追肥，一般每亩追施45%三元复合肥8 kg~10 kg，如遇干旱应及时浇水。在梅雨季节确保无积水。在高温季节，通过引水，保持地面湿润。

6 肥料使用

6.1 肥料使用原则

6.1.1 持续发展原则

绿色食品白扁豆生产中所使用的肥料应对环境无不良影响，有利于保护生态环境，保持或提高土壤肥力及土壤生物活性。

6.1.2 安全优质原则

绿色食品白扁豆生产中应使用安全、优质的肥料产品，生产安全、优质的绿色食品。肥料的使用应对作物（营养、味道、品质和植物抗性）不产生不良后果。

6.1.3 化肥减控原则

在保障植物营养有效供给的基础上减少化肥用量，兼顾元素之间的比例平衡，无机氮素用量不得高于当季作物需求量的一半。

6.1.4 有机为主原则

绿色食品白扁豆生产过程中肥料种类的选取应以农家肥料、有机肥料、微生物肥料为主，化学肥料为辅。

6.2 生产用肥料使用规定

6.2.1 绿色食品白扁豆生产过程中肥料使用应选用 NY/T 394 所列肥料种类。

6.2.2 农家肥料的使用按 NY/T 394 规定执行。耕作制度允许情况下，宜利用秸秆和绿肥，按照约 25∶1 的比例补充化学氮素。厩肥、堆肥、沤肥、沼肥、饼肥等农家肥料应完全腐熟。

6.2.3 有机肥料的使用按 NY/T 394 规定执行，主要以基肥施入，用量视地力和目标产量而定，可配施农家肥料、微生物肥料、有机-无机复混肥料、无机肥料。

6.2.4 微生物肥料的使用按 NY/T 394 规定执行。可与农家肥料、有机肥料、微生物肥料配合施用，用于拌种、基肥或追肥。

6.2.5 有机-无机复混肥料、无机肥料在绿色食品白扁豆生产中作为辅助肥料使用，用来补充农家肥料、有机肥料、微生物肥料所含养分的不足。减控化肥用量，其中无机氮素用量按当地同种作物习惯施肥用量减半使用。

6.2.6 根据土壤障碍因素，可选用土壤调理剂改良土壤。

7 病虫害防治

7.1 有害生物防治原则

7.1.1 以保持和优化农业生态系统为基础

建立有利于各类天敌繁衍和不利于病虫草害孳生的环境条件，提高生物多样性，维持农业生态系统的平衡。

7.1.2 优先采用农业措施

如抗病虫品种、种子种苗检疫、培育壮苗、加强栽培管理、中耕除草、耕翻晒垡、

清洁田园、轮作倒茬。

7.1.3 尽量利用物理和生物措施

如用灯光、色彩诱杀害虫，机械捕捉害虫，释放害虫天敌，机械或人工除草等。

7.1.4 必要时合理使用低风险农药

如没有足够有效的农业、物理和生物措施，在确保人员、产品和环境安全的前提下按照 7.2 的规定，配合使用低风险的农药。

7.2 农药使用准则

7.2.1 农药使用应符合 NY/T 393 的要求。

7.2.1.1 所选用的农药应符合相关的法律法规，并获得国家农药登记许可。

7.2.1.2 应选择对主要防治对象有效的低风险农药品种，提倡兼治和不同作用机理农药交替使用。

7.2.1.3 农药剂型应选用悬浮剂、微囊悬浮剂、水剂、水乳剂、微乳剂、颗粒剂、水分散粒剂和可溶性粒剂等环境友好型剂型。

7.2.1.4 绿色食品白扁豆生产农药使用应按照 NY/T 393 的规定，优先从 NY/T 393 表 A.1 中选用农药。在 NY/T 393 表 A.1 所列农药不能满足有害生物防治需要时，还可适量使用 NY/T 393 A.2 所列的农药。

7.2.2 农药使用规范

7.2.2.1 应在主要防治对象的防治适期，根据有害生物的发生特点和农药特性，选择适当的施药方式。

7.2.2.2 应按照农药产品标签或 GB/T 8321 和 GB 12475 的规定使用农药，控制施药剂量（或浓度）、施药次数和安全间隔期。

8 采收、包装、运输与贮存

8.1 采收

鲜食白扁豆以豆荚发育饱满为标准及时采收。每隔 2 天~3 天采收 1 次，干白扁豆可等豆荚转黄后采下晒干。前期应以采收鲜食白扁豆为主，可以增加后期的结荚率，提高产量。

8.2 包装、运输与贮存

包装、贮存与运输应符合 NY/T 1056 的要求。

白扁豆贮存于仓库时，不得与其他有毒有害物质混杂。白扁豆运输过程中，运输工具必须保证清洁、干燥、无毒无害，并有防雨设施，不得与有害有毒、有腐蚀性、易发霉、发潮的货物混运，严防运输污染。

绿色食品 毛豆生产技术规程

1 范围

本规程规定了绿色食品毛豆生产所要求的产品质量、产地环境、栽培技术、病虫草害防治、采收等技术。

本规程适用于上海市崇明区绿色食品毛豆的生产。

2 规范性引用文件

下列文件对于本文件的应用是必不可少的。凡是注日期的引用文件，仅所注日期的版本适用于本文件。凡是不注日期的引用文件，其最新版本（包括所有的修改单）适用于本文件。

GB/T 8321（所有部分） 农药合理使用准则

GB 12475 农药贮运、销售和使用的防毒规程

NY/T 391 绿色食品 产地环境质量

NY/T 393 绿色食品 农药使用准则

NY/T 394 绿色食品 肥料使用准则

NY/T 748 绿色食品 豆类蔬菜

3 产品质量

毛豆质量标准应符合绿色食品豆类蔬菜 NY/T 748 的要求。

4 产地环境

生产基地应选择无"三废"污染地区的旱田，土质松软，地势平坦，土壤肥沃，灌排方便的田块集中种植，不得使用工业、生活废水来灌溉。产地环境应符合 NY/T 391 的要求。

5 栽培技术

5.1 品种选择

毛豆品种选择质量好、产量高、抗逆性强、商品性佳的品种。

5.2 播种
5.2.1 种植方式

早期春播采用直播或育苗后移栽方式（出苗后 10 天~15 天为定植适期），其余一般直播，采用宽行窄株种植。直播分为开垄条播和穴播。

5.2.2 播种时间

一般春播在 2 月—3 月播种；夏播在 4 月—5 月播种；秋播在 6 月—7 月播种。

5.2.3 播种密度

早熟品种行距 30 cm，株距 7 cm；中熟品种行距 40 cm，株距 10 cm；晚熟品种行距 40 cm~50 cm，株距 12 cm。

每亩早熟毛豆 2.8 万株左右为宜，中熟毛豆 1.5 万株左右为宜，晚熟毛豆 1.2 万株左右为宜。

5.2.4 播前晒种

播种前先将种子进行筛选，除去种子中混有的菌核、菟丝子种子、小粒秕粒以及有病斑、虫蛀和破伤的种子；将种子在阳光下晾晒几个小时，以增加发芽率。

5.2.5 播种量

育苗：每亩大田播种量为 2.5 kg~3.5 kg；

直播：穴播每亩播种量为 3 kg~4 kg；条播每亩播种量为 5 kg~6 kg。

5.3 整地、沟系配套
5.3.1 整地

毛豆播种前深翻土壤并适当施基肥（商品有机肥 1 500 kg/亩），做成 90 cm 宽的平畦，搂平畦面。

5.3.2 沟系配套

沟系要做到畦沟、腰沟、围沟三沟配套，能灌能排，达到雨停田干。

5.4 田间管理
5.4.1 间苗、补苗

直播毛豆齐苗后须及早间苗，一般在子叶刚展开时间苗，淘汰弱苗、病苗和杂苗。穴播一般留 2 株，条播按保苗计划留足。直播的田间常有缺苗，可用间苗时匀出的苗，选好的补上。

5.4.2 中耕除草

毛豆播种后从出苗到开花，根据杂草生长情况，适时进行 2 次~3 次中耕除草，以免发生草欺苗现象。

5.4.3 摘心

中晚熟品种在毛豆初花期进行摘心。

5.4.4 肥料管理

成片种植在播种时，每亩用复合肥 30 kg 作基肥。

5.5 肥料使用准则。
5.5.1 肥料使用原则
5.5.1.1 持续发展原则
绿色食品毛豆生产中所使用的肥料应对环境无不良影响,有利于保护生态环境,保持或提高土壤肥力及土壤生物活性。
5.5.1.2 安全优质原则
绿色食品毛豆生产中应使用安全、优质的肥料产品,生产安全、优质的绿色食品。肥料的使用应对作物(营养、味道、品质和植物抗性)不产生不良后果。
5.5.1.3 化肥减控原则
在保障植物营养有效供给的基础上减少化肥用量,兼顾元素之间的比例平衡,无机氮素用量不得高于当季作物需求量的一半。
5.5.1.4 有机为主原则
绿色食品毛豆生产过程中肥料种类的选取应以农家肥料、有机肥料、微生物肥料为主,化学肥料为辅。
5.5.2 生产用肥料使用规定
5.5.2.1 绿色食品毛豆生产过程中肥料使用应选用 NY/T 394 所列肥料种类。
5.5.2.2 农家肥料的使用按 NY/T 394 规定执行。耕作制度允许情况下,宜利用秸秆和绿肥,按照约 25∶1 的比例补充化学氮素。厩肥、堆肥、沤肥、沼肥、饼肥等农家肥料应完全腐熟。
5.5.2.3 有机肥料的使用按 NY/T 394 规定执行,主要以基肥施入,用量视地力和目标产量而定,可配施农家肥料、微生物肥料、有机-无机复混肥料、无机肥料。
5.5.2.4 微生物肥料的使用按 NY/T 394 规定执行。可与农家肥料、有机肥料、微生物肥料配合施用,用于拌种、基肥或追肥。
5.5.2.5 有机-无机复混肥料、无机肥料在绿色食品冬瓜生产中作为辅助肥料使用,用来补充农家肥料、有机肥料、微生物肥料所含养分的不足。减控化肥用量,其中无机氮素用量按当地同种作物习惯施肥用量减半使用。
5.5.2.6 根据土壤障碍因素,可选用土壤调理剂改良土壤。

6 病虫草害防治

6.1 主要病虫害
毛豆的主要病虫害有灰斑病、菌核病、紫斑病、黄枯病、食心虫、卷叶蛾、豆荚螟、蚜虫、苜蓿夜蛾。
6.2 有害生物防治原则
绿色食品毛豆生产中有害生物的防治应遵循以下原则。
6.2.1 以保持和优化农业生态系统为基础
建立有利于各类天敌繁衍和不利于病虫草害孳生的环境条件,提高生物多样性,维持农业生态系统的平衡。

6.2.2　优先采用农业措施

如抗病虫品种、种子种苗检疫、培育壮苗、加强栽培管理、中耕除草、耕翻晒垡、清洁田园、轮作倒茬等。

6.2.3　尽量利用物理和生物措施

如用灯光、色彩诱杀害虫，机械捕捉害虫，释放害虫天敌，机械或人工除草等。

6.2.4　必要时合理使用低风险农药

如没有足够有效的农业、物理和生物措施，在确保人员、产品和环境安全的前提下按照6.3的规定，配合使用低风险的农药。

6.3　农药使用准则

6.3.1　农药选用

6.3.1.1　所选用的农药应符合相关的法律法规，并获得国家农药登记许可。

6.3.1.2　应选择对主要防治对象有效的低风险农药品种，提倡兼治和不同作用机理农药交替使用。

6.3.1.3　农药剂型应选用悬浮剂、微囊悬浮剂、水剂、水乳剂、微乳剂、颗粒剂、水分散粒剂和可溶性粒剂等环境友好型剂型。

6.3.1.4　绿色食品毛豆生产农药使用应按照 NY/T 393 的规定，优先从 NY/T 393 表 A.1 中选用农药。在 NY/T 393 表 A.1 所列农药不能满足有害生物防治需要时，还可适量使用 NY/T 393 A.2 所列的农药。

6.3.2　农药使用规范

6.3.2.1　应在主要防治对象的防治适期，根据有害生物的发生特点和农药特性，选择适当的施药方式。

6.3.2.2　应按照农药产品标签或 GB/T 8321 和 GB 12475 的规定使用农药，控制施药剂量（或浓度）、施药次数和安全间隔期。

7　采收

7.1　毛豆采收

一般在豆粒饱满鲜嫩，豆荚尚青绿时采收。采收时全株一次收完，摘下豆荚。

7.2　留种、干毛豆采收

留种、干毛豆一般待豆粒完全成熟，植株茎秆干枯、大部分叶片发黄枯落，豆荚变为褐色或黑褐色，豆荚中的豆粒干硬、摇动植株荚内发出响声，且豆荚未开裂前采收。采收时全株一次收完，脱粒、清理、晒干。

绿色食品 蚕豆生产技术规程

1 范围

本规程规定了绿色食品蚕豆生产所要求的产品质量、产地环境、栽培技术、病虫害防治、采收等技术。

本规程适用于上海市崇明区绿色食品蚕豆的生产。

2 规范性引用文件

下列文件对于本文件的应用是必不可少的。凡是注日期的引用文件，仅所注日期的版本适用于本文件。凡是不注日期的引用文件，其最新版本（包括所有的修改单）适用于本文件。

GB/T 8321（所有部分） 农药合理使用准则

GB 12475 农药贮运、销售和使用的防毒规程

NY/T 391 绿色食品 产地环境质量

NY/T 393 绿色食品 农药使用准则

NY/T 394 绿色食品 肥料使用准则

NY/T 748 绿色食品 豆类蔬菜

3 产品质量

蚕豆质量标准应符合 NY/T 748 的要求。

4 产地环境

生产基地应选择无"三废"污染地区的旱田，土质松软，地势平坦，土壤肥沃，灌排方便的田块集中种植，与大田商品蚕豆隔开 300 m 以上距离或错开花期 20 天以上，不得使用工业、生活废水来灌溉。产地环境应符合 NY/T 391 的要求。

5 栽培技术

5.1 品种选择

蚕豆品种选择质量好、产量高、抗逆性强、商品性佳的品种。

5.2 播种

5.2.1 种植方式

采用露地直播方式。

5.2.2 播种时间

露地直播：一般在 10 月中旬至 11 月中旬。

5.2.3 播种方法

露地直播：一般在 10 月下旬至 11 月中旬，采用条播、点播等方法，行距 90 cm，株距为 30 cm。确保密度在 4 000 株/亩。

5.2.4 播前晒种

播种前 1 周，抓住晴好天气，晒种 2 天~3 天，剔除烂粒、破粒、杂粒。

5.2.5 播种量

蚕豆种植用种量为 7.5 kg/亩~9 kg/亩，采用穴播，每穴 2 粒~3 粒，视籽粒重、种子发芽率可酌情增减。

5.3 整地、沟系配套

5.3.1 整地

蚕豆播种前深翻土壤并适当施基肥（商品有机肥 1 000 kg/亩，过磷酸钙 25 kg/亩），做成 90 cm 宽的平畦，每畦种 1 行，在畦内挖穴，穴深 6 cm~9 cm，整平畦面。

5.3.2 沟系配套

沟系要做到畦沟、腰沟、围沟三沟配套，能灌能排，达到雨停田干。

5.4 栽培管理

5.4.1 田间管理

5.4.1.1 精细培植

选择晴好天气播种，根据土壤墒情，掌握播种深度，一般 6 cm~9 cm 为宜，以利于播全苗，达到苗全、齐、匀、壮。基本齐苗时，及时查苗补缺，做好补苗工作。

5.4.1.2 中耕与整枝

蚕豆出苗后应及进查苗补缺。苗期要进行多次中耕除草，结合松土将土培到植株根部，以防倒伏。蚕豆的分枝能力很强，后期的分枝结荚少，且易造成田间郁闭，生产上应及时掰除多余的侧枝和摘除生长点，减少养分消耗，提高结荚率，促进豆粒饱满，成熟一致。

5.5 肥料使用准则

5.5.1 肥料使用原则

5.5.1.1 持续发展原则

绿色食品蚕豆生产中所使用的肥料应对环境无不良影响，有利于保护生态环境，保持或提高土壤肥力及土壤生物活性。

5.5.1.2 安全优质原则

绿色食品蚕豆生产中应使用安全、优质的肥料产品，生产安全、优质的绿色食品。

肥料的使用应对作物（营养、味道、品质和植物抗性）不产生不良后果。

5.5.1.3　化肥减控原则

在保障植物营养有效供给的基础上减少化肥用量，兼顾元素之间的比例平衡，无机氮素用量不得高于当季作物需求量的一半。

5.5.1.4　有机为主原则

绿色食品蚕豆生产过程中肥料种类的选取应以农家肥料、有机肥料、微生物肥料为主，化学肥料为辅。

5.5.2　生产用肥料使用规定

5.5.2.1　绿色食品蚕豆生产过程中肥料使用应选用 NY/T 394 所列肥料种类。

5.5.2.2　农家肥料的使用按 NY/T 394 规定执行。耕作制度允许情况下，宜利用秸秆和绿肥，按照约 25∶1 的比例补充化学氮素。厩肥、堆肥、沤肥、沼肥、饼肥等农家肥料应完全腐熟。

5.5.2.3　有机肥料的使用按 NY/T 394 规定执行，主要以基肥施入，用量视地力和目标产量而定，可配施农家肥料、微生物肥料、有机-无机复混肥料、无机肥料。

5.5.2.4　微生物肥料的使用按 NY/T 394 规定执行。可与农家肥料、有机肥料、微生物肥料配合施用，用于拌种、基肥或追肥。

5.5.2.5　有机-无机复混肥料、无机肥料在绿色食品蚕豆生产中作为辅助肥料使用，用来补充农家肥料、有机肥料、微生物肥料所含养分的不足。减控化肥用量，其中无机氮素用量按当地同种作物习惯施肥用量减半使用。

5.5.2.6　根据土壤障碍因素，可选用土壤调理剂改良土壤。

6　病虫害防治

6.1　主要病虫害

蚕豆的主要病虫害：锈病、赤斑病、蚕豆轮纹病、蚜虫、夜蛾等。

6.2　农药使用准则

6.2.1　有害生物防治原则

绿色食品蚕豆生产中有害生物的防治应遵循以下原则。

6.2.1.1　以保持和优化农业生态系统为基础

建立有利于各类天敌繁衍和不利于病虫草害孳生的环境条件，提高生物多样性，维持农业生态系统的平衡。

6.2.1.2　优先采用农业措施

如抗病虫品种、种子种苗检疫、培育壮苗、加强栽培管理、中耕除草、耕翻晒垡、清洁田园、轮作倒茬。

6.2.1.3　尽量利用物理和生物措施

如用灯光、色彩诱杀害虫，机械捕捉害虫，释放害虫天敌，机械或人工除草等。

6.2.1.4　必要时合理使用低风险农药

如没有足够有效的农业、物理和生物措施，在确保人员、产品和环境安全的前提下

按照 6.2.2 的规定，配合使用低风险的农药。

6.2.2　农药使用准则

6.2.2.1　农药选用

（1）所选用的农药应符合相关的法律法规，并获得国家农药登记许可。

（2）应选择对主要防治对象有效的低风险农药品种，提倡兼治和不同作用机理农药交替使用。

（3）农药剂型应选用悬浮剂、微囊悬浮剂、水剂、水乳剂、微乳剂、颗粒剂、水分散粒剂和可溶性粒剂等环境友好型剂型。

（4）绿色食品蚕豆生产农药使用应按照 NY/T 393 的规定，优先从 NY/T 393 表 A.1 中选用农药。在 NY/T 393 表 A.1 所列农药不能满足有害生物防治需要时，还可适量使用 NY/T 393 A.2 所列的农药。

6.2.2.2　农药使用规范

（1）应在主要防治对象的防治适期，根据有害生物的发生特点和农药特性，选择适当的施药方式。

（2）应按照农药产品标签或 GB/T 8321 和 GB 12475 的规定使用农药，控制施药剂量（或浓度）、施药次数和安全间隔期。

7　采收

采收蚕豆嫩荚，可分次采收，采收自下而上，每 7 天~8 天采收 1 次。采收老熟的种子，可在蚕豆叶片凋落，中下部豆荚充分成熟时收获。

绿色食品　鲜食玉米生产技术规程

1　范围

本规程规定了绿色食品鲜食玉米生产所要求的产品质量、产地选择、栽培技术、病虫害防治、鲜果采摘等技术。

本规程适用于上海市崇明区绿色食品鲜食玉米的生产。

2　规范性引用文件

下列文件对于本文件的应用是必不可少的。凡是注日期的引用文件，仅所注日期的版本适用于本文件。凡是不注日期的引用文件，其最新版本（包括所有的修改单）适用于本文件。

GB/T 8321（所有部分）　农药合理使用准则

GB 12475　农药贮运、销售和使用的防毒规程

NY/T 391　绿色食品　产地环境质量

NY/T 393　绿色食品　农药使用准则

NY/T 394　绿色食品　肥料使用准则

NY/T 418　绿色食品　玉米及其制品

3　产品质量

鲜食玉米质量标准应符合 NY/T 418 的要求。

4　产地环境

鲜食玉米应选择无"三废"污染地区的旱田，土质松软，地势平坦，土壤肥沃，灌排方便的田块集中种植，与大田商品玉米隔开 300 m 以上距离或错开花期 20 天以上，不得使用工业、生活废水来灌溉。产地环境应符合 NY/T 391 的要求。

5　栽培技术

5.1　品种选择

鲜食玉米选择糯性好、产量高、抗逆性强、商品性佳的品种。

5.2 播种

5.2.1 种植方式

有露地直播和育苗移栽两种。

5.2.2 播种时间

露地直播：一般在4月上旬至8月上旬。

育苗移栽：设施育苗视种植需求播种育苗。

5.2.3 播种规格

露地直播：一般也采用宽窄行种植方法，东西行向，畦宽1.4 m，大行距95 cm，小行距45 cm，株距20 cm，确保密度在4 200株/亩。

5.2.4 播前晒种

播种前7天左右，抓住晴好天气，晒种2天~3天，剔除烂粒、破粒、杂粒。

5.2.5 播种量

鲜食玉米种植用种量为2 kg/亩~2.5 kg/亩，采用穴播，每穴2粒~3粒，视籽粒重、种子发芽率可酌情增减。

5.2.6 整地、沟系配套

5.2.6.1 整地

鲜食玉米种植田块进行冬翻，播种前耕翻1次~2次，做好播前各项准备工作，种植地土质疏松，泥块细实。

5.2.6.2 沟系配套

沟系要做到畦沟、腰沟、围沟三沟配套，能灌能排，达到雨停田干。

5.3 栽培管理

5.3.1 苗期管理

5.3.1.1 精细培植

根据土壤墒情，掌握播种深度，一般2 cm~3 cm为宜，以利于播全苗，达到苗全、齐、匀、壮。基本齐苗时，及时查苗补缺，春播一般在播后10天~15天，发现出苗情况不佳时及早进行催芽补种，做好补苗工作。

5.3.1.2 间苗、定苗

鲜食玉米苗长到三叶时，根据长势情况，进行间苗，至五叶时可以定苗。做好小地老虎的防治工作。

5.3.1.3 中耕除草

露地鲜食玉米在苗期注意做好松土除草工作，防土壤板结和草害。

5.3.1.4 肥水调控促平衡

利用肥水调节，促平衡，使玉米苗生长整齐一致。

5.3.2 穗粒期管理

5.3.2.1 肥水管理

鲜食玉米生长中期需肥、需水量最大，应加强肥水管理，遇干旱应及时灌溉，若雨水较多，应及时做好排水工作。

5.3.2.2 去除空弱株

鲜食玉米幼穗分化开始时，结合施肥及时剔除空弱株。

5.3.2.3 重施摆果肥

鲜食玉米生长到12叶~13叶时，开始幼穗分化，应重施摆果肥。

5.3.2.4 隔行去雄

在田中间进行隔行去雄，利于通风透光争穗。

5.3.2.5 人工辅助授粉

鲜食玉米抽雄散粉时，加强人工辅助授粉，一般即用绳子，2人各拉1个绳头轻轻拉动鲜食玉米秆或拉花粉，提高结实率。

5.3.2.6 防病虫防倒伏

鲜食玉米中后期易发病，及时做好防病工作，夏秋播鲜食玉米，玉米螟危害较重，也应做好玉米螟防治工作，在穗粒期，加强肥水管理，防止鲜食玉米倒伏。

5.4 施肥技术

5.4.1 肥料使用准则

5.4.1.1 肥料使用原则

（1）持续发展原则。绿色食品鲜食玉米生产中所使用的肥料应对环境无不良影响，有利于保护生态环境，保持或提高土壤肥力及土壤生物活性。

（2）安全优质原则。绿色食品鲜食玉米生产中应使用安全、优质的肥料产品，生产安全、优质的绿色食品。肥料的使用应对作物（营养、味道、品质和植物抗性）不产生不良后果。

（3）化肥减控原则。在保障植物营养有效供给的基础上减少化肥用量，兼顾元素之间的比例平衡，无机氮素用量不得高于当季作物需求量的一半。

（4）有机为主原则。绿色食品鲜食玉米生产过程中肥料种类的选取应以农家肥料、有机肥料、微生物肥料为主，化学肥料为辅。

5.4.1.2 生产用肥料使用规定

（1）绿色食品鲜食玉米生产过程中肥料使用应选用NY/T 394所列肥料种类。

（2）农家肥料的使用按NY/T 394规定执行。耕作制度允许情况下，宜利用秸秆和绿肥，按照约25：1的比例补充化学氮素。厩肥、堆肥、沤肥、沼肥、饼肥等农家肥料应完全腐熟。

（3）有机肥料的使用按NY/T 394规定执行，主要以基肥施入，用量视地力和目标产量而定，可配施农家肥料、微生物肥料、有机-无机复混肥料、无机肥料。

（4）微生物肥料的使用按NY/T 394规定执行。可与农家肥料、有机肥料、微生物肥料配合施用，用于拌种、基肥或追肥。

（5）有机-无机复混肥料、无机肥料在绿色食品鲜食玉米生产中作为辅助肥料使用，用来补充农家肥料、有机肥料、微生物肥料所含养分的不足。减控化肥用量，其中无机氮素用量按当地同种作物习惯施肥用量减半使用。

（6）根据土壤障碍因素，可选用土壤调理剂改良土壤。

5.4.2 施肥方法

鲜食玉米施肥方法一般采用一基一追施肥法，基肥与追肥比例6:4，鲜食采用埋施或全耕层施肥法。

5.4.3 施用时间及数量

基肥：每亩施商品有机肥1 000 kg，氮、磷、钾复合肥35 kg。

穗肥：每亩施尿素10 kg。

6 病虫害防治

6.1 主要病虫害

鲜食玉米的主要病虫害：小地老虎、玉米螟、蚜虫、大小斑病等。

6.2 有害生物防治原则

绿色食品鲜食玉米生产中有害生物的防治应遵循以下原则。

6.2.1 以保持和优化农业生态系统为基础

建立有利于各类天敌繁衍和不利于病虫草害孳生的环境条件，提高生物多样性，维持农业生态系统的平衡。

6.2.2 优先采用农业措施

如抗病虫品种、种子种苗检疫、培育壮苗、加强栽培管理、中耕除草、耕翻晒垡、清洁田园、轮作倒茬等。

6.2.3 尽量利用物理和生物措施

利用糖醋、性诱剂等诱杀害虫，机械捕捉害虫，释放害虫天敌，机械或人工除草等。

6.2.4 必要时合理使用低风险农药

如没有足够有效的农业、物理和生物措施，在确保人员、产品和环境安全的前提下按照6.3的规定，配合使用低风险的农药。

6.3 农药使用准则

6.3.1 农药选用

6.3.1.1 所选用的农药应符合相关的法律法规，并获得国家农药登记许可。

6.3.1.2 应选择对主要防治对象有效的低风险农药品种，提倡兼治和不同作用机理农药交替使用。

6.3.1.3 农药剂型宜选用悬浮剂、微囊悬浮剂、水剂、水乳剂、微乳剂、颗粒剂、水分散粒剂和可溶性粒剂等环境友好型剂型。

6.3.1.4 绿色食品鲜食玉米生产农药使用应按照NY/T 393的规定，优先从NY/T 393表A.1中选用农药。在NY/T 393表A.1所列农药不能满足有害生物防治需要时，还可适量使用NY/T 393 A.2所列的农药。

6.3.2 农药使用规范

6.3.2.1 应在主要防治对象的防治适期,根据有害生物的发生特点和农药特性,选择适当的施药方式。

6.3.2.2 应按照农药产品标签或 GB/T 8321 和 GB 12475 的规定使用农药,控制施药剂量(或浓度)、施药次数和安全间隔期。

6.4 草害防治

一般在播种覆土后,采用人工除草。

7 鲜果采摘

7.1 采摘时间

鲜食玉米鲜果采摘时间,一般掌握在鲜食玉米乳熟期为最佳期,即授粉后 18 天～23 天。最好,采摘当天上市,风味最好,如果隔天上市应冷藏保鲜。

7.2 采摘办法

鲜食玉米鲜果采摘,应带 2 片~3 片苞叶以利保鲜,防失水。

绿色食品 马铃薯生产技术规程

1 范围

本规程规定了绿色食品马铃薯生产所要求的产品质量、产地环境、栽培技术、病虫害防治、采收与贮藏、分级与包装、运输等技术。

本规程适用于上海市崇明区绿色食品马铃薯的生产。

2 规范性引用文件

下列文件对于本文件的应用是必不可少的。凡是注日期的引用文件，仅所注日期的版本适用于本文件。凡是不注日期的引用文件，其最新版本（包括所有的修改单）适用于本文件。

GB/T 8321（所有部分） 农药合理使用准则

GB 12475 农药贮运、销售和使用的防毒规程

NY/T 391 绿色食品 产地环境质量

NY/T 393 绿色食品 农药使用准则

NY/T 394 绿色食品 肥料使用准则

NY/T 1049 绿色食品 薯芋类蔬菜

NY/T 658 绿色食品 包装通用准则

NY/T 1056 绿色食品 储藏运输准则

3 产品质量

马铃薯质量标准应符合 NY/T 1049 的要求。

4 产地环境

生产基地应选择在无污染和生态条件良好的地区。基地选点应远离工矿区和公路铁路干线，避开工业和城市污染源的影响，同时生产基地应具有可持续的生产能力。产地环境应符合绿色食品 产地环境技术条件 NY/T 391 的要求。

5 栽培技术

5.1 地块选择

马铃薯块茎膨大需要疏松肥沃的土壤，因此地块最好选择地势高燥，有灌溉条件，

且排水良好、耕层深厚、疏松的砂壤土。

5.2 种薯的选择

采用脱毒马铃薯种薯，选用具有本品种特性的，表皮光滑、芽眼完好、大小适中的健康种薯作种。

5.3 播种

5.3.1 种薯处理

种薯需切块，切块时保证每块都有芽眼，并做到大小基本一致，单块重 25 g~30 g。如要进行催芽，可将切好的薯块按 1∶1 比例与湿砂或湿土混合均匀，摊成宽 1 m~1.5 m、厚 30 cm，长度视种薯量与场地面积定。上面及四周用湿砂或湿土覆盖 7 cm~8 cm，温度保持在 15℃~18℃，待芽长 2 mm 即将切块在阳光下晾晒，使芽变绿粗壮后播种。

5.3.2 整地开沟

下种前看土地墒情，若墒情不好，可考虑灌沟造墒，造墒期间宜在下种前 7 天~10 天。马铃薯种植一般为双沟定植，开沟时可采用大行 50 cm，小行 40 cm。

5.3.3 播种时间

春马铃薯可采用大棚栽培和露地地膜栽培 2 种方法。大棚栽培的播种期为 11 月下旬至 12 月上旬，露地地膜栽培的播种期为 1 月下旬至 2 月上旬。

5.3.4 播种

每亩播种量为 150 kg~200 kg，条播，株距 25 cm~30 cm，种植国内品种时，株行距适当密些。播后覆土并盖地膜。

5.4 肥料使用准则

5.4.1 肥料使用原则

5.4.1.1 持续发展原则

绿色食品马铃薯生产中所使用的肥料应对环境无不良影响，有利于保护生态环境，保持或提高土壤肥力及土壤生物活性。

5.4.1.2 安全优质原则

绿色食品马铃薯生产中应使用安全、优质的肥料产品，生产安全、优质的绿色食品。肥料的使用应对作物（营养、味道、品质和植物抗性）不产生不良后果。

5.4.1.3 化肥减控原则

在保障植物营养有效供给的基础上减少化肥用量，兼顾元素之间的比例平衡，无机氮素用量不得高于当季作物需求量的一半。

5.4.1.4 有机为主原则

绿色食品马铃薯生产过程中肥料种类的选取应以农家肥料、有机肥料、微生物肥料为主，化学肥料为辅。

5.4.2 生产用肥料使用规定

5.4.2.1 绿色食品马铃薯生产过程中肥料使用应选用 NY/T 394 所列肥料种类。

5.4.2.2 农家肥料的使用按 NY/T 394 规定执行。耕作制度允许情况下，宜利用秸秆和绿肥，按照约 25∶1 的比例补充化学氮素。厩肥、堆肥、沤肥、沼肥、饼肥等农家肥料应完全腐熟。

5.4.2.3 有机肥料的使用按 NY/T 394 规定执行，主要以基肥施入，用量视地力和目标产量而定，可配施农家肥料、微生物肥料、有机-无机复混肥料、无机肥料。

5.4.2.4 微生物肥料的使用按 NY/T 394 规定执行。可与农家肥料、有机肥料、微生物肥料配合施用，用于拌种、基肥或追肥。

5.4.2.5 有机-无机复混肥料、无机肥料在绿色食品马铃薯生产中作为辅助肥料使用，用来补充农家肥料、有机肥料、微生物肥料所含养分的不足。减控化肥用量，其中无机氮素用量按当地同种作物习惯施肥用量减半使用。

5.4.2.6 根据土壤障碍因素，可选用土壤调理剂改良土壤。

5.5 合理施肥

马铃薯在生长期中形成大量的茎叶和块茎，因此，需要的营养物质较多。肥料三要素中，以钾的需要量最多，氮次之，磷最少，一般施用商品有机肥 1 000 kg/亩，马铃薯对钾需要量大，科学合理的氮、磷、钾投肥比例是 1.85∶1∶2.1。马铃薯喜欢吸收铵态氮，对硫的吸收比较多。底肥应结合作畦或挖穴施于 10 cm 以下的土层中，以利于植株吸收和疏松结薯层，使出苗迅速而整齐，促苗健壮生长。

5.6 合理密植

从群体和个体协调发展考虑，马铃薯在一般栽培水平下，种 6 000 株/亩左右，每株留 2 茎~3 茎较为适宜。

5.7 田间管理

5.7.1 查苗补苗

马铃薯出齐后，要及时进行查苗，有缺苗的及时补苗，以保证全苗。补苗的方法是：播种时将多余的薯块密植于田间地头，用来补苗。补苗时，缺穴中如有病烂薯，要先将病薯和其周围土挖掉再补苗。土壤干旱时，应挖穴浇水且结合施用少量肥料后栽苗，以减少缓苗时间，尽快恢复生长。如果没有备用苗，可从田间出苗的垄行间，选取多苗的穴，自其母薯块基部掰下多余的苗，进行移植补苗。

5.7.2 中耕培土

中耕松土，使结薯层土壤疏松通气，利于根系生长、匍匐茎伸长和块茎膨大。出苗前如土面板结，应进行松土，以利出苗。齐苗后及时进行第一次中耕，深度 8 cm~10 cm，并结合除草，第一次中耕后 10 天~15 天，进行第二次中耕，宜稍浅。现蕾时，进行第三次中耕，比第二次中耕更浅。并结合培土，培土厚度不超过 10 cm，以增厚结薯层，避免薯块外露，降低品质。

5.7.3 追肥

马铃薯从播种到出苗时间较长，出苗后，视苗情追施芽苗肥，以含氮素叶面肥为主，以促进幼苗迅速生长。现蕾期结合培土追施 1 次结薯肥，每亩追施商品有机肥

500 kg 或喷施含钾类叶面肥。开花以后，一般不再施肥，若后期表现脱肥早衰现象，可用磷钾或结合微量元素进行叶面喷施。

5.7.4 适时适量浇水

5.7.4.1 幼苗期需水较少，只要土壤墒情好，不浇水或少浇水，保持土壤疏松，利于根系发育。

5.7.4.2 花期是薯块膨大盛期，土壤应达到最大持水量的70%~80%，降雨少时，要及时灌溉，不要大水漫灌过垄顶，保持土壤的通透性。如用喷灌更好，可减少土壤板结。

5.7.4.3 收获前7天要停止浇水，促使块茎薯皮木栓化，收获时减少块茎损伤。

6 病虫害防治

6.1 主要病虫害

主要病害：疫病。

主要虫害：地下害虫。

6.1.1 有害生物防治原则

绿色食品马铃薯生产中有害生物的防治应遵循以下原则。

6.1.1.1 以保持和优化农业生态系统为基础

建立有利于各类天敌繁衍和不利于病虫草害孳生的环境条件，提高生物多样性，维持农业生态系统的平衡。

6.1.1.2 优先采用农业措施

如抗病虫品种、种子种苗检疫、培育壮苗、加强栽培管理、中耕除草、耕翻晒垡、清洁田园、轮作倒茬等。

6.1.1.3 尽量利用物理和生物措施

使用杀虫灯、防虫网、色彩诱杀害虫，机械捕捉害虫，释放害虫天敌，机械或人工除草等。

6.1.1.4 必要时合理使用低风险农药

如没有足够有效的农业、物理和生物措施，在确保人员、产品和环境安全的前提下按照6.1.2的规定，配合使用低风险的农药。

6.1.2 农药使用准则

6.1.2.1 农药选用

（1）所选用的农药应符合相关的法律法规，并获得国家农药登记许可。

（2）选择对主要防治对象有效的低风险农药品种，提倡兼治和不同作用机理农药交替使用。

（3）药剂型宜选用悬浮剂、微囊悬浮剂、水剂、水乳剂、微乳剂、颗粒剂、水分散粒剂和可溶性粒剂等环境友好型剂型。

（4）绿色食品马铃薯生产农药使用应按照 NY/T 393 的规定，优先从 NY/T 393 表

A.1 中选用农药。在 NY/T 393 表 A.1 所列农药不能满足有害生物防治需要时，还可适量使用 NY/T 393 A.2 所列的农药。

6.1.2.2 农药使用规范

（1）应在主要防治对象的防治适期，根据有害生物的发生特点和农药特性，选择适当的施药方式。

（2）应按照农药产品标签或 GB/T 8321 和 GB 12475 的规定使用农药，控制施药剂量（或浓度）、施药次数和安全间隔期。

7 采收与贮藏

7.1 采收

在生理成熟时开始收获。大棚马铃薯一般在4月中旬即可采收上市，比露地栽培早1个月，采收应选择晴天进行。

7.2 贮藏

7.2.1 预贮

新收获的块茎，要放在通风较好、温度15℃~20℃的库房中，经过10天~15天的预贮，块茎表皮木栓化，损伤的伤口愈合，呼吸强度转为微弱，才可贮藏。商品薯应避光预贮，以免薯皮变绿，影响品质。

7.2.2 贮藏

马铃薯贮藏前要严格挑选，去除病、烂、受伤、有麻斑和受潮的不良块茎。

7.2.2.1 贮藏数量

块茎的堆积高度不能超过贮藏库高度的2/3，亦即贮藏库的可利用容积占60%~65%。

7.2.2.2 贮藏温度与湿度

贮藏温度3℃~5℃，养分损耗最少；温度高时，块茎易出芽；温度低时，块茎易发生冻害。相对湿度要求85%~90%；湿度过大，增加块茎腐烂率；湿度过小，增加块茎失水损耗。

8 分级与包装

马铃薯一般以纸箱作包装。

9 运输

运输工具应清洁、干燥、无异味；运输过程中严禁与有毒有害物质放在一起；装卸、搬运时要轻拿轻放，严禁乱丢乱掷；运输途中严禁日晒雨淋。不能长时间封闭运输，注意通风，以免造成二氧化碳中毒而黑心腐烂。

绿色食品 山药生产技术规程

1 范围

本规程规定了绿色食品山药生产所要求的产品质量、产地环境、栽培技术、病虫害防治、采收、包装标志、运输与贮藏等技术。

本规程适用于上海市崇明区绿色食品山药的生产。

2 规范性引用文件

下列文件对于本文件的应用是必不可少的。凡是注日期的引用文件，仅所注日期的版本适用于本文件。凡是不注日期的引用文件，其最新版本（包括所有的修改单）适用于本文件。

GB/T 8321（所有部分） 农药合理使用准则

GB 12475 农药贮运、销售和使用的防毒规程

NY/T 391 绿色食品 产地环境质量

NY/T 393 绿色食品 农药使用准则

NY/T 394 绿色食品 肥料使用准则

NY/T 1049 绿色食品 薯芋类蔬菜

NY/T 658 绿色食品 包装通用准则

NY/T 1056 绿色食品 储藏运输准则

3 产品质量

山药质量标准应符合 NY/T 1049 的要求。

4 产地环境

生产基地应选择在无污染和生态条件良好的地区。基地选点应远离工矿区和公路铁路干线，避开工业和城市污染源的影响，同时生产基地应具有可持续的生产能力。产地环境应符合 NY/T 391 的要求。

5 栽培技术

5.1 整地施肥

冬前深耕 20 cm~25 cm，冰冻日晒，杀灭病菌虫卵，熟化土壤，初春每亩施有机肥

2 000 kg，旋耕细碎土块，土肥混合后分畦整平土地，畦宽 4 m~5 m，畦沟深浅间隔，深沟宽 25 cm，深 50 cm~60 cm，浅沟宽 30 cm~35 cm，深 30 cm，深沟降低地下水，浅沟排干地面水，便于培管操作。腰沟、围沟、出水沟配套。

根据种植密度的行距挖好生长沟，一般宽 20 cm，深 50 cm~60 cm，机耕开沟的即时还土，人工开挖的不打乱土层，下层土仍填回下部，并注意捣碎，用脚稍踩实。

5.2 种薯准备

栽培山药一般用山药苗头作播种材料。山药苗头是山药块茎与蔓联结点以下 18 cm~20 cm 长的一段，重 50 g~60 g，要求粗壮，无机械损伤、病虫危害，隐芽完好。在冬前采挖山药时用刀切下，用生石灰粉拌 250 g/L 嘧菌酯悬浮剂蘸切口处（1 kg 生石灰粉加 250 g/L 嘧菌酯悬浮剂），晾 3 天~4 天后，堆藏在通风阴凉处备用，室温降至 2℃ 以下时，必须覆盖保温材料。在扩大山药栽培面积时，也可用山药段子作种，作种段子直径 3 cm~4 cm，长 10 cm 左右，重 60 g~80 g，在靠近山药苗头的部分截取，山药段子不能带病有虫，不能有损伤，切口消毒和贮藏方法与苗头相同。

高产栽培要求每年按大田面积的 1/10，留好种子田，按行距 30 cm，株距 10 cm 播 1 粒零余子（繁种零余子标准：粒大无病虫斑、椭圆形、深褐色），当年挖得山药块茎作翌年大田播种材料，隔 2 年更新种子。

5.3 播种

播种期的确定以出土幼苗能生长在无霜期为宜，根据本县气候，山药的播种期在 3 月中旬至 4 月上旬。播种时顺山药生长沟在中间开播种沟。作地爬栽培的短蔓山药品种行距 65 cm~70 cm，搭架栽培的山药行距 45 cm。株距都在 18 cm~20 cm。播种沟内一般不施肥。然后顺沟播下种子，苗端或段子上部应统一朝向，播后盖土 6 cm~8 cm，做出高于地面 5 cm~6 cm 的垄，播种结束后及时距定植行 15 cm 左右处开沟埋肥，每亩施三元复合肥（N：P：K=15：15：15）70 kg。

播种时要把山药苗头和山药段子分开播种，段子出苗期比苗头晚 7 天~10 天，为争早苗和齐苗期一致有利培管，段子应提前 10 天用地膜小环棚催芽或提早 1 周播种，如果在同时播种的则应覆盖地膜保温保湿以利加快出苗。

播种时山药苗头或段子应按大小分级，大的宜稀植，小的宜密植，并视土壤肥力，肥沃田块宜稀植，瘠薄田块宜密植。

5.4 田间管理

5.4.1 疏苗

山药出苗后发现有多茎植株，每株选留壮苗 1 个，及时拔除多余的茎蔓。

5.4.2 立架

长蔓山药应作立架栽培，蔓长 20 cm~30 cm 时应及时搭架，架高 120 cm~150 cm，每株山药旁插 1 根竹竿，2 行相对的 6 根~8 根在顶端扎 1 捆，然后拉横杆绑紧连成一体。

作地爬栽培的短蔓山药，也可在每株山药茎蔓旁插 1 根 40 cm～50 cm 的竹竿，让茎蔓缠绕其上，以利叶片通风透光。

5.4.3 肥料使用准则

5.4.3.1 肥料使用原则

（1）持续发展原则。绿色食品山药生产中所使用的肥料应对环境无不良影响，有利于保护生态环境，保持或提高土壤肥力及土壤生物活性。

（2）安全优质原则。绿色食品山药生产中应使用安全、优质的肥料产品，生产安全、优质的绿色食品。肥料的使用应对作物（营养、味道、品质和植物抗性）不产生不良后果。

（3）化肥减控原则。在保障植物营养有效供给的基础上减少化肥用量，兼顾元素之间的比例平衡，无机氮素用量不得高于当季作物需求量的一半。

（4）有机为主原则。绿色食品山药生产过程中肥料种类的选取应以农家肥料、有机肥料、微生物肥料为主，化学肥料为辅。

5.4.3.2 生产用肥料使用规定

（1）绿色食品山药生产过程中肥料使用应选用 NY/T 394 所列肥料种类。

（2）农家肥料的使用按 NY/T 394 规定执行。耕作制度允许情况下，宜利用秸秆和绿肥，按照约 25∶1 的比例补充化学氮素。厩肥、堆肥、沤肥、沼肥、饼肥等农家肥料应完全腐熟。

（3）有机肥料的使用按 NY/T 394 规定执行，主要以基肥施入，用量视地力和目标产量而定，可配施农家肥料、微生物肥料、有机-无机复混肥料、无机肥料。

（4）微生物肥料的使用按 NY/T 394 规定执行。可与农家肥料、有机肥料、微生物肥料配合施用，用于拌种、基肥或追肥。

（5）有机-无机复混肥料、无机肥料在绿色食品山药生产中作为辅助肥料使用，用来补充农家肥料、有机肥料、微生物肥料所含养分的不足。减控化肥用量，其中无机氮素用量按当地同种作物习惯施肥用量减半使用。

（6）根据土壤障碍因素，可选用土壤调理剂改良土壤。

5.4.4 追肥

在出苗 30 天～40 天时每亩追施尿素 10 kg，雨前撒施或兑水泼浇。小暑大暑追肥 2 次，每亩施尿素 10 kg、硫酸钾 8 kg。

5.4.5 水分管理

本区春夏季节雨量比较充沛，山药又是耐旱作物一般不浇水。遇暴雨要排干地面水，降低地下水位，但在 7 月—8 月伏旱期间，结合追肥适当浇水抗旱。方法上禁止漫灌、沟灌，提倡使用滴管或微喷。

5.4.6 除草

为保护地面表层土内的山药根系，出苗后不宜松土，除草用手工拔除。

6 病虫害防治

6.1 主要病虫害

山药的病害主要有炭疽病、叶斑病、根茎腐病；虫害主要有斜纹夜蛾、蛴螬等。

6.2 有害生物防治原则

绿色食品山药生产中有害生物的防治应遵循以下原则。

6.2.1 以保持和优化农业生态系统为基础

建立有利于各类天敌繁衍和不利于病虫草害孳生的环境条件，提高生物多样性，维持农业生态系统的平衡。

6.2.2 优先采用农业措施

如抗病虫品种、种子种苗检疫、培育壮苗、加强栽培管理、中耕除草、耕翻晒垡、清洁田园、轮作倒茬等。

6.2.3 尽量利用物理和生物措施

如用灯光、色彩诱杀害虫，机械捕捉害虫，释放害虫天敌，机械或人工除草等。

6.2.4 必要时合理使用低风险农药

如没有足够有效的农业、物理和生物措施，在确保人员、产品和环境安全的前提下按照6.3的规定，配合使用低风险的农药。

6.3 农药使用准则

6.3.1 农药选用

6.3.1.1 所选用的农药应符合相关的法律法规，并获得国家农药登记许可。

6.3.1.2 应选择对主要防治对象有效的低风险农药品种，提倡兼治和不同作用机理农药交替使用。

6.3.1.3 农药剂型宜选用悬浮剂、微囊悬浮剂、水剂、水乳剂、微乳剂、颗粒剂、水分散粒剂和可溶性粒剂等环境友好型剂型。

6.3.1.4 绿色食品山药生产农药使用应按照 NY/T 393 的规定，优先从 NY/T 393 表 A.1 中选用农药。在 NY/T 393 表 A.1 所列农药不能满足有害生物防治需要时，还可适量使用 NY/T 393 A.2 所列的农药。

6.3.2 农药使用规范

6.3.2.1 应在主要防治对象的防治适期，根据有害生物的发生特点和农药特性，选择适当的施药方式。

6.3.2.2 应按照农药产品标签或 GB/T 8321 和 GB 12475 的规定使用农药，控制施药剂量（或浓度）、施药次数和安全间隔期。

7 采收

进入9月，视市场行情可陆续采收，但因干物质尚在积累之中，产量较低，且皮薄水分多，收获时应避免表皮损伤，影响商品性。在10月下旬地上部茎叶枯死时应及时采收，为均衡供应市场，使山药在土壤中越冬贮存，等翌年初春再采收上市。

8 包装标志

挖出的山药要经过整理，切除山药苗头，剥去泥土，根据长短粗细分等分级，容器整洁、干燥、牢固、美观、无污染、无异味，包装上标明品名规格、等级、毛重、净含量、产地、电话、包装日期，包装标志应符合绿色食品包装通用准则 NY/T 658 的要求。

9 运输与贮藏

9.1 运输与贮藏应符合 NY/T 1056 的要求。

9.2 运输器具清洁、无污染，运输时防雨、防晒，尽量减小震动，纸箱包装垒高不超过 3 层，室内贮藏注意通风散热，空气相对湿度 70%~85%，适宜温度 6℃~20℃，室内堆放高度 50 cm 以内，空气均匀畅通，在适宜温度范围内，随温度的降低而贮藏期延长，一般在 7 天~30 天内（10 月 1 日之前采挖，干物质尚未充实的块茎贮藏期仅 3 天~5 天）。

绿色食品 芋艿生产技术规程

1 范围

本规程规定了绿色食品芋艿生产所要求的产品质量、产地选择、栽培技术、病虫害防治、采收和留种、运输与贮藏等技术。

本规程适用于上海市崇明区绿色食品芋艿的生产。

2 规范性引用文件

下列文件对于本文件的应用是必不可少的。凡是注日期的引用文件，仅所注日期的版本适用于本文件。凡是不注日期的引用文件，其最新版本（包括所有的修改单）适用于本文件。

GB/T 8321（所有部分） 农药合理使用准则

GB 12475 农药贮运、销售和使用的防毒规程

NY/T 391 绿色食品 产地环境质量

NY/T 393 绿色食品 农药使用准则

NY/T 394 绿色食品 肥料使用准则

NY/T 745 绿色食品 薯芋类蔬菜

NY/T 1056 绿色食品 储藏运输准则

3 产品质量

芋艿质量标准应符合 NY/T 745 的要求。

4 产地环境

生产基地应选择在无污染和生态条件良好的地区。基地选点远离工矿区和公路干线，避开工业和城市污染的影响，同时生产基地应具有可持续的生产能力。环境应符合 NY/T 391 的要求。

5 栽培技术

5.1 土地选择

芋艿适宜生长于旱地，但仍保持沼泽植物的生态型，宜栽植于土壤肥沃、保水排灌

方便的黏质壤土。其根系分布较深，要求耕作层深厚土壤疏松透气。芋艿可与水稻轮作（1年1次）。

5.2 种芋选择

种芋应选用具有本品种特性，顶芽充实、完整、大小一致并着生在母芋中部的老熟子芋作为种芋。

5.3 播种和栽植

5.3.1 催芽

种芋一般在13℃~15℃以上才能发芽，为延长其生长期，同时兼顾出苗后不受霜冻，可在3月上中旬晒种2天~3天，促进发芽。剔除干枯的叶鞘，以便于与土壤接触，吸收水分，促进发芽。再将顶芽以外的侧芽摘除，防止播种后侧芽萌发。

5.3.2 播种

采用开沟播种，沟深10 cm~15 cm，沟内施好基肥。播种在栽前20天~30天进行，苗床应选择在向阳背风排水良好的露地上覆地膜及小环棚。在苗床上铺土，以能插稳种芽为度，再用细土覆盖种芽，芋根再生能力弱，苗床底土应压实，使初生根不易长入底土，移栽时不伤根，易于成活，等芽长到3 cm~5 cm时，揭开地膜，芽长到12 cm~15 cm时及时移栽。

5.3.3 栽植密度

为了便于培土及管理，栽植方式宜用宽行窄株距，行距60 cm~75 cm，株距35 cm~40 cm，每亩栽2 500株~5 500株。

5.4 施肥技术

5.4.1 肥料使用准则

5.4.1.1 肥料使用原则

（1）持续发展原则。绿色食品芋艿生产中所使用的肥料应对环境无不良影响，有利于保护生态环境，保持或提高土壤肥力及土壤生物活性。

（2）安全优质原则。绿色食品芋艿生产中应使用安全、优质的肥料产品，生产安全、优质的绿色食品。肥料的使用应对作物（营养、味道、品质和植物抗性）不产生不良后果。

（3）化肥减控原则。在保障植物营养有效供给的基础上减少化肥用量，兼顾元素之间的比例平衡，无机氮素用量不得高于当季作物需求量的一半。

（4）有机为主原则。绿色食品芋艿生产过程中肥料种类的选取应以农家肥料、有机肥料、微生物肥料为主，化学肥料为辅。

5.4.1.2 生产用肥料使用规定

（1）绿色食品芋艿生产过程中肥料使用应选用NY/T 394所列肥料种类。

（2）农家肥料的使用按NY/T 394规定执行。耕作制度允许情况下，宜利用秸秆和绿肥，按照约25∶1的比例补充化学氮素。厩肥、堆肥、沤肥、沼肥、饼肥等农家肥料应完全腐熟。

(3) 有机肥料的使用按 NY/T 394 规定执行，主要以基肥施入，用量视地力和目标产量而定，可配施农家肥料、微生物肥料、有机-无机复混肥料、无机肥料。

(4) 微生物肥料的使用按 NY/T 394 规定执行。可与农家肥料、有机肥料、微生物肥料配合施用，用于拌种、基肥或追肥。

(5) 有机-无机复混肥料、无机肥料在绿色食品芋艿生产中作为辅助肥料使用，用来补充农家肥料、有机肥料、微生物肥料所含养分的不足。减控化肥用量，其中无机氮素用量按当地同种作物习惯施肥用量减半使用。

(6) 根据土壤障碍因素，可选用土壤调理剂改良土壤。

5.4.2 基肥

基肥可用腐熟厩肥、草木灰等富含有机质的农家肥为主，每亩施 2 000 kg，有利于根系及球茎的生长；增施富含磷、钾的肥料，对增加球茎中淀粉含量和香气有很好的效果，基肥穴施或沟施。

5.4.3 追肥

芋艿生长期长，需要肥料较多，耐肥力也强，要多次追肥。苗期生长慢，需肥不多，施肥宜淡，浅中耕 1 次，将种植穴填平。以后每隔 20 天左右，结合中耕除草培土，施肥 1 次，至地上部旺盛生长时，可以施复合微生物肥，并适当增施钾肥，促进淀粉的积累，追肥次数一般 2 次~3 次。芋艿生长后期，必须停止肥水，否则易促发新芽，不能及时积累养分，反而延迟成熟，使产量减低。

5.5 灌水

芋在整个生育期中忌干燥，遇到干旱即停止生长，严重时地上部枯萎，甚至枯死，前期气温不高，生长量少，以能保持土壤湿润即可，在生长盛期及球茎形成期需充足水分，此时遇到干旱应早晚勤灌溉，灌溉水量以距畦面 6 cm~10 cm 为止，至沟中水快干时再灌，保持土壤湿润。培土可促进发生不定根，提高抗旱能力，抑制顶芽生长。在较低温度和湿度的环境中，培土有利于球茎的生育肥大。一般要求在 6 月地上迅速生长，芋头迅速膨大，子芋、孙芋开始形成时开始培土，一般培 2 次~3 次，最后一次重施肥下后，培土成垄。

5.6 轮作制度

芋艿种植区与水稻轮作（1 年 1 次）。轮作整地要求深耕、细耙，清除前作残留物和杂草，并注意开沟排水，并施足底肥。所有肥料、农药等投入品，严格按照绿色食品相关标准执行。

6 病虫害防治

6.1 主要病虫害

芋艿的病害主要是软腐病和疫病等。虫害主要是斜纹夜蛾。

6.2 防治方法

6.3 农业防治

实行水旱轮作。

选用无病球茎作种芋。

加强田间管理，合理施肥，增施磷钾肥，施用腐熟有机肥，株行间通风透光良好，收获后彻底清除留在地上的病残体。

6.4 有害生物防治原则

绿色食品芋艿生产中有害生物的防治应遵循以下原则。

6.4.1 以保持和优化农业生态系统为基础

建立有利于各类天敌繁衍和不利于病虫草害孳生的环境条件，提高生物多样性，维持农业生态系统的平衡。

6.4.2 优先采用农业措施

如抗病虫品种、种子种苗检疫、培育壮苗、加强栽培管理、中耕除草、耕翻晒垡、清洁田园、轮作倒茬等。

6.4.3 尽量利用物理和生物措施

如用灯光、色彩诱杀害虫，机械捕捉害虫，释放害虫天敌，机械或人工除草等。

6.4.4 必要时合理使用低风险农药

如没有足够有效的农业、物理和生物措施，在确保人员、产品和环境安全的前提下按照6.5的规定，配合使用低风险的农药。

6.5 农药使用准则

6.5.1 农药选用

6.5.1.1 所选用的农药应符合相关的法律法规，并获得国家农药登记许可。

6.5.1.2 应选择对主要防治对象有效的低风险农药品种，提倡兼治和不同作用机理农药交替使用。

6.5.1.3 农药剂型宜选用悬浮剂、微囊悬浮剂、水剂、水乳剂、微乳剂、颗粒剂、水分散粒剂和可溶性粒剂等环境友好型剂型。

6.5.1.4 绿色食品芋艿生产农药使用应按照NY/T 393的规定。

6.5.2 农药使用规范

6.5.2.1 应在主要防治对象的防治适期，根据有害生物的发生特点和农药特性，选择适当的施药方式。

6.5.2.2 应按照农药产品标签或GB/T 8321和GB 12475的规定使用农药，控制施药剂量（或浓度）、施药次数和安全间隔期。

7 采收和留种

7.1 采收

收获期10月—12月。芋叶变黄，根系枯萎是芋成熟的标志，适时采收，淀粉含量高，食味好，产量高。也可成熟后留在土中，上覆 5 cm~8 cm 细土，随时收获，延长供应。

采收时将芋艿地下茎整株挖起，将子芋、孙芋从母芋上摘下，除去多余的须根、残叶，剔除腐烂、变质子、孙芋，晾晒 1 天~2 天后即可上市。

7.2 留种

留种的种芋待充分成熟后采收。采收前 1 周，在叶柄基部 6 cm~10 cm 处割去地上部，伤口干燥愈合后，上覆 5 cm~8 cm 细土，采收后晾干种芋表面水分，除去残叶和须根，剔除腐烂、变质子芋，然后贮藏。

8 运输和贮藏

8.1 运输与贮藏

应符合 NY/T 1056 的要求。

8.2 运输

运输工具应清洁、干燥、无异味；运输过程中严禁与有毒有害物质放在一起；装卸、搬运时要轻拿轻放，严禁乱丢乱掷；运输途中严禁日晒雨淋。

8.3 贮藏

将采收的子芋晾干表面水分。选择地势较高的地方，根据种芋的多少，挖 1 个地窖，洞深不低于地下水位，将子芋放入地窖内盖上洁净稻草，上覆泥土使地窖隆起。

绿色食品 紫甘薯生产技术规程

1 范围

本规程规定了绿色食品紫甘薯生产所要求的产品质量、产地环境、栽培技术、病虫害防治、采收、运输和贮存等技术。

本规程适用于上海市崇明区绿色食品紫甘薯的生产。

2 规范性引用文件

下列文件中所包含的条款通过本标准中引用而成为本标准条款。凡是不注日期的引用文件，其最新版本适用于本标准。本标准出版时，所示版本均为有效。

GB/T 8321（所有部分） 农药合理使用准则

GB 12475 农药贮运、销售和使用的防毒规程

NY/T 391 绿色食品 产地环境质量

NY/T 393 绿色食品 农药使用准则

NY/T 394 绿色食品 肥料使用准则

NY/T 1049 绿色食品 薯芋类蔬菜

NY/T 1056 绿色食品 储藏运输准则

3 产品质量

紫甘薯质量标准应符合 NY/T 1049 的要求。

4 产地环境

4.1 种植基地的选择必须符合 NY/T 391 的规定。

4.2 种植基地必须远离有"三废"污染的工厂、医院和生活区。

4.3 不得用曾堆埋过垃圾、工业或医院废料、废渣等受污染的以及被确定为受"三废"污染的地块作种植基地。

4.4 灌溉用水应符合 NY/T 391 标准中农业灌溉水的有关规定。

5 栽培技术

5.1 土地选择

紫甘薯多数属中晚熟品种，薯块快速膨大和产量形成较晚。栽种的地块不但要求土

壤肥力较高，土壤质地应是砂壤土，土地的平整度及排灌条件要好。紫甘薯的适应性较好，但在有线虫和黑斑病发生史的重茬地，可能会发生病害，造成减产，要注意土壤的消毒和杀虫处理。

5.2 品种选择

根据当地土壤条件和种植目的选用品种。

5.3 栽培技术

5.3.1 整地

紫甘薯以起垄盖膜、平作种植为好。春薯垄距 75 cm~80 cm，夏薯 70 cm~75 cm，垄顶宽 15 cm~20 cm，垄高 25 cm，用可回收的黑色或透明聚乙烯膜全垄覆盖。

起垄前每亩施商品有机肥 1 000 kg、45%三元复合肥 50 kg、0.2%辛硫磷药液拌匀的毒谷 5 kg 撒施，耕翻土壤施入地下。

5.3.2 种薯准备

购入或自育的甘薯秧苗栽前适当分级，表现一致的集中种植，以保证田间生长整齐均衡。健壮紫甘薯秧苗，栽前还要剪掉已经发生不定根的部分，既可以促使其快速在下部节间集中发生不定根，使结薯整齐集中，又可以降低苗的高度，缩短缓苗期，使其适应生长。

5.3.3 播种

秧苗栽种在垄顶中央部位，用大拇指与食指夹住苗中部，中指向下划破塑料薄膜，同时向下开成直径 5 cm~6 cm、深 4 cm~5 cm 的凹坑，薯秧根部用土压在坑底固定，地上露出 3 片~5 片叶。株距大小由垄距决定，每亩栽苗的总数春薯 3 200 株~3 400 株，夏薯 3 500 株~3 700 株。每苗坑浇 2 次水，总量 500 mL~600 mL，然后将凹坑覆平，并把薄膜的裂口封严压实。

5.4 田间管理

5.4.1 栽后 5 天~7 天检查薯秧成活情况，缺苗部位及时补栽壮苗。

5.4.2 春薯栽后 30 天~40 天甩蔓后封垄前、夏薯栽后 20 天~25 天在垄侧下方开穴追肥，每亩施复合肥 30 kg，结合追肥垄间松土、中耕除草。

5.4.3 肥料使用准则

5.4.3.1 肥料使用原则

（1）持续发展原则。绿色食品紫甘薯生产中所使用的肥料应对环境无不良影响，有利于保护生态环境，保持或提高土壤肥力及土壤生物活性。

（2）安全优质原则。绿色食品紫甘薯生产中应使用安全、优质的肥料产品，生产安全、优质的绿色食品。肥料的使用应对作物（营养、味道、品质和植物抗性）不产生不良后果。

（3）化肥减控原则。在保障植物营养有效供给的基础上减少化肥用量，兼顾元素之间的比例平衡，无机氮素用量不得高于当季作物需求量的一半。

（4）有机为主原则。绿色食品紫甘薯生产过程中肥料种类的选取应以农家肥料、有机肥料、微生物肥料为主，化学肥料为辅。

5.4.3.2　生产用肥料使用规定

（1）绿色食品紫甘薯生产过程中肥料使用应选用 NY/T 394 所列肥料种类。

（2）农家肥料的使用按 NY/T 394 规定执行。耕作制度允许情况下，宜利用秸秆和绿肥，按照约 25∶1 的比例补充化学氮素。厩肥、堆肥、沤肥、沼肥、饼肥等农家肥料应完全腐熟。

（3）有机肥料的使用按 NY/T 394 规定执行，主要以基肥施入，用量视地力和目标产量而定，可配施农家肥料、微生物肥料、有机-无机复混肥料、无机肥料。

（4）微生物肥料的使用按 NY/T 394 规定执行。可与农家肥料、有机肥料、微生物肥料配合施用，用于拌种、基肥或追肥。

（5）有机-无机复混肥料、无机肥料在绿色食品紫甘薯生产中作为辅助肥料使用，用来补充农家肥料、有机肥料、微生物肥料所含养分的不足。减控化肥用量，其中无机氮素用量按当地同种作物习惯施肥用量减半使用。

（6）根据土壤障碍因素，可选用土壤调理剂改良土壤。

5.4.4　春薯在 6 月中旬正是封垄期，容易干旱，如果中上部叶片发现萎蔫，应及时浇水抗旱。

5.4.5　浇水的方法是隔行顺沟灌水或喷灌，每亩用水 30 m^3 左右。进入雨季后防止沟内积水，随时排放。

6　病虫害防治

6.1　主要病虫害

主要病害：甘薯病毒病、根腐病、黑斑病等。

主要虫害：斜纹夜蛾、卷叶虫、甘薯天蛾等。

6.2　有害生物防治原则

绿色食品紫甘薯生产中有害生物的防治应遵循以下原则。

6.2.1　以保持和优化农业生态系统为基础

建立有利于各类天敌繁衍和不利于病虫草害孳生的环境条件，提高生物多样性，维持农业生态系统的平衡。

6.2.2　优先采用农业措施

如抗病虫品种、种子种苗检疫、培育壮苗、加强栽培管理、中耕除草、耕翻晒垡、清洁田园、轮作倒茬等。

6.2.3　尽量利用物理和生物措施

如用灯光、色彩诱杀害虫，机械捕捉害虫，释放害虫天敌，机械或人工除草等。

6.2.4　必要时合理使用低风险农药

如没有足够有效的农业、物理和生物措施，在确保人员、产品和环境安全的前提下按照 6.3 的规定，配合使用低风险的农药。

6.3 农药使用准则

6.3.1 农药选用

6.3.1.1 所选用的农药应符合相关的法律法规，并获得国家农药登记许可。

6.3.1.2 应选择对主要防治对象有效的低风险农药品种，提倡兼治和不同作用机理农药交替使用。

6.3.1.3 农药剂型宜选用悬浮剂、微囊悬浮剂、水剂、水乳剂、微乳剂、颗粒剂、水分散粒剂和可溶性粒剂等环境友好型剂型。

6.3.1.4 绿色食品紫甘薯生产农药使用应按照 NY/T 393 的规定，优先从 NY/T 393 表 A.1 中选用农药。在 NY/T 393 表 A.1 所列农药不能满足有害生物防治需要时，还可适量使用 NY/T 393 A.2 所列的农药。

6.3.2 农药使用规范

6.3.2.1 应在主要防治对象的防治适期，根据有害生物的发生特点和农药特性，选择适当的施药方式。

6.3.2.2 应按照农药产品标签或 GB/T 8321 和 GB 12475 的规定使用农药，控制施药剂量（或浓度）、施药次数和安全间隔期。

7 采收

为了争取更高的产量，紫甘薯（除去抢先上市的以外）应尽量晚收，时间推迟到国庆节前后地温在 13℃~15℃时收获。

8 运输和贮藏

运输与贮藏应符合 NY/T 1056 的要求。

紫甘薯运输过程中，运输工具必须保持清洁、干燥、无毒无害，并有防雨设施，不得与有毒有害、有腐蚀性、易发霉、发潮的货物混运，严防运输污染。

紫甘薯贮存环境要求温度、空气湿度较低，无直射光且有良好的通风条件，并不得与其他有毒有害物质物混杂。贮存适宜温度为 6℃~20℃，贮存适宜湿度为 70%~80%。

绿色食品　芦笋生产技术规程

1　范围

本规程规定了绿色食品芦笋生产所要求的产品质量、产地环境、栽培技术、病虫害防治、采收、包装、运输与贮藏等技术。

本规程适用于上海市崇明区绿色食品芦笋的生产。

2　规范性引用文件

下列文件对于本文件的应用是必不可少的。凡是注日期的引用文件，仅所注日期的版本适用于本文件。凡是不注日期的引用文件，其最新版本（包括所有的修改单）适用于本文件。

GB/T 8321（所有部分）　农药合理使用准则
GB 12475　农药贮运、销售和使用的防毒规程
NY/T 391　绿色食品　产地环境质量
NY/T 393　绿色食品　农药使用准则
NY/T 394　绿色食品　肥料使用准则
NY/T 1326　绿色食品　多年生蔬菜
NY/T 658　绿色食品　包装通用准则
NY/T 1056　绿色食品　储藏运输准则

3　产品质量

芦笋质量标准应符合 NY/T 1326 的要求。

4　产地环境

生产基地应选择在无污染和生态条件良好的地区。基地选点应远离工矿区和公路铁路干线，避开工业和城市污染源的影响，同时生产基地应具有可持续的生产能力。产地环境应符合 NY/T 391 的要求。

5　栽培技术

5.1　播种育苗

5.1.1　播种

芦笋分春、夏、秋3个时期播种。

(1) 春季为3月下旬至4月中旬播种，5月上旬至7月上旬定植，翌年春季采笋。

(2) 夏季为5月中旬至7月中旬播种，于秋季定植。

(3) 秋季为8月上旬至9月中旬播种，翌年春季定植，秋季少量采笋。

5.1.2 浸种催芽

将芦笋种子在60℃温水中浸泡15分钟~20分钟后捞出，用清水反复搓洗，去除种子表面的蜡质，后在常温下用清水浸泡72小时（夏、秋48小时），每天早晚换水1次，浸泡后沥干，用多层湿纱布包裹，在30℃条件下恒温、保湿催芽，待部分种子露白后，即可播种。

5.1.3 育苗

选砂质壤土作苗床或营养土，每亩用腐熟有机肥2 500 kg、45%三元复合肥（N：P：K=15：15：15）50 kg、磷肥25 kg，拌匀后撒施于床面，耕翻入土。春季采用小环棚薄膜覆盖营养钵（方格）育苗，营养钵（方格）为8 cm×8 cm，每钵（每格）播1粒种子，播后即盖上1 cm~1.5 cm细土。夏季、秋季可采取条播方式，苗地准备畦宽150 cm，高15 cm~20 cm，在床面与畦垂直方向每隔20 cm开1条播种沟，沟深2 cm~3 cm，在沟内浇足底水后每隔8 cm播种1粒种子，播后盖上0.5 cm~1 cm松土，播完后畦面覆盖1层薄稻草（小环棚育苗可用地膜平覆畦面）。春季用小环棚保温，夏秋搭遮阴棚降温。

5.2 苗期管理

5.2.1 肥料使用准则

5.2.1.1 肥料使用原则

(1) 持续发展原则。绿色食品芦笋生产中所使用的肥料应对环境无不良影响，有利于保护生态环境，保持或提高土壤肥力及土壤生物活性。

(2) 安全优质原则。绿色食品芦笋生产中应使用安全、优质的肥料产品，生产安全、优质的绿色食品。肥料的使用应对作物（营养、味道、品质和植物抗性）不产生不良后果。

(3) 化肥减控原则。在保障植物营养有效供给的基础上减少化肥用量，兼顾元素之间的比例平衡，无机氮素用量不得高于当季作物需求量的一半。

(4) 有机为主原则。绿色食品芦笋生产过程中肥料种类的选取应以农家肥料、有机肥料、微生物肥料为主，化学肥料为辅。

5.2.1.2 生产用肥料使用规定

(1) 绿色食品芦笋生产过程中肥料使用应选用NY/T 394所列肥料种类。

(2) 农家肥料的使用按NY/T 394规定执行。耕作制度允许情况下，宜利用秸秆和绿肥，按照约25：1的比例补充化学氮素。厩肥、堆肥、沤肥、沼肥、饼肥等农家肥料应完全腐熟。

(3) 有机肥料的使用按NY/T 394规定执行，主要以基肥施入，用量视地力和目标产量而定，可配施农家肥料、微生物肥料、有机-无机复混肥料、无机肥料。

(4) 微生物肥料的使用按NY/T 394规定执行。可与农家肥料、有机肥料、微生物肥料配合施用，用于拌种、基肥或追肥。

(5) 有机-无机复混肥料、无机肥料在绿色食品芦笋生产中作为辅助肥料使用,用来补充农家肥料、有机肥料、微生物肥料所含养分的不足。减控化肥用量,其中无机氮素用量按当地同种作物习惯施肥用量减半使用。

(6) 根据土壤障碍因素,可选用土壤调理剂改良土壤。

5.2.2 通风换气

春季小环棚育苗:芦笋出苗率达50%时,要及时通风换气,特别是晴天中午棚温超过30℃时,要揭膜降温,气温稳定在20℃~30℃时,揭去薄膜;夏、秋季播种后在稻草上适当浇水保持床土湿润,50%以上幼苗出土时揭掉稻草或地膜,齐苗后揭去遮阴棚。

5.2.3 及时追肥

当幼苗出现分蘖后要及时清除田间杂草,并追施叶面肥2次~3次。

5.3 整地搭棚移栽

5.3.1 整地

移栽前要深翻、平整土地,开好定植沟,沟距150 cm,沟深30 cm。每亩用腐熟有机肥1 500 kg~2 500 kg、45%三元复合肥(N:P:K=15:15:15)50 kg、磷肥20 kg,辛硫磷颗粒剂4 kg,施于沟中,上盖1层土后再定植。

5.3.2 移栽

按照苗的大小分级定植,行株距为150 cm × 30 cm。未带土移栽的幼苗将肉质根均匀地分散于沟中,上覆2 cm~3 cm细土即可。定植时须注意将地下茎鳞芽群的生长方向与定植沟的方向排成一直线,使鳞芽群的伸展方向基本一致。

5.4 培育管理

5.4.1 定植当年的春季田间管理

5.4.1.1 中耕除草及覆盖

当春季来临,地温逐渐回升,应在移栽成活后对田间进行1次中耕松土,并逐步分次壅土使棵盘上部泥土厚度达到5 cm~8 cm。及时除草,应在雨后或灌水后,都要中耕松土1次,特别是夏季高温季节,根群密布,呼吸作用十分旺盛,更需要氧气,因而更重视中耕松土。

5.4.1.2 施肥

秋季育苗翌年春季移栽的当年生芦笋,一般要求适施秋发肥(三元复合肥)重施冬肥(一般以有机肥1 500 kg/亩~2 500 kg/亩或三元复合肥50 kg/亩),每隔半月施1次采笋肥,施肥总量为尿素100 kg/亩。对于保护地育苗的当年生芦笋施肥,秋发之前要薄肥勤施(施肥总量为尿素25 kg/亩),适施秋发肥(复合肥25 kg/亩),重施冬肥(有机肥1 500 kg/亩~2 500 kg/亩或三元复合肥50 kg/亩)及在采笋期间每隔半月施1次采笋肥(施肥总量为尿素100 kg/亩、复合肥100 kg/亩)。

5.4.1.3 病虫害防治

第一年种植的芦笋病原基数较低,原则上要求在空气湿度大、温度适宜的条件下进行重点防治,遇到连续的阴雨天,则用石灰粉来改变环境条件,达到抑制病害发生,控制病菌的扩展。

5.4.2 2年生以后的春季田间培管

5.4.2.1 在2月初开沟施催芽肥,每亩施尿素25 kg、三元复合肥30 kg。

5.4.2.2 肥水管理

采收期管理:要求在绿芦笋采收期间每隔15天左右追1次肥,每亩每次施肥量为尿素15 kg~20 kg,以保证母茎及嫩茎的正常生长。

留母茎采收管理:具体时间应根据芦笋的田间长势、市场行情、天气情况来决定,以保证市场上绿芦笋供应的均衡性,其留母茎采收技术如下。

(1) 选留母茎:选择均匀分布于棵盘周围3株~5株直径为0.8 cm~1.2 cm嫩茎作为以后的母茎,清除多余的嫩茎。

施催芽肥:留母茎采收可分为母茎生长期及采收期,前期以母茎生长为主,每亩施尿素10 kg~15 kg。

(2) 打桩拉绳固定母茎:当植株长到1.2 m~1.5 m时应及时摘心打顶,并用绳子固定母茎。

(3) 随着母茎的生长成型,嫩茎逐步增多,当母茎开始出现分蘖后,每隔10天~15天追肥1次,施肥量每亩每次尿素15 kg~20 kg及复合肥20 kg~30 kg。

5.4.2.3 植株的调整

及时疏掉衰老株、病株、嫩茎和二次发生倒枝,以利田间的通风透光。

清理的植株应予烧毁或搬离田间,制成堆肥或作牲畜饲料。

5.4.2.4 垄上补土

芦笋随着生长年限的增加,地下茎发生上升现象,在每年春季采收芦笋之前,做好棵盘的培土工作,以保持鳞芽盘离泥面5 cm~8 cm,确保植株的生长发育,延长成年期。

5.4.2.5 清园

每年清园掌握在霜期过后,即12月中下旬,清园包括清除地上部分的枯枝残叶,以及散落在田间的拟叶,并把清除的地上部分枯枝残叶收集起来,予以烧毁或者搬离田间与有机肥混合发酵后作为有机肥用于其他作物。

5.4.2.6 施冬肥

12月下旬冬季清园结束后,应施越冬肥。施肥量:每亩经腐熟发酵后的有机肥1 500 kg~2 000 kg、45%三元复合肥50 kg和尿素15 kg~20 kg。

6 病虫害防治

6.1 有害生物防治原则

绿色食品芦笋生产中有害生物的防治应遵循以下原则。

6.1.1 以保持和优化农业生态系统为基础

建立有利于各类天敌繁衍和不利于病虫草害孳生的环境条件,提高生物多样性,维持农业生态系统的平衡。

6.1.2 优先采用农业措施

如抗病虫品种、种子种苗检疫、培育壮苗、加强栽培管理、中耕除草、耕翻晒垡、

清洁田园、轮作倒茬等。

6.1.3 尽量利用物理和生物措施

如用灯光、色彩诱杀害虫，机械捕捉害虫，释放害虫天敌，机械或人工除草等。

6.1.4 必要时合理使用低风险农药

如没有足够有效的农业、物理和生物措施，在确保人员、产品和环境安全的前提下按照6.2的规定，配合使用低风险的农药。

6.2 农药使用准则

6.2.1 农药选用

6.2.1.1 所选用的农药应符合相关的法律法规，并获得国家农药登记许可。

6.2.1.2 应选择对主要防治对象有效的低风险农药品种，提倡兼治和不同作用机理农药交替使用。

6.2.1.3 农药剂型宜选用悬浮剂、微囊悬浮剂、水剂、水乳剂、微乳剂、颗粒剂、水分散粒剂和可溶性粒剂等环境友好型剂型。

6.2.1.4 绿色食品芦笋生产农药使用应按照NY/T 393的规定。

6.2.2 农药使用规范

6.2.2.1 应在主要防治对象的防治适期，根据有害生物的发生特点和农药特性，选择适当的施药方式。

6.2.2.2 应按照农药产品标签或GB/T 8321和GB 12475的规定使用农药，控制施药剂量（或浓度）、施药次数和安全间隔期。

7 采收、包装、运输与贮藏

7.1 采收

芦笋以笋尖不开散，采收长度根据客户要求确定，外界气温在25℃以下，要求每天早晨或傍晚采收1次，30℃以上每天早、晚各采收1次，并在每次采收时应将所有符合标准的嫩茎全部采收。

7.2 包装

包装材料应符合NY/T 658的要求。

7.3 运输与贮藏

贮藏与运输应符合NY/T 1056的要求。

绿色食品 秋葵生产技术规程

1 范围

本规程规定了绿色食品秋葵生产所要求的产品质量、产地环境、栽培技术、采收等技术。

本规程适用于上海市崇明区绿色食品秋葵的生产。

2 规范性引用文件

下列文件对于本文件的应用是必不可少的。凡是注日期的引用文件，仅所注日期的版本适用于本文件。凡是不注日期的引用文件，其最新版本（包括所有的修改单）适用于本文件。

GB/T 8321（所有部分） 农药合理使用准则

GB 12475 农药贮运、销售和使用的防毒规程

NY/T 391 绿色食品 产地环境质量

NY/T 393 绿色食品 农药使用准则

NY/T 394 绿色食品 肥料使用准则

NY/T 1326 绿色食品 多年生蔬菜

3 产品质量

秋葵质量标准应符合绿色食品 NY/T 1326 的要求。

4 产地环境

生产基地应选择在无污染和生态条件良好的地区。基地选点应远离工矿区和公路铁路干线，避开工业和城市污染源的影响，同时生产基地应具有可持续的生产能力。产地环境应符合 NY/T 391 的要求。

5 栽培技术

5.1 播种与育苗

5.1.1 播种

秋葵适宜在土层深厚，土层疏松肥沃的地块上种植。整地同时施足基肥。育苗一般

于3月底至4月中旬在阳畦或日光温室里播种。苗床土按菜园土：腐熟有机肥：细砂＝6∶3∶1的比例配制，以10 cm×10 cm见方的密度点播。

5.1.2 育苗

因黄秋葵种壳较坚硬，所以播前应先浸种24小时，后放在25℃～30℃下催芽，4天～5天发芽，苗龄30天～40天，即幼苗3叶～4叶时定植。直播一般于4月上旬至5月上中旬播种，按1 m宽做畦，每畦播两行，密度为50 cm×50 cm见方，每穴播2粒～3粒种子。地膜覆盖栽培可早播4天～6天。当苗长出2叶时进行间苗，每穴只留1株壮苗，4叶～5叶时定苗。

5.2 田间管理

5.2.1 水肥管理

秋葵根系发达，吸收能力强。基肥施每亩腐熟有机肥2 000 kg、45%三元复合肥20 kg。秋葵比较耐旱，苗期可少浇水，开花前适当中耕蹲苗，促进根系伸展。干旱时随时浇水，夏季注意保持畦面湿润，一般7天～10天浇1次水。生长后期酌情浇水。雨季水多，温度高，易导致渍水烂根，要及时清沟沥水。黄秋葵以主蔓结果为主，应及时摘除侧枝，减少养分损耗。开始采果后适当摘去基部老叶，以利通风，减少病害。雨季要注意培土，防止植株倒伏。

5.2.2 肥料使用准则

5.2.2.1 肥料使用原则

（1）持续发展原则。绿色食品秋葵生产中所使用的肥料应对环境无不良影响，有利于保护生态环境，保持或提高土壤肥力及土壤生物活性。

（2）安全优质原则。绿色食品秋葵生产中应使用安全、优质的肥料产品，生产安全、优质的绿色食品。肥料的使用应对作物（营养、味道、品质和植物抗性）不产生不良后果。

（3）化肥减控原则。在保障植物营养有效供给的基础上减少化肥用量，兼顾元素之间的比例平衡，无机氮素用量不得高于当季作物需求量的一半。

（4）有机为主原则。绿色食品秋葵生产过程中肥料种类的选取应以农家肥料、有机肥料、微生物肥料为主，化学肥料为辅。

5.2.2.2 生产用肥料使用规定

（1）绿色食品秋葵生产过程中肥料使用应选用NY/T 394所列肥料种类。

（2）农家肥料的使用按NY/T 394规定执行。耕作制度允许情况下，宜利用秸秆和绿肥，按照约25∶1的比例补充化学氮素。厩肥、堆肥、沤肥、沼肥、饼肥等农家肥料应完全腐熟。

（3）主要以基肥施入，用量视地力和目标产量而定，可配施农家肥料、微生物肥料、有机-无机复混肥料、无机肥料。

（4）可与农家肥料、有机肥料、微生物肥料配合施用，用于拌种、基肥或追肥。

（5）有机-无机复混肥料、无机肥料在绿色食品秋葵生产中作为辅助肥料使用，用来补充农家肥料、有机肥料、微生物肥料所含养分的不足。减控化肥用量，其中无机氮素用量按当地同种作物习惯施肥用量减半使用。

（6）根据土壤障碍因素，可选用土壤调理剂改良土壤。

5.3 病虫害防治

5.3.1 主要病虫害

病害：灰霉病。

虫害：蚜虫、叶蛾类等。

5.3.2 防治原则

5.3.2.1 有害生物防治原则

绿色食品秋葵生产中有害生物的防治应遵循以下原则：

——以保持和优化农业生态系统为基础：建立有利于各类天敌繁衍和不利于病虫草害孳生的环境条件，提高生物多样性，维持农业生态系统的平衡；

——优先采用农业措施：如抗病虫品种、种子种苗检疫、培育壮苗、加强栽培管理、中耕除草、耕翻晒垡、清洁田园、轮作倒茬等；

——尽量利用物理和生物措施：如用灯光、色彩诱杀害虫，机械捕捉害虫，释放害虫天敌，机械或人工除草等；

——必要时合理使用低风险农药：如没有足够有效的农业、物理和生物措施，在确保人员、产品和环境安全的前提下按照5.3.4的规定，配合使用低风险的农药。

5.3.2.2 实际施用中，不得随意增加使用浓度和次数，用药后要达到安全间隔期后才能采收、出售和食用。

5.3.3 防治方法

5.3.3.1 农业防治

实行轮作，避开重茬田，切实抓好肥水管理，肥料以有机肥为主，确保作物正常健康生长以及通过清除田间杂草和枯枝病叶等农业技术措施的应用，降低病虫害发生及其危害程度。

5.3.3.2 物理防治

合理应用频振式杀虫灯、防虫网、黄色粘虫板等物理防治措施。

5.3.3.3 生物防治

积极保护天敌，防治病虫害使用生物源农药，如宁南霉素等。

5.3.4 农药使用准则

5.3.4.1 农药选用规范

（1）所选用的农药应符合相关的法律法规，并获得国家农药登记许可。

（2）应选择对主要防治对象有效的低风险农药品种，提倡兼治和不同作用机理农药交替使用。

（3）农药剂型宜选用悬浮剂、微囊悬浮剂、水剂、水乳剂、微乳剂、颗粒剂、水分散粒剂和可溶性粒剂等环境友好型剂型。

（4）绿色食品秋葵生产农药使用应按照 NY/T 393 的规定，优先从 NY/T 393 表 A.1 中选用农药。在 NY/T 393 表 A.1 所列农药不能满足有害生物防治需要时，还可适量使用 NY/T 393 A.2 所列的农药。

6 采收

秋葵采收的产品是嫩果。采收过早，影响产量；过迟，纤维增多，肉质老化，降低品质，甚至失去食用价值。一般花谢后 7 天~8 天，嫩果长到 8 cm~10 cm 时采收，可获得最佳商品果。采收宜在傍晚进行，采收时在果柄处剪下，以免伤害枝干。采收期可从 6 月下旬持续到 10 月上旬。

绿色食品 藕生产技术规程

1 范围

本规程规定了绿色食品藕生产所要求的产品质量、产地环境、栽培技术、采收等技术。

本规程适用于上海市崇明区绿色食品藕的生产。

2 规范性引用文件

下列文件对于本文件的应用是必不可少的。凡是注日期的引用文件，仅所注日期的版本适用于本文件。凡是不注日期的引用文件，其最新版本（包括所有的修改单）适用于本文件。

GB/T 8321（所有部分） 农药合理使用准则

GB 12475 农药贮运、销售和使用的防毒规程

NY/T 391 绿色食品 产地环境质量

NY/T 393 绿色食品 农药使用准则

NY/T 394 绿色食品 肥料使用准则

NY/T 1044 绿色食品 藕及其制品

3 产品质量

藕质量标准应符合 NY/T 1044 的要求。

4 产地环境

生产基地应选择在无污染和生态条件良好的地区。基地选点应远离工矿区和公路铁路干线，避开工业和城市污染源的影响，同时生产基地应具有可持续的生产能力。产地环境应符合 NY/T 391 的要求。

5 栽培技术

5.1 藕田的选择

绿色食品莲藕选择土壤 pH 值为 5.6~7.5，含盐量在 0.2% 以下、有机质丰富的砂壤土为宜，5 cm~20 cm 深水层的条件。

种植浅水藕应选靠近水源、排水方便且交通便利的地方，要集中连片，便于灌溉、运输、田间技术指导和管理。

5.2 建节水莲池

选好地块后先测莲池四角水平，然后沿四周下挖 50 cm，把挖出的土沿沟外沿垒成高 30 cm、宽 50 cm 的土埂、并夯实，防止土埂塌方。

5.3 平整土地

藕田选定以后，要及时平整地块，清除杂草和往年的枯叶等残留物，整平地面，以免灌水后，藕田深浅不一。

5.4 种藕选择

种藕应适当带泥，随挖随栽，每亩用种量为 400 kg~600 kg。选择具有品种特征、藕头饱满、顶芽完整、藕身肥大、藕节细小、后把粗壮、无病虫和色泽光亮的母藕或粗壮、至少有 2 节充分成熟藕身、顶部完整的子藕。

5.5 定植

5.5.1 定植时间

藕莲要求高温、多湿的环境，一般藕莲在清明至谷雨栽植，栽植过早，水温、土温都较低，则不利于其发芽，种藕易烂，栽植过迟，茎芽过长，栽植时易受损伤。

5.5.2 定植方法

定植密度为行距为 1.6 m~2.5 m，株距为 1.0 m~2.0 m，每亩栽 120 穴~400 穴，每穴排放母藕 1 支或子藕 2 支~4 支，将种藕以与地面呈 20°斜插田中，藕头入土深 5 cm~10 cm，后把节梢露水面上。栽植时原则上一般要求田地四周留空头 1 m，边行藕头一律朝向田内，各行种藕位置最好互错开成梅花形排列，便于叶片在田间均匀分布。

5.6 田间管理

5.6.1 水位调节

藕田水位管理原则是水层深度前期浅，中期深，后期又浅。具体做法是在藕莲栽植初期保持 3 cm~5 cm 深的浅水，以便发芽，栽植后 15 天内水位以不高过 7 cm 为宜。出现立叶 2 片~3 片时水位加深到 10 cm，再随着气温的升高，水位可逐渐加深到 12 cm~20 cm，后期立叶满地并开始出现后把叶时，水位落低到 10 cm 左右，结藕期以浅水 5 cm~10 cm 为宜。

5.6.2 施肥

执行绿色食品肥料使用准则，以有机肥为主，化肥为辅，基肥为主、追肥为辅。基肥一般每亩施商品有机肥为 1 000 kg、45%三元复合肥 50 kg。一般追肥 1 次，在终止叶出现时，每亩撒施 45%三元复合肥 10 kg、46%尿素 10 kg、商品有机肥 1 000 kg，若长势较旺就不进行追肥。

5.6.3 肥料使用准则

5.6.3.1 肥料使用原则

（1）持续发展原则。绿色食品藕生产中所使用的肥料应对环境无不良影响，有利于保护生态环境，保持或提高土壤肥力及土壤生物活性。

（2）安全优质原则。绿色食品藕生产中应使用安全、优质的肥料产品，生产安全、优质的绿色食品。肥料的使用应对作物（营养、味道、品质和植物抗性）不产生不良后果。

（3）化肥减控原则。在保障植物营养有效供给的基础上减少化肥用量，兼顾元素之间的比例平衡，无机氮素用量不得高于当季作物需求量的一半。

（4）有机为主原则。绿色食品藕生产过程中肥料种类的选取应以农家肥料、有机肥料、微生物肥料为主，化学肥料为辅。

5.6.3.2 生产用肥料使用规定

（1）绿色食品藕生产过程中肥料使用应选用 NY/T 394 所列肥料种类。

（2）农家肥料的使用按 NY/T 394 规定执行。耕作制度允许情况下，宜利用秸秆和绿肥，按照约 25∶1 的比例补充化学氮素。厩肥、堆肥、沤肥、沼肥、饼肥等农家肥料应完全腐熟。

（3）有机肥料的使用按 NY/T 394 规定执行，主要以基肥施入，用量视地力和目标产量而定，可配施农家肥料、微生物肥料、有机-无机复混肥料、无机肥料。

（4）微生物肥料的使用按 NY/T 394 规定执行。可与农家肥料、有机肥料、微生物肥料配合施用，用于拌种、基肥或追肥。

（5）有机-无机复混肥料、无机肥料在绿色食品藕生产中作为辅助肥料使用，用来补充农家肥料、有机肥料、微生物肥料所含养分的不足。减控化肥用量，其中无机氮素用量按当地同种作物习惯施肥用量减半使用。

（6）根据土壤障碍因素，可选用土壤调理剂改良土壤。

5.7 病虫害防治

严禁使用剧毒、高毒、高残留或具有三致毒性（致癌、致畸、致突变）的农药。严格控制施药量与安全间隔期。严禁使用高毒高残留农药防治贮藏期病虫害。

5.7.1 有害生物防治原则

绿色食品藕生产中有害生物的防治应遵循以下原则。

5.7.1.1 以保持和优化农业生态系统为基础

建立有利于各类天敌繁衍和不利于病虫草害孳生的环境条件，提高生物多样性，维持农业生态系统的平衡。

5.7.1.2 优先采用农业措施

如抗病虫品种、种子种苗检疫、培育壮苗、加强栽培管理、中耕除草、耕翻晒垡、清洁田园、轮作倒茬等。

5.7.1.3 尽量利用物理和生物措施

如用灯光、色彩诱杀害虫，机械捕捉害虫，释放害虫天敌，机械或人工除草等。

5.7.1.4 必要时合理使用低风险农药

如没有足够有效的农业、物理和生物措施，在确保人员、产品和环境安全的前提下按照 5.7.2 的规定，配合使用低风险的农药。

5.7.2 农药使用准则

5.7.2.1 农药选用

（1）所选用的农药应符合相关的法律法规，并获得国家农药登记许可。

（2）应选择对主要防治对象有效的低风险农药品种，提倡兼治和不同作用机理农药交替使用。

（3）农药剂型宜选用悬浮剂、微囊悬浮剂、水剂、水乳剂、微乳剂、颗粒剂、水分散粒剂和可溶性粒剂等环境友好型剂型。

（4）绿色食品藕生产农药使用应按照 NY/T 393 的规定。

5.7.2.2 农药使用规范

（1）应在主要防治对象的防治适期，根据有害生物的发生特点和农药特性，选择适当的施药方式。

（2）应按照农药产品标签或 GB/T 8321 和 GB 12475 的规定使用农药，控制施药剂量（或浓度）、施药次数和安全间隔期。

6 采收

嫩藕于 7 月上中旬、终止叶的背呈微红色、基部立叶的叶缘开始枯黄时挖取，老藕于 9 月以后至翌年 4 月、全部叶片枯黄时挖取、采收时、就保持藕节完整、无明显伤痕。

第三篇

林 果 篇

绿色食品 西瓜生产技术规程

1 范围

本规程规定了绿色食品西瓜生产所要求的产品质量、产地环境、栽培技术、病虫害防治、采收、包装与标志、运输与贮藏等技术。

本规程适用于上海市崇明区绿色食品西瓜的生产。

2 规范性引用文件

下列文件对于本文件的应用是必不可少的。凡是注日期的引用文件，仅所注日期的版本适用于本文件。凡是不注日期的引用文件，其最新版本（包括所有的修改单）适用于本文件。

GB/T 8321（所有部分） 农药合理使用准则
GB 12475 农药贮运、销售和使用的防毒规程
NY/T 391 绿色食品 产地环境质量
NY/T 393 绿色食品 农药使用准则
NY/T 394 绿色食品 肥料使用准则
NY/T 427 绿色食品 西甜瓜
NY/T 658 绿色食品 包装通用准则
NY/T 1056 绿色食品 储藏运输准则

3 产品质量

西瓜质量标准应符合 NY/T 427 的要求。

4 产地环境

生产基地应选择在无污染和生态条件良好的地区。基地选点应远离工矿区和公路铁路干线，避开工业和城市污染源的影响，同时生产基地应具有可持续的生产能力。产地环境应符合 NY/T 391 的要求。

5 栽培技术

5.1 品种选择

选用抗逆性强、高产、品质优良的品种。

5.2 育苗
5.2.1 种子处理

(1) 晒种：播前15天晒种2天。

(2) 温汤浸种：把种子放入55℃温水中烫种10分钟~15分钟，并不断搅动，捞出立即放凉水中急速降温，然后用25℃温水浸泡24小时。后用水冲洗，用手轻搓种子，洗净黏液后用毛巾擦拭干净。而无籽西瓜因其种皮厚而硬，种胚发育不良，要求用牙齿或钳子进行破壳处理。

(3) 药剂浸种：应使用符合NY/T 393要求的农药，一般用50%的多菌灵可湿性粉剂800倍液浸种消毒10分钟~15分钟，然后捞出洗净，准备催芽。

(4) 催芽：消毒或浸泡好的种子，淘洗干净捞出，用纱布上包好置于28℃~32℃的条件下催芽30小时左右后，种子露白后即可准备播种。

5.2.2 苗床构建
5.2.2.1 苗床选择

苗床应选在距定植地较近、地势稍高、避风，5年~6年内未种植过瓜类的田块。地膜覆盖栽培时用冷床育苗，小环棚加大环棚栽培时用温床育苗。

5.2.2.2 营养土配制

营养土配制一般用床土和腐熟的猪粪配制而成，忌用种过瓜类作物的土壤。按体积比，床土：腐熟有机肥：过磷酸钙＝90：9：1；如用腐熟饼肥，则按94：5：1比例混合。

5.2.2.3 营养土的消毒和制钵

应在播种前对营养土进行消毒，方法是按每亩营养土500 kg，加广谱性杀菌剂兑水喷施，搅拌均匀后，将营养土装入8 cm×8 cm的营养钵中。

5.2.3 播种
5.2.3.1 播种时间

春季地膜栽培为3月下旬冷床育苗，春季小环棚栽培，为2月上旬大棚温床育苗，大环棚栽培为12月中旬温床育苗。

5.2.3.2 播种方法

应选晴天上午播种，播种前1天浇足底水，后在营养钵（筒）中间扎1个1 cm深的小孔，再将种子平放在播种穴中，随播种随盖营养土，覆盖土厚度为1.0 cm~1.5 cm。上覆地膜及小环棚。

5.2.4 苗床管理
5.2.4.1 温度管理

育苗苗床温度管理应实行"二高二低"，即播种至出苗前的床温应保持白天28℃~30℃；夜间18℃~20℃；出苗后至第一片真叶展开期间的床温，保持白天25℃~28℃，夜间15℃~18℃；从第一片真叶展开至移栽前1周，保持白天30℃~32℃，夜间18℃~20℃，移栽前7天这段时间夜间气温应由18℃逐渐下降至12℃。以适应移栽大田的气候条件。

5.2.4.2 湿度管理

苗床湿度以控为主，在浇足底水的基础上尽可能不浇或少浇水，并于出芽至第一片真叶期间严格控水，第一片真叶出现后至第三片真叶出现，应视苗情的干湿情况进行适量浇水，移栽前 7 天开始拣苗。

5.2.4.3 通风和光照。

育苗全过程尽量争取较多的光照，育苗用地膜、薄膜应采用新膜，并保持膜的清洁，以增加透光度。在温度许可的情况下，小环棚的塑料薄膜早揭晚盖，以延长塑料棚内的光照时间和增加进光量。通风应在齐苗后进行，第一片真叶展开后，只要床温许可，应尽量揭开小环棚塑料薄膜，增加通风降低空气湿度，即使在阴雨天，也应该设法通风换气。

5.2.5 整地

种植西瓜的田块，应在前 1 年秋收后即定好畦向，及时深耕。畦以东西向为佳，有利于保湿及增加光照，耕翻深度要求 25 cm~30 cm，同时开好沟，做到雨后沟内不积水。

5.3 施肥

5.3.1 肥料使用准则

5.3.1.1 肥料使用原则

（1）持续发展原则。绿色食品西瓜生产中所使用的肥料应对环境无不良影响，有利于保护生态环境，保持或提高土壤肥力及土壤生物活性。

（2）安全优质原则。绿色食品西瓜生产中应使用安全、优质的肥料产品，生产安全、优质的绿色食品。肥料的使用应对作物（营养、味道、品质和植物抗性）不产生不良后果。

（3）化肥减控原则。在保障植物营养有效供给的基础上减少化肥用量，兼顾元素之间的比例平衡，无机氮素用量不得高于当季作物需求量的一半。

（4）有机为主原则。绿色食品西瓜生产过程中肥料种类的选取应以农家肥料、有机肥料、微生物肥料为主，化学肥料为辅。

5.3.1.2 生产用肥料使用规定

（1）绿色食品西瓜生产过程中肥料使用应选用 NY/T 394 所列肥料种类。

（2）农家肥料的使用按 NY/T 394 规定执行。耕作制度允许情况下，宜利用秸秆和绿肥，按照约 25∶1 的比例补充化学氮素。厩肥、堆肥、沤肥、沼肥、饼肥等农家肥料应完全腐熟。

（3）有机肥料的使用按 NY/T 394 规定执行，主要以基肥施入，用量视地力和目标产量而定，可配施农家肥料、微生物肥料、有机-无机复混肥料、无机肥料。

（4）微生物肥料的使用按 NY/T 394 规定执行。可与农家肥料、有机肥料、微生物肥料配合施用，用于拌种、基肥或追肥。

（5）有机-无机复混肥料、无机肥料在绿色食品西瓜生产中作为辅助肥料使用，用来补充农家肥料、有机肥料、微生物肥料所含养分的不足。减控化肥用量，其中无机氮素用量按当地同种作物习惯施肥用量减半使用。

（6）根据土壤障碍因素，可选用土壤调理剂改良土壤。

5.3.2 基肥施用

在中等肥力土壤条件下，结合整地，每亩施优质腐熟有机肥 4 000 kg~5 000 kg，氮肥（纯N）6 kg，磷肥（P_2O_5）3 kg，钾肥（K_2O）7.3 kg，或使用按此折算的复混肥料。有机肥一半撒施，一半施入瓜路，化肥全部施入瓜路，肥料深翻入土，并与土壤混匀。

5.4 定植

移栽应在气温稳定在14℃以上、地膜下5 cm处的土温稳定在10℃时以上进行，定植密度根据西瓜的品种和整枝方式而决定，瓜畦上于定植前7天~10天盖地膜。采用大棚、中棚栽培时，定植前全园覆盖地膜，增加地温、以降低棚内湿度，减少病害发生。定植时应保证幼苗茎叶和根系所带营养土的完整，定植深度以营养土块的上表面比畦面稍深（不超过2 cm）为宜，嫁接苗定植时，嫁接口应高出畦面1 cm~2 cm。无籽西瓜应按10%比例种植属性相同的花粉源品种。

5.5 缓苗期管理

采用保护地栽培，封棚管理，使棚内气温白天控制在25℃~30℃，夜间气温保持在15℃以上，最低不低于10℃。防治病虫危害，及时补苗。在水分管理上，在浇足定植水的基础上，在缓苗期间一般不需要浇水。

5.6 伸蔓期管理

5.6.1 温度管理

采用保护地栽培时，白天棚内气温控制在25℃~28℃，夜间棚内气温控制在13℃以上。

5.6.2 水肥管理

缓苗后浇1次缓苗水，以后视土壤墒情一般在开花坐果前不再浇水，确实要浇水的，要结合薄肥勤施，适当增加水分。根据瓜苗长势情况，在伸蔓期结合浇缓苗水每亩追施速效氮肥5 kg。

5.6.3 整枝压蔓

整枝应根据各地栽培形式及栽培习惯，早熟品种一般采用双蔓整枝，一主一侧，主蔓向内、侧蔓向外。坐果前要及时清除侧枝，整枝原则每亩有效蔓1 200株以上。主蔓结果，结果前除去所有侧枝，坐果后应根据植株长势少抹枝或不抹枝。

5.6.4 采用小环棚、大棚内加小环棚的栽培时，当外界的平均气温稳定在18℃以上时将小环棚拆除。并及时做好通风换气工作。

5.7 开花坐果期管理

5.7.1 温度管理

采用全覆盖栽培时，开花坐果期植株仍在棚内生长，白天温度要保持在30℃左右，夜间不低于15℃。

5.7.2 水肥管理

不追肥，严格控制浇水。

5.7.3 人工辅助授粉

每天6时—9时用雄花的花粉涂抹在雌花的柱头上进行人工辅助授粉。

5.7.4 其他管理

待幼果生长至鸡蛋大小，一般选留主蔓第二或第三雌花坐果，每株只留1个果。

5.8 果实膨大期和成熟期管理

5.8.1 温度管理

采用全覆盖栽培时，此时外界气温较高，要适时放风降温，把棚内气温控制在35℃以下，但夜间温度不得低于18℃。

5.8.2 水肥管理

适时施膨瓜肥，在结果后7天~10天幼瓜长至鸡蛋大小追施膨瓜肥，每亩用高效水溶肥（氮磷钾）10 kg，化肥以随浇水追施为主，瓜成熟前10天控制一切肥水。

5.8.3 其他管理

在幼果拳头大小时将幼果果柄顺直，然后在幼果下面垫上麦秸、稻草，或将幼果下面的土壤拍成斜坡形，把幼果摆在斜坡上。果实停止生长后要进行翻瓜，翻瓜要在下午进行，顺一个方向翻，每次的翻转角度不超过30℃，每个瓜翻2次~3次即可。

6 病虫害防治

6.1 主要病虫害

猝倒病、立枯病、枯萎病、炭疽病、白粉病、病毒病、瓜绢螟、蚜虫等。

6.2 有害生物防治原则

绿色食品西瓜生产中有害生物的防治应遵循以下原则。

6.2.1 以保持和优化农业生态系统为基础

建立有利于各类天敌繁衍和不利于病虫草害孳生的环境条件，提高生物多样性，维持农业生态系统的平衡。

6.2.2 优先采用农业措施

如抗病虫品种、种子种苗检疫、培育壮苗、加强栽培管理、中耕除草、耕翻晒垡、清洁田园、轮作倒茬等。

6.2.3 尽量利用物理和生物措施

如用灯光、色彩诱杀害虫，机械捕捉害虫，释放害虫天敌，机械或人工除草等。

6.2.4 必要时合理使用低风险农药

如没有足够有效的农业、物理和生物措施，在确保人员、产品和环境安全的前提下按照6.3的规定，配合使用低风险的农药。

6.3 农药使用准则

6.3.1 农药选用

6.3.1.1 所选用的农药应符合相关的法律法规，并获得国家农药登记许可。

6.3.1.2 应选择对主要防治对象有效的低风险农药品种，提倡兼治和不同作用机理农药交替使用。

6.3.1.3 农药剂型宜选用悬浮剂、微囊悬浮剂、水剂、水乳剂、微乳剂、颗粒剂、水分散粒剂和可溶性粒剂等环境友好型剂型。

6.3.1.4 绿色食品西瓜生产农药使用应按照NY/T 393的规定，优先从NY/T 393表A.1中选用农药。在NY/T 393表A.1所列农药不能满足有害生物防治需要时，还可适量使用 NY/T 393 A.2 所列的农药。

6.3.2 农药使用规范

6.3.2.1 应在主要防治对象的防治适期，根据有害生物的发生特点和农药特性，选择适当的施药方式。

6.3.2.2 应按照农药产品标签或 GB/T 8321 和 GB 12475 的规定使用农药，控制施药剂量（或浓度）、施药次数和安全间隔期。

7 采收

西瓜成熟时，采收应在每天 8 时—10 时为最佳采收时间，采收时应在瓜柄上保留一段果柄，并尽可能避免用手直接采收。

7.1 果实成熟标志

皮色鲜艳，花纹清晰，果面发亮，果柄附近茸毛脱落，果顶开始发软，瓜面用手指弹时发出空浊音，现出本品种特有香味是为熟瓜。

7.2 产品要求

形态完整，表面清洁，无擦伤，开裂，无农药等污染，无病虫害伤痕。

8 包装与标志

包装应符合 NY/T 658 的要求。包装容器整洁、干燥、牢固、美观、无污染、无异味。包装上标明品名、规格、毛重、净含量、产地、生产者、采摘日期、包装日期。

9 运输与贮藏

9.1 贮存与运输应符合 NY/T 1056 的要求。

9.2 运输器具清洁、卫生、无污染，运输时防雨、防晒，注意通风散热；运输适宜温度 4℃~6℃，空气相对湿度 80%~85%。

9.3 贮藏温度 5℃~7℃，空气相对湿度 70%~80%，库内堆放应空气均匀流通，贮藏期 2 天~5 天。

绿色食品 甜瓜生产技术规程

1 范围

本规程规定了绿色食品甜瓜生产所要求的产品质量、产地环境、栽培技术、采收、包装与标志、运输与贮藏等技术。

本规程适用于上海市崇明区绿色食品甜瓜的生产。

2 规范性引用文件

下列文件对于本文件的应用是必不可少的。凡是注日期的引用文件，仅所注日期的版本适用于本文件。凡是不注日期的引用文件，其最新版本（包括所有的修改单）适用于本文件。

GB/T 8321（所有部分） 农药合理使用准则
GB 12475 农药贮运、销售和使用的防毒规程
NY/T 391 绿色食品 产地环境质量
NY/T 393 绿色食品 农药使用准则
NY/T 394 绿色食品 肥料使用准则
NY/T 427 绿色食品 西甜瓜
NY/T 658 绿色食品 包装通用准则
NY/T 1056 绿色食品 储藏运输准则

3 产品质量

甜瓜质量标准应符合 NY/T 427 的要求。

4 产地环境

生产基地应选择在无污染和生态条件良好的地区。基地选点应远离工矿区和公路铁路干线，避开工业和城市污染源的影响，同时生产基地应具有可持续的生产能力。产地环境应符合 NY/T 391 的要求。

5 栽培技术

5.1 品种选择

应选择抗病、易坐果、内在品质好及抗病性强的品种。

5.2 育苗

早春育苗应采取温床育苗方式。

5.2.1 种子处理

为达到一次齐苗，应对种子进行催芽。首先将种子放入30℃的温水中浸泡3小时，洗净后放入30℃的恒温箱中催芽，36小时露白即可播种。

5.2.2 营养土配制

床土为90%，腐熟有机肥9%，过磷酸钙1%，经充分混合堆制1个月后，用广谱性杀菌剂兑水喷施，充分混合后装入8 cm×8 cm的营养钵中。

5.2.3 播种

5.2.3.1 播种时间

甜瓜为喜温耐热作物。选择比较适宜的栽培季节并采取一定的保护措施，尽可能避开不利气候因素，将甜瓜生产的生育期安排在较适宜的环境中，以获得优质高产。大棚特早熟栽培，一般于11月中下旬播种，12月下旬移栽；大棚早熟栽培，一般于12月初播种，1月下旬定植。

5.2.3.2 播种方法

播种应选晴天上午，播种前1天浇足底水，并在营养钵的中间扎1个1 cm深的小孔，将种子平放在穴中，随播种随盖营养土，覆土厚度为0.5 cm~1 cm，上覆地膜或小环棚，夜间加盖保温材料。

5.2.4 苗床管理

5.2.4.1 温度管理

出苗前苗床温度控制在28℃~30℃，出苗后，地温可降到23℃~24℃。夜间最低温度保持在18℃~20℃，而在移栽前7天~10天，逐渐降温，使苗床温度逐渐接近移栽大田，移栽前3天炼苗。

5.2.4.2 水分管理

水分管理应根据当时气候状况、棚内温湿度及钵内干湿状况而定。春季浇水，应尽量避免水温与棚温温差过大；秋季高温易缺水，应采取勤浇水，调水尽可能安排在早晨进行，以防高温缺水幼苗萎蔫，影响幼苗的正常生长。

5.2.5 整地

在选好田块的基础上，越冬前深翻土壤，经过冻融交替过程，使土壤熟化。瓜苗定植前1个月，对土壤进行浅耕，施足腐熟有机肥。同时结合开沟畦施基肥，每亩基肥用量：腐熟有机肥1 000 kg或菜饼100 kg或商品有机肥100 kg、45%三元复合肥（N∶P∶K＝15∶15∶15）40 kg、过磷酸钙25 kg，撒施于整个畦面，后混合入土。

5.3 肥料使用准则

5.3.1 肥料使用原则

5.3.1.1 持续发展原则

绿色食品甜瓜生产中所使用的肥料应对环境无不良影响，有利于保护生态环境，保持或提高土壤肥力及土壤生物活性。

5.3.1.2 安全优质原则

绿色食品甜瓜生产中应使用安全、优质的肥料产品，生产安全、优质的绿色食品。肥料的使用应对作物（营养、味道、品质和植物抗性）不产生不良后果。

5.3.1.3 化肥减控原则

在保障植物营养有效供给的基础上减少化肥用量，兼顾元素之间的比例平衡，无机氮素用量不得高于当季作物需求量的一半。

5.3.1.4 有机为主原则

绿色食品甜瓜生产过程中肥料种类的选取应以农家肥料、有机肥料、微生物肥料为主，化学肥料为辅。

5.3.2 生产用肥料使用规定

5.3.2.1 绿色食品甜瓜生产过程中肥料使用应选用 NY/T 394 所列肥料种类。

5.3.2.2 农家肥料的使用按 NY/T 394 规定执行。耕作制度允许情况下，宜利用秸秆和绿肥，按照约 25∶1 的比例补充化学氮素。厩肥、堆肥、沤肥、沼肥、饼肥等农家肥料应完全腐熟。

5.3.2.3 有机肥料的使用按 NY/T 394 规定执行，主要以基肥施入，用量视地力和目标产量而定，可配施农家肥料、微生物肥料、有机-无机复混肥料、无机肥料。

5.3.2.4 微生物肥料的使用按 NY/T 394 规定执行。可与农家肥料、有机肥料、微生物肥料配合施用，用于拌种、基肥或追肥。

5.3.2.5 有机-无机复混肥料、无机肥料在绿色食品甜瓜生产中作为辅助肥料使用，用来补充农家肥料、有机肥料、微生物肥料所含养分的不足。减控化肥用量，其中无机氮素用量按当地同种作物习惯施肥用量减半使用。

5.3.2.6 根据土壤障碍因素，可选用土壤调理剂改良土壤。

5.4 定植

5.4.1 密度确定

甜瓜定植密度因品种、栽培方式、整枝方式不同而不同，一般大果型品种，地爬式栽培每亩定植 450 株为宜，地爬与立架栽培相结合，定植密度可提高，立架栽培密度最高。生产中常按瓜苗的数量确定密度，但定植密度每亩不少于 80 株。

5.4.2 定植时间

抢晴定植：在无风晴天，做到起苗、挑苗、摆苗、培土、内棚覆膜等连续作业。定植时注意，一是带药定植，二是定点定苗保证密度，三是浇足底水。

5.5 田间管理

5.5.1 棚温

调节棚温以揭膜通风方法为主。合理的通风，可促进甜瓜坐果和果实的迅速膨大，并能减少病害的发生。

甜瓜的生长适温为 25℃～30℃，一般在 30℃～35℃时也能很好的开花结果。因此，在瓜苗定植后7天~10天，须密封增温，减少水分蒸发，缩短缓苗期，以促进生长。以后随着棚温的不断升高，可逐步增加通风量，通风口通风量应由小到大。如遇阴雨天，要以保温为主，但又应注意棚内的湿度，在雨停间隙可揭膜透气，降低棚内湿度。当子蔓伸长至坐果节位时，要通风换气降温促坐果。在开花结果和果实膨大期，将棚温白天控制在30℃左右，夜间控制在18℃左右，昼夜温差达到10℃~15℃，以利于果实养分的转化和积累，促进果实的膨大和品质的提高。

5.5.2 肥水管理

甜瓜为一株多瓜、连续结果的作物，因而需肥较多。生产上应掌握"施足基肥，轻施提苗肥，重施膨果肥"的施肥原则。施肥时应注意：基肥和追肥相结合，有机肥和化肥相结合；甜瓜是忌氯作物，禁用含氯肥料；用肥时强调减磷增钾。

甜瓜定植后，提苗肥和膨果肥是甜瓜施肥的关键，具体做法：在子蔓第二节生长时，视苗情每亩用尿素5 kg追施提苗肥；结果后1周，果实直径10 mm~15 mm大小时，每亩用甜瓜专用复合肥10 kg追施膨果肥。

甜瓜生长期间，一般不需要浇水，如定植的瓜苗在3天~4天后仍萎蔫下垂，应及时点浇适量缓苗水。随着植株的生长，需水量逐渐增加。甜瓜的结果期是一生中需水量最大的时期，此时供水不足，将会影响果实的膨大，甚至落果，但果实定型后停止浇水，尤其是成熟前15天禁止浇水。否则会造成裂瓜、降低糖度、影响品质。

5.5.3 整枝

一般3片~4片真叶时，是甜瓜摘心的适期。生产中常常按苗的数量、定植的方式来决定具体的摘心日期。当幼苗数量多、苗体健壮、大棚或者中棚栽培时，摘心一般放在瓜苗定植后具有5片真叶进行，摘心后必须及时用药，防止病菌从伤口入侵。

生产上采用双蔓整枝法，一般在三叶一心时期摘心，留2条子蔓。随子蔓的出现，保留好结果孙蔓，子蔓长15 cm时定蔓，并尽快摘除非结果孙蔓，保证结果孙蔓有良好的生长发育条件。孙蔓结果枝一果一叶，摘除边心。子蔓在18节~20节摘心，并留好"活头"。

地瓜的栽培一般采用三蔓和四蔓整枝，秧苗摘心的时间推迟至4片真叶和4片~5片真叶，留蔓分别为三蔓和四蔓，各子蔓均匀地分布于四周，孙蔓结瓜。

由于甜瓜的茎叶生长迅速，因此整枝应在植株大田生长过程中随时进行，一般间隔5天进行1次。同时，整枝应在晴天进行，以利于伤口的尽快愈合，减少病菌由伤口侵入的机会。

5.5.4 坐果

甜瓜的花为雌雄同株异花，自然或人工授粉均能结实。但坐果节位的高低直接影响着瓜的产量和品质。低节位的瓜易畸形，一旦坐住，将影响植株的伸展。而高节位的瓜肉薄，晚熟，含糖量低，品质差。只有中部节位结的瓜，果实外形美观，含糖量高，品质佳。因此，生产中按品种的特性留好结果孙蔓。

中果形厚皮甜瓜品种坐果节位9节~12节。

网纹甜瓜坐瓜节位 12 节~14 节。

哈密瓜坐瓜节位 13 节~15 节。

5.6 有害生物防治原则

绿色食品甜瓜生产中有害生物的防治应遵循以下原则。

5.6.1 以保持和优化农业生态系统为基础

建立有利于各类天敌繁衍和不利于病虫草害孳生的环境条件,提高生物多样性,维持农业生态系统的平衡。

5.6.2 优先采用农业措施

如抗病虫品种、种子种苗检疫、培育壮苗、加强栽培管理、中耕除草、耕翻晒垡、清洁田园、轮作倒茬等。

5.6.3 尽量利用物理和生物措施

如用灯光、色彩诱杀害虫,机械捕捉害虫,释放害虫天敌,机械或人工除草等。

5.6.4 必要时合理使用低风险农药

如没有足够有效的农业、物理和生物措施,在确保人员、产品和环境安全的前提下按照 5.7 的规定,配合使用低风险的农药。

5.7 农药使用准则

5.7.1 农药选用

5.7.1.1 所选用的农药应符合相关的法律法规,并获得国家农药登记许可。

5.7.1.2 应选择对主要防治对象有效的低风险农药品种,提倡兼治和不同作用机理农药交替使用。

5.7.1.3 农药剂型宜选用悬浮剂、微囊悬浮剂、水剂、水乳剂、微乳剂、颗粒剂、水分散粒剂和可溶性粒剂等环境友好型剂型。

5.7.1.4 绿色食品甜瓜生产农药使用应按照 NY/T 393 的规定,优先从 NY/T 393 表 A.1 中选用农药。在 NY/T 393 表 A.1 所列农药不能满足有害生物防治需要时,还可适量使用 NY/T 393 A.2 所列的农药。

5.7.2 农药使用规范

5.7.2.1 应在主要防治对象的防治适期,根据有害生物的发生特点和农药特性,选择适当的施药方式。

5.7.2.2 应按照农药产品标签或 GB/T 8321 和 GB 12475 的规定使用农药,控制施药剂量(或浓度)、施药次数和安全间隔期。

6 采收

甜瓜成熟时,采收应在每天 10 时—14 时为最佳采收时间,采收时应在瓜柄上保留一段果柄,并尽可能避免用手直接采收。

6.1 果实成熟标志

皮色鲜艳,花纹清晰,果面发亮,果顶开始发软,释放出本品种特有香味为成熟瓜。成熟瓜的采收标准：果实从开花至成熟的天数，为40天~45天采收。

6.2 产品要求

形态完整，表面清洁，无擦伤，开裂，无农药污染，无病虫害伤痕。

7 包装与标志

包装应符合NY/T 658的要求。包装容器整洁、干燥、牢固、美观、无污染、无异味。包装上标明品名、规格、毛重、净含量、产地、生产者、采摘日期、包装日期。

8 运输与贮藏

8.1 贮存与运输应符合NY/T 1056的要求。

8.2 运输器具清洁、卫生、无污染，运输时防雨、防晒，注意通风散热；运输适宜温度4℃~6℃，空气相对湿度80%~85%。

8.3 贮藏温度5℃~7℃，空气相对湿度70%~80%，库内堆放应空气均匀流通，贮藏期2天~5天。

绿色食品 草莓生产技术规程

1 范围

本规程规定了绿色食品草莓设施生产所要求的产品质量标准、产地环境、栽培技术、病虫害防治、采收、包装、贮藏、运输等技术。

本规程适用于上海市崇明区绿色食品草莓的生产。

2 规范性引用文件

下列文件的条款通过本规程的引用而成为本部分的条款。凡是注日期的引用文件，其随后所有的修改单（不包括勘误的内容）或修订版均不适用于本部分，然而，鼓励根据本部分达成协议的各方研究是否可使用这些文件的最新版本。凡是不注日期的引用文件，其最新版本适用于本部分。

GB/T 8321（所有部分） 农药合理使用准则

GB 12475 农药贮运、销售和使用的防毒规程

NY/T 391 绿色食品 产地环境条件

NY/T 393 绿色食品 农药使用准则

NY/T 394 绿色食品 肥料使用准则

NY/T 658 绿色食品 包装通用准则

NY/T 844 绿色食品 温带水果

3 产品质量

草莓质量标准应符合 NY/T 844 的要求。

4 产地环境

生产基地应选择在无污染和生态条件良好的地区。基地选点应远离工矿区和公路铁路干线，避开工业和城市污染源的影响，同时生产基地应具有可持续的生产能力。产地环境应符合 NY/T 391 的要求。

5 栽培技术

5.1 品种选择

选用生长势强、耐热、耐寒性都较强、高产、品质优良的品种。

5.2 培育壮苗
5.2.1 壮苗标准
单株鲜重 30 g 左右，株高 15 cm~18 cm，根系发达，根须长度 10 cm~15 cm，白根多，单株复叶数 5 片以上，叶色浓绿，无病斑，根茎直径 0.5 cm~0.8 cm，叶柄短而粗，无病虫危害。
5.2.2 苗床准备
每年 3 月—8 月是草莓繁苗期，选水稻茬的土质肥沃，疏松，有机质丰富，且排灌方便的田块，冬前进行翻耕、冰冻，立春后每亩施入商品有机肥 1 000 kg、45%三元复合肥 10 kg，全耕层翻施。种苗定植前 10 天作畦，畦宽 2 m，沟深 25 cm。
5.2.3 母株选择与管理
在当年 3 月中下旬购买脱毒组培苗，定植在繁殖圃中（将母株单行定植在畦中间，株距 50 cm；植株栽植的合理深度是苗心茎部与地面平齐，做到深不埋心，浅不露根）。活棵后，及时追施氮肥，每亩施尿素 10 kg，全面撒施畦表，再松土将肥料翻入土中。以后经常薄肥淡施，7 月上旬后至移栽期不可追肥，以免推迟花芽分化，母株抽生的花序应及早摘除。在 8 月上旬进行断根处理，从 7 月上旬至 8 月上旬用遮阳网进行遮光处理，遮阳网离地高 1.5 m~2 m。苗田经常保持潮湿，天气干旱时要及时沟灌水，遇雨天保持沟系畅通，做到雨停水干。

进入发苗期对匍匐茎进行合理摆放，及时培土压蔓，促进早生根。匍匐茎要求往两侧引，以便在假植时分清第一代子苗、第二代子苗。整个生长期要及时进行中耕除草，见到花序立即摘除。均匀引苗，子苗间距掌握在 12 cm 左右，太密则摘除多余匍匐茎，每株秧苗数控制在 4 株~5 株苗，要经常清除老叶、病叶、枯叶，清除杂草，促进秧苗生长，培育壮苗。
5.3 定植
5.3.1 土地选择与准备
选土质肥沃、疏松、排灌方便的田块。对于上半年种植过草莓的田块应采用日光消毒，主要对土壤进行深翻 30 cm 左右，同时每亩施商品有机肥 2 000 kg，扣棚膜，密封棚室，提高温度，对土壤进行闷棚消毒，杀灭有害菌，整个闷棚过程历时 20 天。定植前 1 天~2 天每亩撒施硝酸铵钙 15 kg、45%三元复合肥 10 kg 及过磷酸钙 10 kg。均匀地撒施于土表，深翻。其间经常灌水，保持土壤湿润，确保效果。
5.3.2 作垄
采用高垄种植，垄宽 90 cm，垄高 25 cm，龟背形。垄床间距 20 cm~30 cm，垄床向与大棚朝向一致。
5.3.3 定植时间和密度
大棚栽培草莓的定植时间为 8 月下旬，在草莓花芽分化前栽植。定植时植行距 24 cm 左右，株距 18 cm 左右，每亩种植 6 000 株~7 000 株。
5.3.4 移栽
畦土过干，隔天浇足底水，以利定植。一定要定向种植，选择气温在 30℃以下，尽量选择阴天或多云天气移栽；晴天应避开中午阳光以早晚栽种为好。栽苗时要将苗的弓背一侧向外，使花序着生在床的两侧。再将苗木舒展根系，培细土，栽植秧苗，秧苗新茎基部要与床面平齐。栽种时做到上不埋心，下不裸根，边定植边浇足活棵水。活棵前早晚各浇1次水，保持土壤湿润，促早活棵，早发棵。

5.3.5 定植后管理
5.3.5.1 水分管理
灌水时间一般在傍晚进行。大棚内灌水要1次灌透水，不要勤浇水或洒水，从而调节空气过高的温度。活棵后干湿相间，畦土以潮为主，以利根系生长和发棵，干旱天气、灌半沟水配合浇水，浇好后排除余水。如遇多雨天气，沟系要畅通，雨停水干。定植到现蕾新生复叶达到5片~6片的营养体较为理想。经缓苗开始进入花芽分化期。此时应控制浇水，防止秧苗旺长，同时做好病虫害防治工作。

5.3.5.2 肥料管理
活棵新叶生长后（9月中旬），每亩追施尿素10 kg。10月中旬，每亩追施45%三元复合肥15 kg。12月底后结合浇水每亩追施45%三元复合肥10 kg。3月初结合浇水每亩追施45%三元复合肥10 kg。

5.3.6 覆盖薄膜及管理
10月15日—30日覆盖黑地膜；11月20日前后初霜前覆盖大棚膜；12月上旬覆盖内环棚膜（防冻害）。

5.3.6.1 扣棚时间
当外界夜间气温降到8℃~10℃时应及时扣棚保温。保温过早，室内温度高，不利于草莓花芽分化；保温时间过晚，植株进入休眠状态，表现矮化，不能正常生长结果。一般温度在5℃以下，草莓进入休眠。夜间6℃~7℃为保温的临界温度。

5.3.6.2 温度调节
温度主要是通过放风口来调节。扣棚后，上午10时以后（晴天时）温度在35℃以上，应及时开棚降温，使白天棚内温度控制在28℃~30℃，夜间温度12℃~15℃，最低不能低于8℃。

5.3.6.3 湿度调节
棚内的湿度来源于土壤、植株蒸发。铺地膜时将土壤全部盖严，会明显降低室内湿度，采用滴灌，湿度会更小一些，因此，降低湿度要从多方面考虑。中午前后放风降温为最佳时间，其余时间降湿应以先保温为原则。

5.3.6.4 地膜覆盖
使用银灰地膜防草保温效果优于白地膜，防虫效果优于黑地膜，能有效减少杀虫剂的使用次数。

5.4 施肥
5.4.1 肥料使用原则
5.4.1.1 持续发展原则
绿色食品草莓生产中所使用的肥料应对环境无不良影响，有利于保护生态环境，保持或提高土壤肥力及土壤生物活性。

5.4.1.2 安全优质原则

绿色食品草莓生产中应使用安全、优质的肥料产品，生产安全、优质的绿色食品。肥料的使用应对作物（营养、味道、品质和植物抗性）不产生不良后果。

5.4.1.3 化肥减控原则

在保障植物营养有效供给的基础上减少化肥用量，兼顾元素之间的比例平衡，无机氮素用量不得高于当季作物需求量的一半。

5.4.1.4 有机为主原则

绿色食品草莓生产过程中肥料种类的选取应以农家肥料、有机肥料、微生物肥料为主，化学肥料为辅。

5.4.2 生产用肥料使用规定

5.4.2.1 绿色食品草莓生产过程中肥料使用应选用NY/T 394所列肥料种类。

5.4.2.2 农家肥料的使用按NY/T 394规定执行。耕作制度允许情况下，宜利用秸秆和绿肥，按照约25：1的比例补充化学氮素。厩肥、堆肥、沤肥、沼肥、饼肥等农家肥料应完全腐熟。

5.4.2.3 有机肥料的使用按NY/T 394规定执行，主要以基肥施入，用量视地力和目标产量而定，可配施农家肥料、微生物肥料、有机-无机复混肥料、无机肥料。

5.4.2.4 微生物肥料的使用按NY/T 394规定执行。可与农家肥料、有机肥料、微生物肥料配合施用，用于拌种、基肥或追肥。

5.4.2.5 有机-无机复混肥料、无机肥料在绿色食品茄子生产中作为辅助肥料使用，用来补充农家肥料、有机肥料、微生物肥料所含养分的不足。减控化肥用量，其中无机氮素用量按当地同种作物习惯施肥用量减半使用。

5.4.2.6 根据土壤障碍因素，可选用土壤调理剂改良土壤。

5.5 肥水管理

扣棚后，棚内温度高，水分蒸发快，故土壤很容易缺水，应保持充足水分，确保植株旺盛生长。而此时正值开花前期（10月中旬），每追施45%三元复合肥15 kg，结合追肥（畦上开沟或穴施）应浇1次透水。

5.6 通风换气

进入2月，棚内容易出现高温（大于35℃影响生长），要及时通风换气，日落前及早关棚保温，减少白粉病和灰霉病的发生。

5.7 开花期管理

草莓定植后45天左右开始现蕾，现蕾期温度白天25℃~28℃，夜间10℃为宜，夜间温度过高，超过13℃，花芽退化，雌雄蕊发育受阻。随后进入开花期，管理非常关键，首先要做好温湿度调节，开花期棚内温度白天23℃~25℃为宜，夜间8℃~10℃。草莓花开放所需最低温度11.7℃，适宜温度为13.8℃~20.6℃，温度过低花药不能开裂，影响授粉受精。开花期棚内湿度不能过高，相对湿度应该控制在40%左右。要及时疏掉花序顶端残次小花、弱花,疏花时保留7朵~10朵,随着坐果,将畸形果、病果、小果疏掉,最终第一花序保留3个~5个果,留果量少则果个大,经济价值高。生产上以一序果掌握在25 g以上为原则,根据土壤肥力状况,苗木生长状况,如果单果均能在15 g以上,留果量可多些。

草莓虽自花授粉结实,但由于大棚内空气湿度大,温度变化幅度大,通风量小,昆虫少等多种因素,不利草莓授粉和受精。为促进坐果,进入初花期,及时放置蜜蜂(当有15%的植株开始开花时,每亩放1箱蜂),放蜂授粉,可使果实个头增大,果形整齐,产量提高,减少畸形果,同时可节省人工和促使授粉均匀。

草莓进入花期,植株侧芽开始长出,应及时摘除老叶,清除过多侧芽。原则上,除主芽外,侧芽最多保留2个~3个。

5.8 果实肥大期管理

开花坐果后,果实进入肥大期,室内温度在20℃~25℃,夜间6℃~8℃,灌水后以通风为主,同时控湿度、控病害,做好防冻工作,及时覆盖好内层棚膜。此期,要继续清除畸形果。

5.9 成熟期

草莓从开花到成熟需40天左右,其时间的长短与温度有密切关系,温度低,果实生长时间长,最长需要50天才能成熟。果实成熟的标志是果面变红,并散发出特有的香味。

5.10 采收后管理

草莓第一花序结束后,应及时清除病叶、老叶及残花序柄。这时期,第二花序开始长出,花果管理仍十分必要,每花序留果3个~5个为宜,由于此期正处低温季节,坐果受温度影响比较大,应以疏果为主,疏去畸形果、病果,每亩用高效复合肥10 kg追肥1次。

草莓进入12月底后第二花序陆续结果,同时第三花序开花坐果,此期随温度的变化草莓进入后期管理,主要是肥水管理。随温度增高,植株和土壤水分蒸发量增大,此期结合浇水每亩追施45%三元复合肥10 kg,随滴灌灌水追施。进入3月初,随温度增高应将放风口增大些,放风时间也相应长些。白天室温保持在25℃左右,夜间8℃左右,温度过高,果小且质量下降,此期结合浇水追施复合肥。棚内夜间温度在5℃以上时,停止揭放。3月下旬以后,及时揭除内膜,降低温度。

5月下旬以后开始撤棚整修,准备翌年的工作。温室收获期到5月底结束。虽然还能结果,但基本失去商品价值。

6 病虫害防治

主要病虫害有甜菜夜蛾、蚜虫、青虫、灰霉病、青枯病、根腐病、早疫病、白粉病等。

6.1 农业防治

草莓病虫害要以农业防治为主,药剂防治为辅,移栽前大棚消毒,深耕40 cm,利用高温、太阳紫外线等消毒,以杀死土传病菌,减少病原菌基数,合理轮作,降低病虫基数和虫口密度。基地四周清沟理沟,排出积水,降低地下水位。通过采用高垄栽植、地膜覆盖、水旱轮作及避免干旱、高温高湿等措施预防病果、烂果的发生。选用抗病性强的品种,加强肥水管理、合理控制密度等措施加强栽培管理,保持植株健壮,提高抗病力,保证大棚内通风透光,增强植株生长势,提高植株的抗病抗逆能力,合理整枝、疏花、蔬果,创造有利于草莓生长,不利于病虫发生的环境条件。发现病株、叶、果,及时清除烧毁或深埋;挖掉危害严重的病虫植株,带出园外烧毁,严格控制病虫害蔓延。

6.2 生态防治

开花和果实生长期,加大放风量,将棚内湿度降至50%以下。将棚室温度提高到35℃,闷棚2小时,然后放风降温,连续闷棚2次~3次,可防治灰霉病。

6.3 物理防治

黄板诱杀蚜虫,使用政府补贴的黄板,挂在行间。当板上粘满蚜虫或黄板黏性不强时,及时更换。

在棚室放风口处设防止成虫进入的防虫网。

6.4 农药使用准则

6.4.1 农药选用

6.4.1.1 所选用的农药应符合相关的法律法规,并获得国家农药登记许可。

6.4.1.2 应选择对主要防治对象有效的低风险农药品种,提倡兼治和不同作用机理农药交替使用。

6.4.1.3 农药剂型宜选用悬浮剂、微囊悬浮剂、水剂、水乳剂、微乳剂、颗粒剂、水分散粒剂和可溶性粒剂等环境友好型剂型。

6.4.1.4 绿色食品草莓生产农药使用应按照 NY/T 393 的规定,优先从 NY/T 393 表 A.1 中选用农药。在 NY/T 393 表 A.1 所列农药不能满足有害生物防治需要时,还可适量使用 NY/T 393 A.2 所列的农药。

6.4.2 农药使用规范

6.4.2.1 应在主要防治对象的防治适期,根据有害生物的发生特点和农药特性,选择适当的施药方式。

6.4.2.2 应按照农药产品标签或 GB/T 8321 和 GB 12475 的规定使用农药,控制施药剂量(或浓度)、施药次数和安全间隔期。

7 采收

7.1 成熟天数

开花至成熟天数:12月上中旬40天、翌年5月25天左右。

7.2 采收标准

冬季草莓80%~90%着色采收,春季草莓70%~80%着色采收。

7.3 采收前准备

果实采收前要做好采收、包装准备。采收用的容器要浅，底部要平，内壁光滑，内放软的衬垫物。

7.4 采收时间

根据草莓果实的成熟期决定采收时间。采收在清晨露水已干至中午或傍晚转凉后进行。

7.5 采收操作技术

采收时用拇指和食指掐断果柄，将果实按大小分级摆放于容器内，采摘的果实要求果柄短，不损伤花萼，无机械损伤，无病虫危害。每1天~2天采摘1次，每次采收都要将成熟适宜的果实采净。采收时要轻摘轻放，随时剔除畸形果。

8 包装

根据草莓大小果分级包装。

包装要求：包装采用纸盒包装，内衬软物防震；材料符合环保要求，符合 NY/T 658 的规定。果实肉软，不耐挤压，不易贮运，包装容器不宜过深、过大，包装内果实排列整齐，果实质量必须一致，装果时应注意勿使枝叶尘土，杂物混入容器内，影响整洁，装果时注意不损伤果实。包装上注明商品名称、生产企业、产品执行标准、净含量、生产日期、保质期、产地、品牌、级别、联系电话等。包装完毕，即可上市销售。

按等级包装，同等级货必须包装规格一致。每一件包装必须是同一品种，同一品质，同等成熟度的草莓，单果重和色泽基本一致。

包装容器保持清洁干燥，坚固耐压，无毒无异味。包果纸须无毒、无异味，无污染，且大小适当，并符合绿色食品相关标准要求。

9 贮藏

草莓不耐贮藏，一般不贮藏。根据客户的订单量，都为当天采摘、包装，当天销售。

10 运输

在装卸运输中要快装快运、轻装轻放，采用专用运输车，装车之前要彻底检查车况是否正常，同时对车厢进行彻底的清扫、消毒。箱子叠装不能过高，装卸时轻装、轻放，防止日晒、雨淋。

绿色食品 柑橘生产技术规程

1 范围

本规程规定了绿色食品柑橘生产所要求的产品质量、产地环境、栽培技术、病虫草防治、适时收获、包装、运输与贮存等技术。

本规程适用于上海市崇明区绿色食品柑橘的生产。

2 规范性引用文件

下列文件对于本文件的应用是必不可少的。凡是注日期的引用文件，仅所注日期的版本适用于本文件。凡是不注日期的引用文件，其最新版本（包括所有的修改单）适用于本文件。

GB/T 8321（所有部分） 农药合理使用准则
GB 12475 农药贮运、销售和使用的防毒规程
NY/T 391 绿色食品 产地环境质量
NY/T 393 绿色食品 农药使用准则
NY/T 394 绿色食品 肥料使用准则
NY/T 426 绿色食品 柑橘类水果
NY/T 658 绿色食品 包装通用准则
NY/T 1056 绿色食品 储藏运输准则

3 产品质量

柑橘质量标准应符合 NY/T 426 的要求。

4 产地环境

生产基地应选择在无污染和生态条件良好的地区。基地选点应远离工矿区和公路铁路干线，避开工业和城市污染源的影响，同时生产基地应具有可持续的生产能力。产地环境的选择必须符合 NY/T 391 的要求。

5 栽培技术

5.1 园地选择

5.1.1 园地规划

修筑必要的道路、排灌和蓄水、附属建筑等设施,营造防护林。防护林选择速生树种,并与柑橘没有共生性病虫害。

5.1.2 品种和砧木选择

5.1.2.1 品种选择

选择有较强抗病性、抗逆性的优质适栽品种。

5.1.2.2 砧木选择

适宜于柑橘的砧木有枳、枳橙、香橙、红橘、朱橘、酸橘等。

5.2 栽植

5.2.1 栽植时间

以春季定植为宜,上海地区一般在3月初至4月上旬春梢萌芽前栽植为宜。

5.2.2 栽植密度

按每亩栽植的永久植株数计,柑橘37株~63株,株行距(3 m~4 m)×(3.5 m~4.5 m),栽植密度应根据品种、砧穗组合、环境条件和管理水平而定。

5.3 土肥水管理

5.3.1 土壤管理

5.3.1.1 深翻扩穴、熟化土壤

深翻扩穴一般在秋梢停长后进行,从树冠处外围滴水线处开始,逐年向外扩展0.4 m~0.5 m。回填时混以绿肥、秸秆或经腐熟的有机肥、堆肥、厩肥、饼肥等,表土放在底,心土放在表层。然后对穴内灌足水分。

5.3.1.2 间作或生草

幼年橘园可间作或实行生草制,种植的间作物或草类应是浅根、矮秆,且与柑橘无共性病虫,以豆科植物和禾本科牧草为宜,适时刈割翻埋于土壤中或覆盖于树盘。

5.3.1.3 覆盖与培土

高温或干旱季节,建议树盘内用秸秆等覆盖,厚度10 cm~15 cm,覆盖物应与根茎保持10 cm左右的距离。培土在冬季中耕松土后进行。可培入塘泥、河泥、砂土或柑橘园附近的肥沃土壤,厚度达8 cm~10 cm。

5.3.1.4 中耕

可在夏、秋季和采果后进行,每年中耕3次~4次,保持土壤疏松无杂草。中耕深度8 cm~15 cm。雨季不宜中耕。

5.3.2 施肥

5.3.2.1 肥料使用原则

（1）持续发展原则。绿色食品柑橘生产中所使用的肥料应对环境无不良影响，有利于保护生态环境，保持或提高土壤肥力及土壤生物活性。

（2）安全优质原则。绿色食品柑橘生产中应使用安全、优质的肥料产品，生产安全、优质的绿色食品。肥料的使用应对作物（营养、味道、品质和植物抗性）不产生不良后果。

（3）化肥减控原则。在保障植物营养有效供给的基础上减少化肥用量，兼顾元素之间的比例平衡，无机氮素用量不得高于当季作物需求量的一半。

（4）有机为主原则。绿色食品柑橘生产过程中肥料种类的选取应以农家肥料、有机肥料、微生物肥料为主，化学肥料为辅。

5.3.2.2 生产用肥料使用规定

（1）绿色食品柑橘生产过程中肥料使用应选用 NY/T 394 所列肥料种类。

（2）农家肥料的使用按 NY/T 394 规定执行。耕作制度允许情况下，宜利用秸秆和绿肥，按照约 25∶1 的比例补充化学氮素。厩肥、堆肥、沤肥、沼肥、饼肥等农家肥料应完全腐熟。

（3）有机肥料的使用按 NY/T 394 规定执行，主要以基肥施入，用量视地力和目标产量而定，可配施农家肥料、微生物肥料、有机-无机复混肥料、无机肥料。

（4）微生物肥料的使用按 NY/T 394 规定执行。可与农家肥料、有机肥料、微生物肥料配合施用，用于拌种、基肥或追肥。

（5）有机-无机复混肥料、无机肥料在绿色食品生产中作为辅助肥料使用，用来补充农家肥料、有机肥料、微生物肥料所含养分的不足。减控化肥用量，其中无机氮素用量按当地同种作物习惯施肥用量减半使用。

（6）根据土壤障碍因素，可选用土壤调理剂改良土壤。

5.3.2.3 施肥方法

（1）土壤施肥。可采用环状沟施、条沟施和土面撒施等方法。在树冠滴水线外挖沟（穴），深度 20 cm~40 cm。东西、南北对称轮换位置施肥。土面撒施的肥料以造粒缓释肥为主。速溶化肥应浅沟（穴）施。

（2）叶面追肥。在不同的生长发育期，选取不同种类的肥料进行叶面追肥，以补充树体对营养的需求。高温干旱期应按使用浓度范围的下限施用，果实采收前 20 天内停止叶面追肥。

（3）幼树施肥。勤施薄施，以氮肥为主，配合施用磷、钾肥。春、夏、秋梢抽生期施肥 4 次~6 次，顶芽自剪至新梢转绿前增加根外追肥，7 月 20 日后停止施用氮肥。肥量应由少到多逐年增加。

（4）结果树施肥。①施肥量：以产果 100 kg 施纯氮 0.6 kg~0.8 kg，氮、磷、钾比例以 1∶（0.4~0.5）∶（0.8~1）为宜。微量元素肥以缺补缺，作叶面喷施，按

0.1%~0.3%浓度施用。②施肥时间：采果后施足量的有机肥（基肥），所施用量占全年的 20%~40%；花前（萌芽）肥以磷、氮为主，氮施用量占全年的 20%；稳（壮）果肥以氮、钾为主，配合施用磷肥，氮施用量占全年的 40%~60%。微量元素肥在春梢生长期施用。

5.3.3 水分管理

5.3.3.1 灌溉

柑橘树在春梢萌动及开花期（3月—5月）和果实膨大期（7月—10月）对水分敏感。此期若发生干旱应及时灌溉。

5.3.3.2 排水

及时清淤，疏通排灌系统。多雨季节或果园积水时通过沟渠及时排水。

5.4 整形修剪

5.4.1 适宜树形

一般采用自然圆头形整形。桔苗定植后，在主干离地 25 cm 以上选留生长强、分布均匀的 3 条~4 条新梢作为主枝，以后在各主枝上相距 50 cm 左右，选留 2 个~3 个副主枝，方向互相错开，并与主干成 60°~70°，再在主枝与副枝上配置侧枝。

5.4.2 修剪要点

5.4.2.1 幼树期

以轻剪为主。选定主枝和副主枝后，对其延长枝适当短截，促发分枝，并以短截程度和剪口芽方向调节各主枝之间长势，平衡树势。轻剪其余枝梢，避免过多的疏剪和重短截。除对过密枝群作适当疏删外，内膛枝和树冠中下部较弱的枝梢一般均保留。

5.4.2.2 初结果期

继续选择和短截处理各级骨干枝延长枝，抹除夏梢，促发健壮秋梢。对过长的营养枝留 8 片~10 片叶及时摘心，回缩或短截结果后枝组。抽生较多夏、秋梢营养枝时，可采用"三三制"处理：即短截 1/3 长势较强的，疏去 1/3 衰弱的，保留 1/3 长势中庸的。秋季对旺长枝采用环割、断根、控水等促花措施。

5.4.2.3 盛果期

及时回缩结果枝组、落花落果枝组和衰退枝组；剪除枯枝、病虫枝、过密枝；对较拥挤的骨干枝适当疏剪开出"天窗"，将光线引入内膛；对当年抽生的夏、秋梢营养枝，通过短截其中部分枝梢或"三三制"处理调节来年产量，防止大小年结果；花量较大时适量疏花或疏果。对无叶枝组，在重疏删基础上，对大部分或全部枝梢做短截处理。

5.4.2.4 衰老更新期

应减少花量，甚至舍弃全部产量以恢复树势；在回缩衰退枝组的基础上。疏删密弱枝群，短截所有夏、秋梢营养枝和有叶结果枝；极衰弱植株在萌芽前对侧枝或主枝进行回缩处理；衰老树经更新修剪后促发的夏、秋梢应进行"短强、留中、去弱"的"三三制"处理。

5.5 花果管理
5.5.1 控花
冬季修剪以短截、回缩为主；进行花前复剪，强枝适当多留花，弱枝少留或不留，有叶花多留，无叶花少留或不留；抹除畸形花、病虫花等。
5.5.2 人工疏果
分2次进行。第一次在生理落花后，只疏除小果、病虫果、畸形果、密弱果；第二次在生理落果结束后，根据叶果比进行疏果，适宜叶果比为（30~40）：1，弱树叶果比适度加大。

6 病虫草防治技术

6.1 有害生物防治原则
绿色食品柑橘生产中有害生物的防治应遵循以下原则。
6.1.1 以保持和优化农业生态系统为基础
建立有利于各类天敌繁衍和不利于病虫草害孳生的环境条件，提高生物多样性，维持农业生态系统的平衡。
6.1.2 优先采用农业措施
如抗病虫品种、种子种苗检疫、培育壮苗、加强栽培管理、中耕除草、耕翻晒垡、清洁田园、轮作倒茬等。
6.1.3 尽量利用物理和生物措施
如用灯光、色彩诱杀害虫，机械捕捉害虫，释放害虫天敌，机械或人工除草等。
6.1.4 必要时合理使用低风险农药
如没有足够有效的农业、物理和生物措施，在确保人员、产品和环境安全的前提下按照6.6的规定，配合使用低风险的农药。
6.2 植物检疫
禁止检疫性病虫害从疫区传入保护区，保护区不得从疫区调运苗木、接穗、果实和种子，一经发现立即销毁。
6.3 农业防治
合理修剪，保持树冠通风透光良好；合理负载，保持树体健壮；加强栽培管理，增强树势，提高树体自身抗病虫能力；提高采果质量，减少果实伤口，降低果实腐烂率。具体采取剪除病虫枝、人工捕捉成虫、清除枯枝落叶、深翻树盘、地面秸秆覆盖、地面覆膜、科学施肥等措施抑制或减少病虫害发生。
6.4 物理防治
6.4.1 应用灯光防治害虫
可用黑光灯诱杀吸果夜蛾、金龟子、卷叶蛾等。
6.4.2 应用趋化性防治害虫
大实蝇、拟小黄卷叶蛾等害虫对糖醋液有趋性，可利用其特性，在糖醋液中加入农药诱杀。

6.4.3 应用色彩防治害虫
可用黄板诱集柑橘粉虱，效果也很好。

6.4.4 人工捕捉害虫
人工捕捉天牛、金龟子等害虫。

6.5 生物防治

6.5.1 改善果园生态环境

6.5.2 人工引移、繁殖释放天敌
用尼氏钝绥螨防治螨类；用日本方头甲和湖北红点唇瓢虫等来防治矢尖蚧；用松毛虫赤眼蜂防治卷叶蛾等。

6.5.3 应用生物源农药和矿物源农药防治害虫。

6.5.4 人工剪除
对有疮痂病、树脂病、炭疽病等危害的枝条以人工适当剪除的方法进行防治。

6.5.5 可通过果园散养鸡、鸭等防治蜗牛。

6.6 农药使用准则

6.6.1 农药选用

6.6.1.1 所选用的农药应符合相关的法律法规，并获得国家农药登记许可。

6.6.1.2 应选择对主要防治对象有效的低风险农药品种，提倡兼治和不同作用机理农药交替使用。

6.6.1.3 农药剂型宜选用悬浮剂、微囊悬浮剂、水剂、水乳剂、微乳剂、颗粒剂、水分散粒剂和可溶性粒剂等环境友好型剂型。

6.6.1.4 绿色食品柑橘生产农药使用应按照 NY/T 393 的规定，优先从 NY/T 393 表 A.1 中选用农药。在 NY/T 393 表 A.1 所列农药不能满足有害生物防治需要时，还可适量使用 NY/T 393 A.2 所列的农药。

6.6.2 农药使用规范

6.6.2.1 应在主要防治对象的防治适期，根据有害生物的发生特点和农药特性，选择适当的施药方式。

6.6.2.2 应按照农药产品标签或 GB/T 8321 和 GB 12475 的规定使用农药，控制施药剂量（或浓度）、施药次数和安全间隔期。

7 适时收获

7.1 采前准备
旧的用具先检查整修，后洗净晒干；果剪圆头平口、刀口锋利，采果篮大小适中，容量 7 kg~8 kg，盛果箩筐容量一般 20 kg~30 kg，内壁光滑并垫柔软物，树冠高大者需备"人"字形梯凳；采果人员采果前要剪平指甲。

7.2 采收期
按各品种固有的色泽而定，加工与鲜销的着色七成开始采收，贮藏的可在着色八成

左右时采摘；具体采收期视气候条件确定，凡遇风霜、露、雨水未干和雾天不采，大风大雨后应隔2天采。

7.3 采收方法

选黄留青，分批采收。由外到内，由下而上依次进行；采果时不可攀枝拉果，遇到采果不便处可用两剪法，把果蒂剪平；伤果、落地果、粘花果、病虫果，必须另外放置，枯枝杂物不要混在果中；采下果实不要随地堆放，不可日晒雨淋。

8 包装、运输与贮存

8.1 包装

8.1.1 包装应符合 NY/T 658 的要求。

8.1.2 单果用包装纸。包装材料应清洁，质地细致柔软。

8.1.3 果品装箱应排列整齐，内衬垫箱纸质量与包果纸相同。果箱用瓦楞纸箱，结构应牢固适用，材料须良好、干燥、无霉变、虫蛀、污染。

8.1.4 每箱净重不超过 20 kg。

8.2 运输与贮存

8.2.1 贮存与运输应符合 NY/T 1056 的要求。

8.2.2 柑橘易碰伤、腐烂，运输应做到快装、快运、快卸。严禁日晒雨淋，装卸、搬运时要轻拿轻放，严禁乱丢乱掷。

8.2.3 运输工具的装运舱应清洁、干燥、无异味，最适温度为6℃~8℃。水运时应防止水溅入舱中。防止受潮、虫蛀、鼠咬。

8.2.4 冷库存贮必须经2天~3天预冷，达到最终温度，保持库内相对湿度85%~90%。

绿色食品 桃生产技术规程

1 范围

本规程规定了绿色食品桃生产所要求的产品质量、产地环境、栽培技术、病虫草防治、适时收获等技术。

本规程适用于上海市崇明区绿色食品桃的生产。

2 规范性引用文件

下列文件对于本文件的应用是必不可少的。凡是注日期的引用文件，仅所注日期的版本适用于本文件。凡是不注日期的引用文件，其最新版本（包括所有的修改单）适用于本文件。

GB/T 8321（所有部分） 农药合理使用准则

GB 12475 农药贮运、销售和使用的防毒规程

NY/T 391 绿色食品 产地环境质量

NY/T 393 绿色食品 农药使用准则

NY/T 394 绿色食品 肥料使用准则

NY/T 658 绿色食品 包装通用准则

NY/T 844 绿色食品 温带水果

3 产品质量

桃质量标准应符合 NY/T 844 的要求。

4 产地环境

桃的产地环境的选择必须符合 NY/T 391 的要求。桃园建在地势高爽、土层深厚、排水良好的地方。

5 栽培技术

5.1 目标和指标

5.1.1 目标

定植3年见果，第5年至第15年亩产量稳定在1 500 kg左右。

5.1.2 产量结构指标

单株产量 45 kg~50 kg，单株坐果≥250 个，单果重≥175 g。

5.1.3 形态结构指标

定植第 1 年，三大主枝基本形成；第 2 年，每一主枝的第一侧枝基本形成，树冠直径 2 m，新枝有部分花芽形成；第 3 年，主干直径≥7 cm，树冠直径 3 m，挂果桃树≥80%；第 4 年，每一主枝上的 2 个侧枝配置完毕，树体主要骨架形成，树冠直径 3.5 m。

5.2 育苗

5.2.1 砧木

选用适应性强、根系发达的野生毛桃。

5.2.2 接穗

在 3 年生以上无病的桃长果枝上，选择健壮的芽作接穗。

5.2.3 嫁接时间

9 月中下旬，采用"T"形芽接方法嫁接。

5.2.4 嫁接部位

在砧木挺直、光滑，离根颈 10 cm 左右处。

5.3 大田准备

5.3.1 定植前的大田准备

深翻土壤，使之熟化，深度不浅于 30 cm；按照行距，开好畦沟，沟宽 60 cm，沟深 40 cm，做到深沟高畦，畦面呈龟背形，并做到三沟（畦沟、腰沟、垄沟）配套。

5.3.2 园内道路设置

做到主干道和操作道配套，主干道贯穿整个果园，每隔 120 m 配置 1 条与主干道垂直的操作道。

5.4 定植

5.4.1 选用接芽饱满，生长健壮、根系发达、无病虫害的芽苗作定植苗。

5.4.2 定植时间

落叶后或早春萌芽前均可种植，但以秋末冬初定植为宜（11 月底至 12 月底）。

5.4.3 定植密度

行距 4 m，株距 4 m，42 株/亩。

5.4.4 栽植技术

栽植时做到深穴浅种，定植穴深 40 cm~45 cm，宽 50 cm~60 cm，将穴内挖出的泥土用 1 份充分腐熟的有机肥（约 15 kg）与 5 份园土充分拌匀后填入穴内，再填入 1 层熟土，然后种上桃苗。栽植时剪除伤根部分，剥除接芽以下野芽。接芽应朝向迎风面，根系应自然伸展，扶正进行填土，栽植深浅以苗木原来的土痕稍高于畦面为宜，填土时切忌架空，使土壤与根系紧密接触，并及时浇水，植后次日用双脚踏实根系周围土壤，进行培土，在接芽上方 1 cm~1.5 cm 处剪砧，及时搭好三角保护架。

5.5 定植后管理

5.5.1 萌芽后及时抹除野芽，保证接芽正常生长；当接芽新梢长至 30 cm 时，要用竹

竿和布条将新梢绑扎扶直。

5.5.2 肥料要勤施薄施,从萌芽期至7月,每月浇施1次~2次1:(3~4)的薄水粪,或0.5%的复合肥,以促进新梢的旺盛生长。

5.5.3 多次摘心,加快树冠形成

第一次摘心(即定干)在5月下旬,接芽新梢长至40 cm时进行,摘心长度约35 cm,促发二次枝;第二次摘心在6月中下旬,当二次梢生长至40 cm时进行,利用三次梢扩大树冠。第二次摘心时按照自然开心形要求,选定三大主枝,用竹竿绑扎,对三主枝以外的枝条作为辅养枝处理,摘心并拉成水平状,使之缓和生长。

5.6 整形修剪

5.6.1 树形

采用自然开心形。主干高30 cm~45 cm,主干上三主枝错落着生,主枝间夹角120°左右,主枝基角55°~60°,腰角60°~70°,梢角40°~50°(封行时),使之基角大,腰角荡,梢角翘,主枝在延长中应转换造成小弯曲,同时应使三主枝的长势达到相对平衡。每主枝上配置2个~3个侧枝,第一侧枝距主干枝约45 cm,第二侧枝距第一侧枝40 cm,侧枝角度应大于主枝角度,以70°~80°为宜,三大主枝上的同级侧枝应顺向排列,避免交叉。同时,应注意培养结果枝组,结果枝组应有大、中、小不同类型,使之错落有序。除了主枝、侧枝以外的大枝,只要不影响树体的通风透光和骨干枝生长的情况下,应加以控制,充分利用结果,造就大枝少而精的坚强骨架和形成小枝多、近、匀的立体结果格局。

5.6.2 修剪

5.6.2.1 冬季修剪

又称休眠期修剪(11月下旬至翌年2月底),应用的修剪方法有短截、长放、疏枝、回缩、拉枝、压枝等。对于幼树修剪,由于幼树在上海地区生长比较旺盛,因此,在培养树形骨架的同时,应适当轻剪,增加枝量,缓和树势。在修剪时,注意枝组更新复壮,运用抑前促后的方法,稳定结果部位,延缓结果部位的上升和外延。对成年树修剪,根据树势强弱而定,一般以短剪为主。

5.6.2.2 夏季修剪

又称生长期修剪,内容包括抹芽、摘心扭梢、剪梢等。对各级延伸枝剪口附近的竞争芽、疏除大枝锯口附近的徒长芽、三主枝主干以下的萌芽及砧上的萌蘖都应抹除,保证使用芽的正常生长。5月中旬,对徒长梢,骨干延伸梢的竞争梢应及时摘心、拧梢,控制徒长,保证骨干新梢的正常生长。6月—7月继续搞好夏剪工作,改善树体通风透光,促进果实膨大和花芽分化,果实采收后根据树体通风透光条件再进行1次适度修剪,以利养分积累。

5.7 土、水、肥管理

5.7.1 桃在生产过程中选用绿色食品肥料使用准则NY/T 394的规定允许使用的肥料种类,并根据农技部门和果树专家指导的优化配方施肥技术进行科学合理施肥。优先使用优质有机肥料，减少化肥施用量，保持或增加土壤肥力和生物活性。

5.7.2 土壤管理

5.7.2.1 深耕

时间在11月中下旬结合施基肥进行，深度在25 cm~30 cm。

5.7.2.2 中耕

一般结合除草、追肥进行，疏松土壤，促进根系生长。

5.7.2.3 间作和覆盖

幼树期，在桃树株、行间间作绿肥或牧草，有效防治杂草；炎热夏季，当作物长至一定高度，刈割后覆盖在桃树根干部，能有效缓解水分蒸发，保持土壤水分，促进果实生长。

5.7.3 灌水与排水

桃生产基地拥有自己独立的排灌系统，水质没有污染。基地密布沟系和灌水管道，纵横交错，为灌水与排水提供了保证。在春季4月—6月多雨季节，基本做到园内无积水；在夏季干旱时，通过灌水管道，保证水分供给，促进果实膨大。

5.7.4 施肥

成年桃树施肥因树势、品种而异，一般1年施肥4次，即基肥、催花芽肥、果实膨大肥和采后肥。

5.7.4.1 基肥

以有机肥为主，每亩成年桃树1 000 kg左右（幼树500 kg）的腐熟猪粪或鸡粪。可采用沟施或结合深翻施入。

5.7.4.2 催花芽肥

萌芽期，在根冠外围施入三元复混肥，每株0.5 kg~1.0 kg。

5.7.4.3 果实膨大肥

5月中旬至6月中旬果实膨大时施入三元复混肥50 kg/亩。

5.7.4.4 采后肥

果实采收后，根据产量多少，桃树品种、长势强弱来确定追施数量。

5.7.5 肥料使用原则

（1）持续发展原则。绿色食品桃生产中所使用的肥料应对环境无不良影响，有利于保护生态环境，保持或提高土壤肥力及土壤生物活性。

（2）安全优质原则。绿色食品桃生产中应使用安全、优质的肥料产品，生产安全、优质的绿色食品。肥料的使用应对作物（营养、味道、品质和植物抗性）不产生不良后果。

（3）化肥减控原则。在保障植物营养有效供给的基础上减少化肥用量，兼顾元素之间的比例平衡，无机氮素用量不得高于当季作物需求量的一半。

（4）有机为主原则。绿色食品桃生产过程中肥料种类的选取应以农家肥料、有机肥料、微生物肥料为主，化学肥料为辅。

5.7.6 生产用肥料使用规定

（1）绿色食品桃生产过程中肥料使用应选用 NY/T 394 所列肥料种类。

（2）农家肥料的使用按 NY/T 394 规定执行。耕作制度允许情况下，宜利用秸秆和绿肥，按照约 25∶1 的比例补充化学氮素。厩肥、堆肥、沤肥、沼肥、饼肥等农家肥料应完全腐熟。

（3）有机肥料的使用按 NY/T 394 规定执行，主要以基肥施入，用量视地力和目标产量而定，可配施农家肥料、微生物肥料、有机-无机复混肥料、无机肥料。

（4）微生物肥料的使用按 NY/T 394 规定执行。可与农家肥料、有机肥料、微生物肥料配合施用，用于拌种、基肥或追肥。

（5）有机-无机复混肥料、无机肥料在绿色食品桃生产中作为辅助肥料使用，用来补充农家肥料、有机肥料、微生物肥料所含养分的不足。减控化肥用量，其中无机氮素用量按当地同种作物习惯施肥用量减半使用。

（6）根据土壤障碍因素，可选用土壤调理剂改良土壤。

5.8 果实管理

为了提高单产，保证桃的质量，要对果实采取严格而细致的管理措施，使之达到优质。

5.8.1 提高坐果率

5.8.1.1 加强采果后的管理，防止提早落叶，保持树势健壮，促进花芽分化和养分的积累。

5.8.1.2 对于无花粉或花粉少的品种，注意正确配置授粉品种；在气候恶劣的条件下，要进行人工授粉，采集开花早、品质好的品种如玉露的花朵，筛选出花粉待用，到该品种开花时进行点花。

5.8.2 合理定果

为了使果实达到一定规格，并避免果树产生大小年，挂果多时，应进行疏果，留果量的多少要根据树冠大小、结果枝类型、树势强弱、品种特性来确定，时间在 5 月上旬至中下旬分期进行，第二次生理落果基本结束时进行定果。首先疏除病虫果、畸形果、无叶果，留果量一般采用"1-2-1"原则，即中果枝留 1 个果，长果枝留 2 个果，短果枝留 1 个果。

5.8.3 套袋

为了使桃着色均匀、美观，免受病虫危害和农药污染，采用安全卫生、防水的纸袋进行套袋。套袋时间一般在 5 月 20 日前后，套袋前，统一喷打 1 次药剂，防止病虫危害。

6 病虫草防治

为了真正实现绿色食品，桃在生产过程中，对病虫草等有害生物坚决执行"预防为主，综合防治"的方针。

6.1 主要病虫害

桃生产基地病害主要有炭疽病、缩叶病、细菌和真菌性穿孔病等；虫害主要有桃蚜、红蜘蛛、苹小卷叶蛾、桃小食心虫等。

6.1.1 有害生物防治原则

绿色食品桃生产中有害生物的防治应遵循以下原则。

6.1.1.1 以保持和优化农业生态系统为基础

建立有利于各类天敌繁衍和不利于病虫草害孳生的环境条件，提高生物多样性，维持农业生态系统的平衡。

6.1.1.2 优先采用农业措施

如抗病虫品种、种子种苗检疫、培育壮苗、加强栽培管理、中耕除草、耕翻晒垡、清洁田园、轮作倒茬等。

6.1.1.3 尽量利用物理和生物措施

如用灯光、色彩诱杀害虫，机械捕捉害虫，释放害虫天敌，机械或人工除草等。

6.1.1.4 必要时合理使用低风险农药

如没有足够有效的农业、物理和生物措施，在确保人员、产品和环境安全的前提下按照6.3的规定，配合使用低风险的农药。

6.2 防治方法

6.2.1 生态防治

在桃园内种植蚕豆等蜜源植物，并减少广谱性农药的施用次数，保护天敌，从而增加天敌数量，利用自然界竞争来降低虫口数量。

6.2.2 农业防治

提供桃树良好的肥水条件，增强树势，提高桃树自身的抗病能力；及时清除枯枝落叶及杂草等病虫寄生物，降低病虫基数。

6.2.3 物理防治

生产基地内安装了高压频振式诱虫灯，对害虫成虫进行捕杀和预测预报。

6.2.4 生物防治

在基地果园内通过悬挂苹小卷叶蛾、桃小、桃潜叶蛾等害虫的性诱剂，对这些害虫的雄性成虫进行生物诱杀，从而减少交配，降低虫口基数，并且可为化学防治作出准确预报。

6.3 农药使用准则

6.3.1 农药选用

6.3.1.1 所选用的农药应符合相关的法律法规，并获得国家农药登记许可。

6.3.1.2 应选择对主要防治对象有效的低风险农药品种，提倡兼治和不同作用机理农药交替使用。

6.3.1.3 农药剂型宜选用悬浮剂、微囊悬浮剂、水剂、水乳剂、微乳剂、颗粒剂、水分散粒剂和可溶性粒剂等环境友好型剂型。

6.3.1.4　绿色食品桃生产农药使用应按照 NY/T 393 的规定，优先从 NY/T 393 表 A.1 中选用农药。在 NY/T 393 表 A.1 所列农药不能满足有害生物防治需要时，还可适量使用 NY/T 393 A.2 所列的农药。

6.3.2　农药使用规范

6.3.2.1　应在主要防治对象的防治适期，根据有害生物的发生特点和农药特性，选择适当的施药方式。

6.3.2.2　应按照农药产品标签或 GB/T 8321 和 GB 12475 的规定使用农药，控制施药剂量（或浓度）、施药次数和安全间隔期。

7　适时收获

7.1　适时采收，提高果品质量

7.1.1　采收成熟度标准

果面开始泛白者为七成熟，大部分泛白、微红者为八成熟，全部泛白、红色并开始变软者为九成熟；远距离销售宜六成熟，进市销售的桃子以八成熟为最佳，当地销售则以九成熟为宜。

7.1.2　采收方法

先将果袋底撕开一小口，确定成熟度；用手掌托住果实，满把握，向侧掰，不要扭转，连套袋一起摘下；注意不能用手指按压果实，以免果实受伤。

7.2　分级

先剔除病虫果、受伤果和畸形果，然后按重量规格在自动分级机上分级。

7.3　包装

包装应符合 NY/T 658 的要求。按包装大小分为 2 种规格。大包装采用双层瓦楞纸箱，内衬碎纸屑防震；小包装采用 PP 吸塑包装桃，外面罩上保鲜膜。包装上注明商品名称、生产企业、执行标准、生产日期、保质期等。

绿色食品 梨生产技术规程

1 范围

本规程规定了绿色食品梨生产所要求的产品质量、产地环境、栽培技术、病虫草防治、适时收获、分级、包装、贮运等技术。

本规程适用于上海市崇明区绿色食品梨的生产。

2 规范性引用文件

下列文件对于本文件的应用是必不可少的。凡是注日期的引用文件，仅所注日期的版本适用于本文件。凡是不注日期的引用文件，其最新版本（包括所有的修改单）适用于本文件。

GB/T 8321（所有部分） 农药合理使用准则

GB 12475 农药贮运、销售和使用的防毒规程

NY/T 391 绿色食品 产地环境质量

NY/T 393 绿色食品 农药使用准则

NY/T 394 绿色食品 肥料使用准则

NY/T 658 绿色食品 包装通用准则

NY/T 844 绿色食品 温带水果

NY/T 1056 绿色食品 储藏运输准则

3 产品质量

梨质量标准应符合 NY/T 844 的要求。

4 产地环境

生产基地应选择在无污染和生态条件良好的地区。基地选点应远离工矿区和公路铁路干线，避开工业和城市污染源的影响，同时生产基地应具有可持续的生产能力。产地环境的选择必须符合 NY/T 391 的要求。

5 栽培技术

5.1 园地选择

5.1.1 园地规划

修筑必要的道路、排灌和蓄水、附属建筑等设施，营造防护林。防护林选择速生树种，并与梨没有共生性病虫害。

5.1.2 品种和砧木选择

5.1.2.1 品种选择

选择有较强抗病性、抗逆性的丰产优质适栽品种。如翠冠、黄花、早生新水、新世纪、清香、新高、丰水等。

5.1.2.2 配置授粉品种

授粉品种要求经济价值高，丰产优质，与主栽品种授粉亲和力好，花量花粉量大，且与主栽品种花期基本一致。授粉品种与主栽品种的配置以1∶4为宜。

5.1.2.3 砧木的选择

适宜于梨的砧木有棠梨、豆梨、砂梨等。

5.2 栽植

5.2.1 栽植时间

秋季落叶后至翌年萌芽前均可栽植，但以10月—11月为最佳，其次为2月—3月。

5.2.2 栽植密度

按每亩栽植的永久植株数计，梨44株~84株，株行距（2 m~3 m）×（4 m~5 m），栽植密度应根据品种、砧穗组合、环境条件和管理水平而定。

5.3 土肥水管理

5.3.1 土壤管理

5.3.1.1 深翻扩穴，熟化土壤

深翻扩穴一般在秋梢停长后进行，从树冠外围滴水线处开始，逐年向外扩展0.4 m~0.5 m。回填时混以绿肥、秸秆或经腐熟的人畜粪尿、堆肥、厩肥、饼肥等，表土放在底层，心土放在表层，然后对穴内灌足水分。

5.3.1.2 间作或生草

幼年梨园可间作或实行生草制，种植的间作物或草类应是浅根、矮秆且与梨无共生性病虫，以豆科植物和禾本科牧草为宜，适时刈割翻埋于土壤中或覆盖于树盘。

5.3.1.3 覆盖与培土

高温或干旱季节，树盘内用秸秆、塑料薄膜等覆盖，厚度10 cm~20 cm，覆盖物应与根颈保持10 cm左右的距离。培土在冬季中耕松土后进行。可培入塘泥、河泥、砂土或梨园附近的肥沃土壤，厚度8 cm~10 cm。

5.3.1.4 深翻、中耕

深翻多在秋季进行，深度在20 cm左右，离树干渐远，耕翻渐深。秋季深翻多与施

基肥结合进行，可提高地温，促进伤口愈合和新根生长；可在夏、秋季和采果后进行，每年中耕3次~4次，保持土壤疏松无杂草。中耕深度5 cm~10 cm。雨季不宜中耕。

5.3.2 施肥

5.3.2.1 肥料使用原则

（1）持续发展原则。绿色食品梨生产中所使用的肥料应对环境无不良影响，有利于保护生态环境，保持或提高土壤肥力及土壤生物活性。

（2）安全优质原则。绿色食品梨生产中应使用安全、优质的肥料产品，生产安全、优质的绿色食品。肥料的使用应对作物（营养、味道、品质和植物抗性）不产生不良后果。

（3）化肥减控原则。在保障植物营养有效供给的基础上减少化肥用量，兼顾元素之间的比例平衡，无机氮素用量不得高于当季作物需求量的一半。

（4）有机为主原则。绿色食品梨生产过程中肥料种类的选取应以农家肥料、有机肥料、微生物肥料为主，化学肥料为辅。

5.3.2.2 生产用肥料使用规定

（1）绿色食品梨生产过程中肥料使用应选用NY/T 394所列肥料种类。

（2）农家肥料的使用按NY/T 394规定执行。耕作制度允许情况下，宜利用秸秆和绿肥，按照约25∶1的比例补充化学氮素。厩肥、堆肥、沤肥、沼肥、饼肥等农家肥料应完全腐熟。

（3）有机肥料的使用按NY/T 394规定执行，主要以基肥施入，用量视地力和目标产量而定，可配施农家肥料、微生物肥料、有机-无机复混肥料、无机肥料。

（4）微生物肥料的使用按NY/T 394规定执行。可与农家肥料、有机肥料、微生物肥料配合施用，用于拌种、基肥或追肥。

（5）有机-无机复混肥料、无机肥料在绿色食品梨生产中作为辅助肥料使用，用来补充农家肥料、有机肥料、微生物肥料所含养分的不足。减控化肥用量，其中无机氮素用量按当地同种作物习惯施肥用量减半使用。

（6）根据土壤障碍因素，可选用土壤调理剂改良土壤。

5.3.2.3 施肥方法

（1）土壤施肥。可采用环状沟施、条沟施和地面撒施等方法。在树冠滴水线外挖沟（穴），深度20 cm~40 cm。东西、南北对称轮换位置施肥。地面撒施的肥料以颗粒缓效肥为主。速溶化肥应浅沟（穴）施。

（2）叶面追肥。在不同的生长发育期，选取不同种类的肥料进行叶面追肥，以补充树体对营养的需求。高温干旱期应按使用浓度范围的下限施用，果实采收前20天内停止叶面追肥。

（3）基肥。基肥以有机肥为主，基肥的用量一般约占梨园全年施肥总量的60%~70%。单株年施基肥量不应低于100 kg，并需配合过磷酸钙1 kg~1.5 kg，尿素1 kg。

（4）幼树施肥。薄施勤施，以氮肥为主，配合施用磷、钾肥。一般在3月—9月，每月进行根际追肥1次,肥料以腐熟的稀薄人畜粪为主,加入不多于0.5%的尿素,施肥量应由少到多逐年增加。

(5) 结果树施肥。

①施肥量。以产果100 kg施纯氮0.6 kg~0.8 kg,氮:磷:钾=1:(0.4~0.5):(0.8~1)为宜。微量元素肥以缺补缺,作叶面喷施,按0.1%~0.3%浓度施用。

②施肥时间。

(a) 花前施肥:一般在萌芽前10天~15天,即2月下旬至3月上旬施入,主要以氮肥为主。

(b) 花后追肥:一般在5月中旬施入,如梨树健壮,花前肥充足,而结果量又较少,则不宜多施,或推迟到5月下旬至6月上旬花芽分化开始时施入。此期以氮肥为主,同时可叶面喷施0.2%磷酸二氢钾和0.2%的过磷酸钙浸出液各2次~3次。

(c) 果实膨大期施肥。一般在6月中旬施入,以根际施钾、氮为主,氮、磷、钾肥配合施用,同时对叶面喷施0.2%磷酸二氢钾和0.3%的尿素的混合液2次~3次。

(d) 采果后施肥。一般在8月—9月施入,此期可结合施基肥进行,同时对叶面喷施0.3%磷酸二氢钾和0.4%的尿素的混合液1次~2次。

5.3.3 水分管理

5.3.3.1 灌溉

梨树1年中有4个明显需水期,萌芽期至花芽分化前期(3月—5月),亮叶期至胚形成期(5月下旬—6月上中旬),果实膨大期(6月下旬—8月上旬),树体营养贮藏期至落叶期(8月中旬—11月上中旬),对水分敏感。此期若发生干旱应及时灌溉。

5.3.3.2 排水及时清淤,疏通排灌系统。多雨季节或果园积水时通过沟渠及时排水。

5.4 整形修剪

5.4.1 适宜树形

自然开心形:干高30 cm~40 cm,无明显中心干,主枝3个~4个,且在主干上的分布错落有致。主枝分枝角30°~50°,各主枝上配置副主枝2个~3个,一般在第三主枝形成后,即将类中央干剪除或扭向一边作结果枝组。

小冠疏散分层形:干高40 cm~50 cm,具明显中心干,主枝5个~7个,分层排列在中心干上,第一层主枝3个~4个,第二层主枝2个,第三层主枝1个,不需要培养副主枝,直接着生结果枝组。

5.4.2 修剪要点

5.4.2.1 幼树期(以小冠疏散分层形为例)

以整形为主,定干高度一般在距地面50 cm~80 cm处剪切。剪口下所留的第一芽,要求芽体饱满、健壮,以便形成中央主干,其下的整形带内,要求有5个~7个饱满芽,选留3个~4个枝作为主枝。3个主枝的分枝角度互成120°夹角(4个主枝为90°角),在培育成第一层主枝后,中心主干的延长头要轻剪。剪口芽的方向,要在第一层主枝剪口芽的反位。其抽生的强旺枝,除留1个强枝作主干外,应将其余2个枝开张角度,用作第二层主枝，第一层和第二层主枝距离为 80 cm~100 cm，第一层主枝上各留 2 个侧枝，第一侧枝距主干 50 cm，第二侧枝在第一侧枝对面，距第一侧枝 20 cm~40 cm。在中心主干延长枝上，继续选留 1 个主枝（距第二层 60 cm）作为第三层。第二层和第三层主枝上不留侧枝，只留枝组。

5.4.2.2　初结果期

梨苗木定植后的第 2 年，即可以挂果，但应控制结果，以促进树冠扩大。结果母枝和结果枝的修剪应强枝弱剪，弱枝强剪，一般果枝留 3 个~8 个花序。

5.4.2.3　盛果期

及时回缩结果枝组、落花落果枝组和衰退枝组。剪除枯枝、病虫枝。保持中庸的树势，平衡生长与结果的关系，细致修剪结果枝组。对较拥挤的骨干枝适当疏剪开出"天窗"，将光线引入内膛。

5.4.2.4　衰老更新期

应减少花量，甚至舍弃全部产量以恢复树势。大枝更新先从上层主枝开始，再进行下层大枝更新。将大枝重回缩到有较好的分枝处，离主干越近越好，抽生新枝时，重新确定主枝的选留。对内膛光秃的树干，可用切腹接进行高接补空，形成新的树冠。对枝组进行回缩更新。

5.5　花果管理

5.5.1　促花

冬季修剪宜轻剪延长枝，拉平缓放中长枝，35 cm 左右长的枝条不动剪；对梨树的骨干枝要开张角度促花，一般幼果期果树第一层开张到 40°~45°角，第二、第三层枝开张到 35°~40°，成年树第一层枝开张到 60°~70°，第二、第三层枝开张到 50°~60°。

5.5.2　保花

早施基肥，在开花抽梢前 2 周（2 月下旬至 3 月上旬）进行重施保花保果肥，并综合防治病虫害；在花期也可进行人工辅助授粉，提高坐果率。

5.5.3　人工疏花疏果

5.5.3.1　人工疏花

在梨树开花前疏花蕾和开花期疏花朵，疏花蕾在花序伸出到开花前进行，疏花朵可在整个开花期进行。疏花蕾和疏花朵应在花枝超过总枝数的 50%（即花枝与营养枝比值为 1.0 以上）时进行，如低于 50% 时，不疏花蕾和花朵，只进行一次性疏果。疏花朵时，留花序的密度间距以 15 cm~20 cm 为宜，待开花时，每个花序保留 2 朵~3 朵边花。

5.5.3.2　人工疏果

一般在 5 月上旬进行，留果间距为 20 cm~30 cm 留 1 个~2 个果，疏除小果、病虫果、畸形果、密弱果，做到壮树壮枝多留果，弱枝少留果，树冠上部、外围光照好的多留果，枝冠下部和内膛少留果。具体操作顺序为先疏中、上部和内膛部位，然后疏外围和下部的果。

5.5.4 提倡果实套袋

经过疏果后留定的果实，最好套上标准较高的双层纸袋。一般在生理落果结束后开始套袋。套袋时间越早越好，可尽可能减少外界对果实的刺激。套袋前要严格细致地喷1次杀虫杀菌剂。

6 病虫草防治

6.1 有害生物防治原则

绿色食品梨生产中有害生物的防治应遵循以下原则。

6.1.1 以保持和优化农业生态系统为基础

建立有利于各类天敌繁衍和不利于病虫草害孳生的环境条件，提高生物多样性，维持农业生态系统的平衡。

6.1.2 优先采用农业措施

如抗病虫品种、种子种苗检疫、培育壮苗、加强栽培管理、中耕除草、耕翻晒垡、清洁田园、轮作倒茬等。

6.1.3 尽量利用物理和生物措施

如用灯光、色彩诱杀害虫，机械捕捉害虫，释放害虫天敌，机械或人工除草等。

6.1.4 必要时合理使用低风险农药

如没有足够有效的农业、物理和生物措施，在确保人员、产品和环境安全的前提下按照6.6的规定，配合使用低风险的农药。

6.2 植物检疫

禁止检疫性病虫害从疫区传入保护区，保护区不得从疫区调运苗木、接穗、果实和种子，一经发现立即销毁。

6.3 农业防治

合理修剪，保持树冠通风透光良好；合理负载，保持树体健壮；加强栽培管理，增强树势，提高树体自身抗病虫能力；提高采果质量，减少果实伤口，降低果实腐烂率。具体采取剪除病虫枝、人工捕捉成虫、清除枯枝落叶、深翻树盘、地面秸秆覆盖、地面覆膜、科学施肥、果实套袋等措施抑制或减少病虫害发生。

6.4 物理防治

6.4.1 应用灯光防治害虫

可用黑光灯诱杀梨大食心虫、金龟子等。

6.4.2 应用趋化性防治害虫

梨小食心虫等害虫对糖醋液有趋性，可利用其特性，在糖醋液中加入农药诱杀。

6.5 生物防治

6.5.1 改善果园生态环境

6.5.2 应用生物源农药和矿物源农药防治害虫

6.5.3 利用性诱剂

在田间放置性引诱剂和少量农药,杀死梨小食心虫成虫,减少与雌虫的交配机会。

6.6 农药使用准则

6.6.1 农药选用

6.6.1.1 所选用的农药应符合相关的法律法规,并获得国家农药登记许可。

6.6.1.2 应选择对主要防治对象有效的低风险农药品种,提倡兼治和不同作用机理农药交替使用。

6.6.1.3 农药剂型宜选用悬浮剂、微囊悬浮剂、水剂、水乳剂、微乳剂、颗粒剂、水分散粒剂和可溶性粒剂等环境友好型剂型。

6.6.1.4 绿色食品梨生产农药使用应按照 NY/T 393 的规定,优先从 NY/T 393 表 A.1 中选用农药。在 NY/T 393 表 A.1 所列。农药不能满足有害生物防治需要时,还可适量使用 NY/T 393 A.2 所列的农药。

6.6.2 农药使用规范

6.6.2.1 应在主要防治对象的防治适期,根据有害生物的发生特点和农药特性,选择适当的施药方式。

6.6.2.2 应按照农药产品标签或 GB/T 8321 和 GB 12475 的规定使用农药,控制施药剂量(或浓度)、施药次数和安全间隔期。

7 适时收获

7.1 采前准备

旧的用具先检查整修,后洗净晒干;果剪圆头平口、刀口锋利,采果篮大小适中,容量 7 kg~8 kg,盛果箩筐容量一般 20 kg~30 kg,内壁光滑并垫柔软物,树冠高大者需备"人"字形梯凳;采果人员采果前要剪平指甲。

7.2 采收期

按各品种固有的色泽而定,加工与鲜销的一般在完熟前 15 天开始采收,具体采收期视气候条件确定,凡遇风霜、露、雨水未干和雾天不采,大风大雨后应隔 2 天采。

7.3 采收方法

采果时,掌心握住果实,食指用力压住果柄上端向上掀,使果柄现果枝脱离;伤果、落地果、粘花果、病虫果,必须另外放置,枯枝杂物不要混在果中;采下果实不要随地堆放,不可日晒雨淋。

8 分级、包装、贮运

8.1 包装应符合 NY/T 658 的要求。包装容器必须坚固耐用,清洁卫生,干燥无异味,内外均无刺伤果实的尖突物，并有合适的通气孔，对产品具有良好的保证作用。包装内不得混有杂物，影响果实外观和品质。包装材料及制备标记应无毒性。

8.2 梨采后立即按标准规定的质量条件挑选分级，包装验收，并迅速组织调运至销售地或入库贮存，贮存与运输应符合 NY/T 1056 的要求。

8.3 待运的梨，必须批次分明，堆码整齐，环境清洁，通风良好，严禁烈日暴晒、雨淋，注意防热。贮存和装卸时应轻搬轻放，运输工具必须清洁卫生。严禁与有毒、有异味等有害物品混装、混运。

绿色食品 葡萄生产技术规程

1 范围

本规程规定了绿色食品葡萄生产所要求的产品质量、产地环境、栽培技术、病虫草防治、适时收获等技术。

本规程适用于上海市崇明区绿色食品葡萄的生产。

2 规范性引用文件

下列文件对于本文件的应用是必不可少的。凡是注日期的引用文件，仅所注日期的版本适用于本文件。凡是不注日期的引用文件，其最新版本（包括所有的修改单）适用于本文件。

GB/T 8321（所有部分） 农药合理使用准则

GB 12475 农药贮运、销售和使用的防毒规程

NY/T 391 绿色食品 产地环境质量

NY/T 393 绿色食品 农药使用准则

NY/T 394 绿色食品 肥料使用准则

NY/T 844 绿色食品 温带水果

3 产品质量

葡萄质量标准应符合 NY/T 844 的要求。

4 产地环境

生产基地应选择在无污染和生态条件良好的地区。基地选点应远离工矿区和公路铁路干线，避开工业和城市污染源的影响，同时生产基地应具有可持续的生产能力。产地环境的选择必须符合 NY/T 391 的要求。

5 栽培技术

5.1 园地选择

5.1.1 气候条件

适宜葡萄栽培地区最暖月份的平均气温在 16.6℃ 以上，最冷月的平均气温应该在 -1.1℃ 以上，年平均气温 8℃~18℃；无霜期 120 天以上；年降水量在 800 mm 以内为宜，采前 1 个月内的降水量不宜超过 50 mm；年日照时数 2 000 小时以上。

5.1.2 园地规划设计

葡萄园应根据面积、自然条件和架式等进行规划。规划的内容包括：作业区、品种选择与配置、道路、防护林、土壤改良措施、水土保持措施、排灌系统等。

5.1.3 品种选择

结合气候特点、土壤特点和品种特性（成熟期、抗逆性和采收时能达到的品质等），同时考虑市场、交通和社会经济等综合因素制定品种选择方案。

5.1.4 架式选择

埋土防寒地区多以棚架、小棚架和自由扇形篱架为主；不埋土防寒地区的优势架式有棚架、小棚架、单干双臂篱架和"高宽垂"的"T"形架等。

5.2 建园

5.2.1 苗木质量

苗木要选用粗壮、无病虫、根系发达、芽眼饱满及嫁接口愈合良好的优质壮苗。建议采用脱毒苗木。

5.2.2 定植时间

不埋土防寒地区从葡萄落叶后至第二年萌芽前均可栽植，但以上冻前定植（秋栽）为好；埋土防寒地区以春栽为好。

5.2.3 定植密度

单位面积上的定植株数依据品种、砧木、土壤和架式等而定，常见的栽培密度见表1。适当稀植是葡萄的发展方向。

表1 栽培架式及定植株数

架式	株行距（m）	定植株数（亩）
小棚架	(0.5~1.0)×(3.0~4.0)	166~444
自由扇形	(1.0~2.0)×(2.0~2.5)	333~134
单干双臂	(1.0~2.0)×(2.0~2.5)	333~134
高宽垂	(1.0~2.5)×(2.5~3.5)	76~267

5.2.4 定植

5.2.4.1 苗木消毒

定植前对苗木消毒，常用的消毒液有3 °Bé~5 °Bé石硫合剂或1%硫酸铜。

5.2.4.2 挖定植坑（沟）

采取深沟浅种的模式，挖0.8 m~1.0 m宽，0.8 m~1.0 m深的定植坑或定植沟改土定植。

5.3 土、肥、水管理

5.3.1 土壤管理

以下几种葡萄土壤管理方法应根据品种、气候条件等因地制宜灵活运用。

（1）生草或覆盖：提倡葡萄园种植绿肥或作物秸秆覆盖，提高土壤有机质含量。

（2）深耕翻：一般在新梢停止生长、果实采收后，结合秋季施肥进行深耕，深耕 20 cm～30 cm。秋季深耕施肥后及时灌水；春季深耕较秋季深耕深度浅，春耕在土壤化冻后及早进行。

（3）清耕：在葡萄行和株间进行多次中耕除草，保持土壤疏松和无杂草状态，园内清洁，病虫害少。

5.3.2 施肥

5.3.2.1 肥料使用原则

（1）持续发展原则。绿色食品葡萄生产中所使用的肥料应对环境无不良影响，有利于保护生态环境，保持或提高土壤肥力及土壤生物活性。

（2）安全优质原则。绿色食品葡萄生产中应使用安全、优质的肥料产品，生产安全、优质的绿色食品。肥料的使用应对作物（营养、味道、品质和植物抗性）不产生不良后果。

（3）化肥减控原则。在保障植物营养有效供给的基础上减少化肥用量，兼顾元素之间的比例平衡，无机氮素用量不得高于当季作物需求量的一半。

（4）有机为主原则。绿色食品葡萄生产过程中肥料种类的选取应以农家肥料、有机肥料、微生物肥料为主，化学肥料为辅。

5.3.2.2 生产用肥料使用规定

（1）绿色食品葡萄生产过程中肥料使用应选用 NY/T 394 所列肥料种类。

（2）农家肥料的使用按 NY/T 394 规定执行。耕作制度允许情况下，宜利用秸秆和绿肥，按照约 25∶1 的比例补充化学氮素。厩肥、堆肥、沤肥、沼肥、饼肥等农家肥料应完全腐熟。

（3）有机肥料的使用按 NY/T 394 规定执行，主要以基肥施入，用量视地力和目标产量而定，可配施农家肥料、微生物肥料、有机-无机复混肥料、无机肥料。

（4）微生物肥料的使用按 NY/T 394 规定执行。可与农家肥料、有机肥料、微生物肥料配合施用，用于拌种、基肥或追肥。

（5）有机-无机复混肥料、无机肥料在绿色食品葡萄生产中作为辅助肥料使用，用来补充农家肥料、有机肥料、微生物肥料所含养分的不足。减控化肥用量，其中无机氮素用量按当地同种作物习惯施肥用量减半使用。

（6）根据土壤障碍因素，可选用土壤调理剂改良土壤。

5.3.2.3 施肥的时期和方法

葡萄一年需要多次供肥。一般于果实采收后秋施基肥，以有机肥为主，并与磷肥混合施用，采用深 40 cm～60 cm 的沟施方法。萌芽前追肥以氮、磷为主，果实膨大期和转色期追肥以磷、钾为主。微量元素缺乏地区，依据缺素的症状增加追肥的种类或根外追肥。最后一次叶面施肥应距采收期 20 天以上。

5.3.2.4 施肥量

依据地力、树势和产量的不同，参考每产 100 kg 浆果一年需施纯氮（N）0.25 kg～0.75 kg、磷（P_2O_5）0.25 kg～0.75 kg、钾（K_2O）0.35 kg～1.1 kg 的标准测定，进行平衡施肥。

5.3.3 水分管理

萌芽期、浆果膨大期和入冬前需要良好的水分供应。成熟期应控制灌水。多雨地区地下水位较高，在雨季容易积水，需要有排水条件。

5.4 整形修剪

5.4.1 冬季修剪

根据品种特性、架式特点、树龄、产量等确定结果母枝的剪留强度及更新方式。结果母枝的剪留量为篱架架面 8 个/m^2 左右，棚架架面 6 个/m^2 左右。冬剪时根据计划产量确定留芽量：留芽量=计划产量/(平均果穗重×萌芽率×果枝率×结果系数×成枝率)

5.4.2 夏季修剪

在葡萄生长季的树体管理中，采用抹芽、定梢、新梢摘心、处理副梢等夏季修剪措施对树体进行控制。

5.5 花果管理

5.5.1 调节产量

通过花序整形、疏花序、疏果粒等办法调节产量。建议成龄园每亩的产量控制在 1 250 kg 以内。

5.5.2 果实套袋

疏果后及早进行套袋，但需要避开雨后的高温天气，套袋时间不宜过晚。套袋前全园喷布 1 次杀菌剂。红色葡萄品种采收前 10 天~20 天需要摘袋。对容易着色和无色品种，以及着色过重的西北地区可以不摘袋，带袋采收。为了避免高温伤害，摘袋时不要将纸袋一次性摘除，先把袋底打开，逐渐将袋去除。

6 病虫草防治

6.1 有害生物防治原则

绿色食品葡萄生产中有害生物的防治应遵循以下原则。

6.1.1 以保持和优化农业生态系统为基础

建立有利于各类天敌繁衍和不利于病虫草害孳生的环境条件，提高生物多样性，维持农业生态系统的平衡。

6.1.2 优先采用农业措施

如抗病虫品种、种子种苗检疫、培育壮苗、加强栽培管理、中耕除草、耕翻晒垡、清洁田园、轮作倒茬等。

6.1.3 尽量利用物理和生物措施

如用灯光、色彩诱杀害虫，机械捕捉害虫，释放害虫天敌，机械或人工除草等。

6.1.4 必要时合理使用低风险农药

如没有足够有效的农业、物理和生物措施，在确保人员、产品和环境安全的前提下按照 6.4 的规定，配合使用低风险的农药。

6.2 植物检疫

按照国家规定的有关植物检疫制度执行。

6.3 农业防治

合理修剪，保持树冠通风透光良好；合理负载，保持树体健壮；加强栽培管理，增强树势,提高树体自身抗病虫能力;提高采果质量,减少果实伤口,降低果实腐烂率。具体采取剪除病虫枝、人工捕捉成虫、清除枯枝落叶、深翻树盘、地面秸秆覆盖、地面覆膜、科学施肥等措施抑制或减少病虫害发生。

6.4 农药使用准则

6.4.1 农药选用

6.4.1.1 所选用的农药应符合相关的法律法规,并获得国家农药登记许可。

6.4.1.2 应选择对主要防治对象有效的低风险农药品种,提倡兼治和不同作用机理农药交替使用。

6.4.1.3 农药剂型宜选用悬浮剂、微囊悬浮剂、水剂、水乳剂、微乳剂、颗粒剂、水分散粒剂和可溶性粒剂等环境友好型剂型。

6.4.1.4 绿色食品葡萄生产农药使用应按照 NY/T 393 的规定,优先从 NY/T 393 表 A.1 中选用农药。在 NY/T 393 表 A.1 所列农药不能满足有害生物防治需要时,还可适量使用 NY/T 393 A.2 所列的农药。

6.4.2 农药使用规范

6.4.2.1 应在主要防治对象的防治适期,根据有害生物的发生特点和农药特性,选择适当的施药方式。

6.4.2.2 应按照农药产品标签或 GB/T 8321 和 GB 12475 的规定使用农药,控制施药剂量(或浓度)、施药次数和安全间隔期。

7 适时收获

7.1 采前准备

旧的用具先检查整修,后洗净晒干;果剪圆头平口、刀口锋利,采果篮大小适中,容量 7 kg~8 kg,盛果箩筐容量一般 20 kg~30 kg,内壁光滑并垫柔软物,采果人员采果前要剪平指甲。

7.2 采收期

按各品种熟期、产量的多少、市场的需求和销量的多少安排具体的采收时间和计划。鲜销的没有一次性大批量采收的优势,可在八成左右熟时采摘;具体采收期视气候条件确定,采收时间宜选在早晨或傍晚,凡遇风霜、露、雨水未干和雾天不采,大风大雨后应隔 2 天采。

7.3 采收方法

采收时,左手持果穗,右手握剪刀,在距果穗 3 cm~5 cm 处剪下,轻轻放入果篮中。伤果、落地果、病虫果,必须另外放置,枯枝杂物不要混在果中;采下果实不要随地堆放,不可日晒雨淋。

绿色食品 李生产技术规程

1 范围

本规程规定了绿色食品李生产所要求的产品质量、产地环境、栽培技术、病虫草防治、适时收获等技术。

本规程适用于上海市崇明区绿色食品李的生产。

2 规范性引用文件

下列文件对于本文件的应用是必不可少的。凡是注日期的引用文件，仅所注日期的版本适用于本文件。凡是不注日期的引用文件，其最新版本（包括所有的修改单）适用于本文件。

GB/T 8321（所有部分） 农药合理使用准则

GB 12475 农药贮运、销售和使用的防毒规程

NY/T 391 绿色食品 产地环境质量

NY/T 393 绿色食品 农药使用准则

NY/T 394 绿色食品 肥料使用准则

NY/T 658 绿色食品 包装通用准则

NY/T 844 绿色食品 温带水果

3 产品质量

李质量标准应符合 NY/T 844 的要求。

4 产地环境

生产基地应选择在无污染和生态条件良好的地区。基地选点应远离工矿区和公路铁路干线，避开工业和城市污染源的影响，同时生产基地应具有可持续的生产能力。产地环境的选择必须符合 NY/T 391 的要求。选择土层深厚、富含有机质的肥沃土壤，pH 值为 5.5~8.0。土地相对平坦，灌排配套，旱时能灌溉，连续阴雨时能排干。

5 栽培技术

5.1 园地选择

5.1.1 园地规划设计

李园应根据面积、自然条件和架式等进行规划。规划的内容包括：作业区、品种选择与配置、道路、防护林、土壤改良措施、水土保持措施、排灌系统等。

5.1.2 品种选择

结合气候特点、土壤特点和品种特性（成熟期、抗逆性和采收时能达到的品质等），同时考虑市场、交通和社会经济等综合因素制定品种选择方案。选择有较强抗病性、抗逆性的优质适栽品种。如脆红李、青脆李、黑宝石李、布朗李等。

5.1.3 配置授粉品种

李大多数品种都有自花不育性，而且还部分存在异花不实现象。栽植时需选择花粉量多、亲和性好的品种作为授粉品种，主栽品种与授粉品种的配置比例为（4~5）:1。

5.2 栽植

5.2.1 栽植时间

春季萌芽前或者秋季落叶后进行移栽定植。

5.2.2 栽植密度

单位面积上的定植株数依据品种、砧木、土壤等而定，按每亩栽植的永久植株数计，55 株~74 株，常见的栽培株行距为 3 m×3 m 或 3 m×4 m。

5.2.3 定植

定植前用 45% 石硫合剂晶体 30 倍液对苗木进行消毒。按照 0.3 m~0.4 m 宽，0.4 m~0.5 m 深的定值坑或定植沟改土定植。

5.3 土肥水管理

5.3.1 土壤管理

5.3.1.1 深翻扩穴、熟化土壤

深翻扩穴一般在新梢停长后进行，从树冠处外围滴水线处开始，逐年向外扩展 0.4 m~0.5 m。回填时混以绿肥、秸秆或经腐熟的有机肥、堆肥、厩肥、饼肥等，表土放在底层，心土放在表层。然后对穴内灌足水分。

5.3.1.2 间作或生草

幼年果园可间作或实行生草制，种植的间作物或草类应是浅根、矮秆，且与李无共性病虫，以豆科植物和禾本科牧草为宜，适时刈割翻埋于土壤中或覆盖于树盘。

5.3.1.3 覆盖与培土

高温或干旱季节，建议树盘内用秸秆等覆盖，厚度 10 cm~15 cm，覆盖物应与根茎保持 10 cm 左右的距离。培土在冬季中耕松土后进行。可培入塘泥、河泥、砂土或李园附近的肥沃土壤，厚度达 8 cm~10 cm。

5.3.1.4 中耕

可在夏、秋季和采果后进行，每年中耕 3 次~4 次，保持土壤疏松无杂草。中耕深

度 8 cm~15 cm。雨季不宜中耕。

5.3.2 施肥
5.3.2.1 肥料使用原则

（1）持续发展原则。绿色食品李生产中所使用的肥料应对环境无不良影响，有利于保护生态环境，保持或提高土壤肥力及土壤生物活性。

（2）安全优质原则。绿色食品李生产中应使用安全、优质的肥料产品，生产安全、优质的绿色食品。肥料的使用应对作物（营养、味道、品质和植物抗性）不产生不良后果。

（3）化肥减控原则。在保障植物营养有效供给的基础上减少化肥用量，兼顾元素之间的比例平衡，无机氮素用量不得高于当季作物需求量的一半。

（4）有机为主原则。绿色食品李生产过程中肥料种类的选取应以农家肥料、有机肥料、微生物肥料为主，化学肥料为辅。

5.3.2.2 生产用肥料使用规定

（1）绿色食品李生产过程中肥料使用应选用 NY/T 394 所列肥料种类。

（2）农家肥料的使用按 NY/T 394 规定执行。耕作制度允许情况下，宜利用秸秆和绿肥，按照约 25：1 的比例补充化学氮素。厩肥、堆肥、沤肥、沼肥、饼肥等农家肥料应完全腐熟。

（3）有机肥料的使用按 NY/T 394 规定执行，主要以基肥施入，用量视地力和目标产量而定，可配施农家肥料、微生物肥料、有机-无机复混肥料、无机肥料。

（4）微生物肥料的使用按 NY/T 394 规定执行。可与农家肥料、有机肥料、微生物肥料配合施用，用于拌种、基肥或追肥。

（5）有机-无机复混肥料、无机肥料在绿色食品生产中作为辅助肥料使用，用来补充农家肥料、有机肥料、微生物肥料所含养分的不足。减控化肥用量，其中无机氮素用量按当地同种作物习惯施肥用量减半使用。

（6）根据土壤障碍因素，可选用土壤调理剂改良土壤。

5.3.2.3 施肥的时期和方法

李一年需要多次供肥。一般于果实采收后秋施基肥，结合深翻改土，以腐熟的商品有机肥为主，采用深 30 cm~40 cm 的条沟施肥方法，每亩施用有机肥 1 000 kg 为宜。2 月和 5 月，采用挖环状沟、放射状沟或穴施的方式，分 2 次追施三元复合肥，每亩追施三元复合肥 60 kg 左右。

5.3.3 水分管理

萌芽期、果实膨大期和入冬前需要良好的水分供应。成熟期应控制灌水。多雨地区地下水位较高，在雨季容易积水，需要有排水条件

5.4 整形修剪
5.4.1 基本树形

采用自然开心型，定植当年苗木在 60 厘米处定干，新梢长 30 厘米时，在距地面

40厘米以上选留3个~4个不同方位的强壮新梢作主枝培养，其他新梢全部剪除，选留主枝长60厘米时，留40厘米短截，从中培养主枝、延长枝，保留小枝，以培养成结果枝组。冬剪时主枝延长40厘米短截，侧枝、延长枝留30厘米短截，疏除徒长枝。通过3年的整形，形成干高40厘米，具有3个~4个主枝，6个~8个侧枝，结果枝组达到分布合理的树形。

5.4.2 冬季修剪

根据品种特性、树龄、产量等确定结果母枝的剪留强度及更新方式。采取幼树轻剪长放，老树更新复壮。冬剪时根据计划产量确定留枝量：

留枝量=计划产量/(平均果穗重×萌芽率×果枝率×结实系数×成枝率)

5.4.3 夏季修剪

在李生长季的树体管理中，采用抹芽、定枝、新梢摘心、处理副梢等夏季修剪措施对树体进行控制。一般修剪3次~5次。第一次在开春萌芽时进行，抹掉生长方向不佳的芽和双芽中的弱芽；第二次在谢花后，结合疏花，疏去过密的枝条；第三次在果实核硬后，对旺盛生长的枝条进行短截，促发副梢，增加结果面积；秋初和秋末，对过多的副梢进行回缩或疏剪，对长果枝进行摘心，控制其生长，促进花芽分化。

5.5 花果管理

为了提高单产，保证李的质量，要对果实采取严格而细致的管理措施，使之达到优质。

5.5.1 提高坐果率

5.5.1.1 加强采果后的管理，防止提早落叶，保持树势健壮，促进花芽分化和养分的积累。

5.5.1.2 对于无花粉或花粉少的品种，注意正确配置授粉品种；在气候恶劣的条件下，要进行人工授粉，采集开花早、品质好的品种的花朵，筛选出花粉待用，到该品种开花时进行点花。

5.5.2 合理定果

为了使果实达到一定规格，并避免果树产生大小年，挂果多时，应进行疏果，留果量的多少要根据树冠大小、结果枝类型、树势强弱、品种特性来确定，一般在生理落果基本结束时进行定果。首先疏除病虫果、畸形果、无叶果，掌握长果枝留5个~10个，中果枝留4个~8个，短果枝留3个~5个。成龄园每亩的产量控制在1 500 kg以内。

6 病虫草防治

李主要病虫害主要有桃粉蚜、红颈天牛、食心虫、大蓑蛾、介壳虫、螨类、流胶病、李红点病、穿孔病、叶斑病、炭疽病等。

6.1 防治原则

贯彻"预防为主，综合防治"的植保方针。以农业防治为基础，搭配生物防治，特殊情况下，必须使用农药时应遵守NY/T 393的要求，轮换用药，合理混用，严格控制农药安全间隔期和用药次数。

6.2 植物检疫

禁止检疫性病虫害从疫区传入保护区，保护区不得从疫区调运苗木、接穗、果实和种子，一经发现立即销毁。

6.3 农业防治

选择抗性品种；栽植抗性砧木嫁接苗木或优质无病毒苗木；通过加强肥水管理，合理控制负载等措施保持健壮树势；合理修剪，改善树体通风透光条件；清洁园区，及时剪除病虫果枝、病僵果，清除枯枝落叶，全园深翻。

6.4 物理防治

采取避雨等技术减少病害发生；用防鸟网阻断鸟害；利用糖醋液、频振式诱虫灯诱杀成虫。

6.5 生物防治

助迁和保护瓢虫、草蛉、捕食螨等害虫天敌；应用有益微生物及其代谢产物防治病虫害；利用昆虫性别激素诱杀或干扰成虫交配。

6.6 农药使用准则

6.6.1 农药选用

6.6.1.1 所选用的农药应符合相关的法律法规，并获得国家农药登记许可。

6.6.1.2 应选择对主要防治对象有效的低风险农药品种，提倡兼治和不同作用机理农药交替使用。

6.6.1.3 农药剂型宜选用悬浮剂、微囊悬浮剂、水剂、水乳剂、微乳剂、颗粒剂、水分散粒剂和可溶性粒剂等环境友好型剂型。

6.6.1.4 绿色食品李生产农药使用应按照 NY/T 393 的规定，优先从 NY/T 393 表 A.1 中选用农药。在 NY/T 393 表 A.1 所列农药不能满足有害生物防治需要时，还可适量使用 NY/T 393 A.2 所列的农药。

6.6.2 农药使用规范

6.6.2.1 应在主要防治对象的防治适期，根据有害生物的发生特点和农药特性，选择适当的施药方式。

6.6.2.2 应按照农药产品标签或 GB/T 8321 和 GB 12475 的规定使用农药，控制施药剂量（或浓度）、施药次数和安全间隔期。

7 适时收获

7.1 适时采收，提高果品质量

7.1.1 采收成熟度标准

李果实的采收根据市场需求采取硬熟期采收和充分成熟采收。

7.1.2 采收方法

采收时准备好采果筐，内垫布袋，宜轻摘轻放，保留果粉，注意不能用手指按压果实，以免果实受伤。
7.2 分级
先剔除病虫果、受伤果和畸形果，然后按重量规格在自动分级机上分级。
7.3 包装
包装应符合 NY/T 658 的要求。按包装大小分为 2 种规格。大包装采用双层瓦楞纸箱，内衬碎纸屑防震；小包装采用 PP 吸塑包装桃，外面罩上保鲜膜。包装上注明商品名称、生产企业、执行标准、生产日期、保质期等。

绿色食品 猕猴桃生产技术规程

1 范围

本规程规定了绿色水果猕猴桃生产所要求的产品质量、产地环境、栽培技术、病虫草防治、适时收获等技术。

本规程适用于上海市崇明区绿色食品猕猴桃的生产。

2 规范性引用文件

下列文件对于本文件的应用是必不可少的。凡是注日期的引用文件，仅所注日期的版本适用于本文件。凡是不注日期的引用文件，其最新版本（包括所有的修改单）适用于本文件。

GB/T 8321（所有部分） 农药合理使用准则

GB 12475 农药贮运、销售和使用的防毒规程

猕猴桃苗木分级标准

NY/T 391 绿色食品 产地环境质量

NY/T 393 绿色食品 农药使用准则

NY/T 394 绿色食品 肥料使用准则

NY/T 844 绿色食品 温带水果

3 产品质量

猕猴桃质量标准应符合 NY/T 844 的要求。

4 产地环境

4.1 园地选择与规划

4.1.1 园地选择

4.1.1.1 气候条件

适宜猕猴桃栽培地区最暖月份的平均温度在 16.6℃ 以上，最冷月的平均气温应该在 -1.1℃ 以上，年平均温度 8℃~18℃；无霜期 140 天以上；年降水量在 800 mm 以内为宜，采前 1 个月内的降水量不宜超过 50 mm；年日照时数 2 000 小时以上。

4.1.1.2 环境条件

按照绿色食品产地环境技术条件相关标准和规定执行。

4.1.2 园地规划设计

猕猴桃园应根据面积、自然条件和架式等进行规划。规划的内容包括作业区、品种选择与配置、道路、防护林、土壤改良措施、水土保持措施、排灌系统等。

5 栽培技术

5.1 品种选择

结合气候特点、土壤特点和品种特性（成熟期、抗逆性和采收时能达到的品质等），同时考虑市场、交通和社会经济等综合因素制定品种选择方案。

5.2 架式选择

架式以平架为主要架式。

5.3 建园

5.3.1 苗木质量

苗木质量按相关规定执行。

5.3.2 定植时间

上海地区从猕猴桃落叶后至第二年萌芽前均可栽植，但以上冻前定植（秋栽）为好。

5.3.3 定植密度

单位面积上的定植株数依据品种、砧木、土壤和架式等而定，常见的栽培密度应符合表1的规定。

表1 栽培方式及定植株数

方式	株行距（m）	每亩定植株数（株）
平架	4×3	56

5.3.4 定植

5.3.4.1 苗木消毒

定植前对苗木消毒，常用的消毒液有 3 °Bé～5 °Bé 石硫合剂或1%硫酸铜。

5.3.4.2 挖定植坑/沟

挖宽0.4 m，深0.4 m的定植坑盖土定植。

5.4 土、肥、水管理

5.4.1 土壤管理

猕猴桃土壤管理方法应根据品种、气候条件等因地制宜灵活运用。

5.4.1.1 生草或覆盖

提倡猕猴桃园种植绿肥或作物秸秆覆盖，提高土壤有机质含量。

5.4.1.2 深耕翻

一般在新梢停止生长、果实采收后，结合秋季施肥进行深耕，深耕20 cm～30 cm，全园深翻应将栽植穴外的土壤全部深翻。秋季深耕施肥后及时灌水；春季深耕较秋季深耕深度浅，春耕在土壤化冻后及早进行。

5.4.1.3　清耕

在猕猴桃行和株间进行多次中耕除草，经常保持土壤疏松和无杂草状态，园内清洁，病虫害少。

5.4.2　施肥

5.4.2.1　肥料使用原则

（1）持续发展原则。绿色食品猕猴桃生产中所使用的肥料应对环境无不良影响，有利于保护生态环境，保持或提高土壤肥力及土壤生物活性。

（2）安全优质原则。绿色食品猕猴桃生产中应使用安全、优质的肥料产品，生产安全、优质的绿色食品。肥料的使用应对作物（营养、味道、品质和植物抗性）不产生不良后果。

（3）化肥减控原则。在保障植物营养有效供给的基础上减少化肥用量，兼顾元素之间的比例平衡，无机氮素用量不得高于当季作物需求量的一半。

（4）有机为主原则。绿色食品猕猴桃生产过程中肥料种类的选取应以农家肥料、有机肥料、微生物肥料为主，化学肥料为辅。

5.4.2.2　生产用肥料使用规定

（1）绿色食品猕猴桃生产过程中肥料使用应选用 NY/T 394 所列肥料种类。

（2）农家肥料的使用按 NY/T 394 规定执行。耕作制度允许情况下，宜利用秸秆和绿肥，按照约 25∶1 的比例补充化学氮素。厩肥、堆肥、沤肥、沼肥、饼肥等农家肥料应完全腐熟。

（3）有机肥料的使用按 NY/T 394 规定执行，主要以基肥施入，用量视地力和目标产量而定，可配施农家肥料、微生物肥料、有机-无机复混肥料、无机肥料。

（4）微生物肥料的使用按 NY/T 394 规定执行。可与农家肥料、有机肥料、微生物肥料配合施用，用于拌种、基肥或追肥。

（5）有机-无机复混肥料、无机肥料在绿色食品生产中作为辅助肥料使用，用来补充农家肥料、有机肥料、微生物肥料所含养分的不足。减控化肥用量，其中无机氮素用量按当地同种作物习惯施肥用量减半使用。

（6）根据土壤障碍因素，可选用土壤调理剂改良土壤。

5.4.2.3　施肥的时期和方法

猕猴桃一年需要多次供肥。一般于果实采收后秋施基肥，结合深翻改土，以商品有机肥为主，施用量 3 000 kg/亩；同时混施过磷酸钙 300 kg/亩，使用时间在 11 月上旬，土壤回填时混入有机肥，然后充分灌水。5 月开始追肥，追肥以复合肥为主，一般在 5 月追肥 1 次，用量每亩 100 kg，施肥方法为挖放射状沟、环状沟或平行沟；果实膨大期至成熟期基本不施用肥料。

5.4.3　水分管理

萌芽期、浆果膨大期和入冬前需要良好的水分供应。成熟期应控制灌水。多雨地区地下水位较高,在雨季容易积水,需要有排水条件。

5.5 整形修剪

5.5.1 冬季修剪

根据品种特性、架式特点、树龄、产量等确定结果母枝的剪留强度及更新方式。结果母枝的剪留量为:平架架面每平方米 6 个左右。冬剪时根据计划产量确定留芽量:留芽量=计划产量/(平均果穗重×萌芽率×果枝率×结实系数×成枝率)。

5.5.2 夏季修剪

在猕猴桃生长季的树体管理中,采用抹芽、定枝、新梢摘心、处理副梢等夏季修剪措施对树体进行控制。

5.6 花果管理

5.6.1 调节产量

通过花序整形、疏花序、疏果粒等办法调节产量。建议成龄园每亩的产量控制在 1 500 kg 以内。

5.6.2 果实套袋

4 月下旬开始套袋。

6 病虫草防治

6.1 有害生物防治原则

绿色食品猕猴桃生产中有害生物的防治应遵循以下原则。

6.1.1 以保持和优化农业生态系统为基础

建立有利于各类天敌繁衍和不利于病虫草害孳生的环境条件,提高生物多样性,维持农业生态系统的平衡。

6.1.2 优先采用农业措施

如抗病虫品种、种子种苗检疫、培育壮苗、加强栽培管理、中耕除草、耕翻晒垡、清洁田园、轮作倒茬等。

6.1.3 尽量利用物理和生物措施

如用灯光、色彩诱杀害虫,机械捕捉害虫,释放害虫天敌,机械或人工除草等。

6.1.4 必要时合理使用低风险农药

如没有足够有效的农业、物理和生物措施,在确保人员、产品和环境安全的前提下按照 6.5 的规定,配合使用低风险的农药。

6.2 主要病虫害

猕猴桃的主要病虫害有溃疡病、蚜虫、蛾类等。

6.3 植物检疫

按照国家规定的有关植物检疫制度执行。

6.4 农业防治

秋冬季和初春,及时清理果园中病僵果、病虫枝条、病叶等病组织,减少果园初侵染菌源和虫源。采用果实套袋措施，合理间作，适当稀植。采用滴灌、树下铺膜等技术。加强夏季管理，避免树冠郁蔽。

6.5 物理防治

使用杀虫灯，5月开始使用，一般30亩~50亩放置1盏灯。

6.6 农药使用准则

6.6.1 农药选用

6.6.1.1 所选用的农药应符合相关的法律法规，并获得国家农药登记许可。

6.6.1.2 应选择对主要防治对象有效的低风险农药品种，提倡兼治和不同作用机理农药交替使用。

6.6.1.3 农药剂型宜选用悬浮剂、微囊悬浮剂、水剂、水乳剂、微乳剂、颗粒剂、水分散粒剂和可溶性粒剂等环境友好型剂型。

6.6.1.4 绿色食品猕猴桃生产农药使用应按照NY/T 393的规定，优先从NY/T 393表A.1中选用农药。在NY/T 393表A.1所列农药不能满足有害生物防治需要时，还可适量使用NY/T 393 A.2所列的农药。

6.6.2 农药使用规范

6.6.2.1 应在主要防治对象的防治适期，根据有害生物的发生特点和农药特性，选择适当的施药方式。

6.6.2.2 应按照农药产品标签或GB/T 8321和GB 12475的规定使用农药，控制施药剂量（或浓度）、施药次数和安全间隔期。

7 适时收获

猕猴桃果实的采收按照绿色食品的有关规定执行。

绿色食品 柚子生产技术规程

1 范围

本规程规定了绿色食品柚子生产所要求的产品质量、产地环境、栽培技术、病虫草防治、适时收获、包装、运输与贮存等技术。

本规程适用于上海市崇明区绿色食品柚子的生产。

2 规范性引用文件

下列文件对于本文件的应用是必不可少的。凡是注日期的引用文件，仅所注日期的版本适用于本文件。凡是不注日期的引用文件，其最新版本（包括所有的修改单）适用于本文件。

GB/T 8321（所有部分） 农药合理使用准则
GB 12475 农药贮运、销售和使用的防毒规程
NY/T 391 绿色食品 产地环境质量
NY/T 393 绿色食品 农药使用准则
NY/T 394 绿色食品 肥料使用准则
NY/T 426 绿色食品 柑橘类水果
NY/T 658 绿色食品 包装通用准则
NY/T 1056 绿色食品 储藏运输准则

3 产品质量

柚子质量标准应符合 NY/T 426 的要求。

4 产地环境

生产基地应选择在无污染和生态条件良好的地区。一是空气清洁无污染，应选择生态环境优良、外界隔离条件好，生产基地要远离工厂、矿区、医院、城镇，产地的大气质量符合国家大气环境质量标准一级标准。二是排灌方便，灌溉用水清洁，水源条件好、无污染、排灌方便。三是林地土壤土质好，无污染；生产基地要选择土壤耕层深厚、肥沃、通透性能好，土壤中性偏酸、有机质含量高，具有较好的保水保肥能力，历年病虫害发生少、集中连片、便于规模化生产的林地。产地环境的选择必须符合 NY/T 391 的要求。

5 栽培技术

5.1 园地选择

5.1.1 园地规划

修筑必要的道路、排灌和蓄水、附属建筑等设施,营造防护林。防护林选择速生树种,并与柚子没有共生性病虫害。

5.1.2 品种和砧木选择

5.1.2.1 品种选择

选择有较强抗病性、抗逆性的优质适栽品种,如马家柚、葡萄柚等。

5.1.2.2 砧木选择

适宜于上海地区柚子的砧木有枳、枳橙、香橙等。

5.2 栽植

5.2.1 栽植时间

多采用春植,一般在2月上旬至3月中旬,9月—10月秋梢老熟后也可栽植,选无风阴天栽植为宜。容器苗和带土移栽不受季节限制。

5.2.2 栽植密度

依照林地气候、土壤肥力、土层厚度和品种特性而异。一般以每亩50株~60株为宜,株行距3 m×3.5 m;栽植密度还可以根据环境条件和管理水平而定。不宜过密,亦不能采用计划密植的先密后疏栽培方法。

5.2.3 栽植技术

栽植穴长60 cm,宽40 cm,深30 cm~40 cm,重施基肥,先填入稻草、杂草等粗有机质,将表土加填,株施有机肥(腐熟猪牛栏堆肥)或沼渣肥50 kg~60 kg、菜籽饼2 kg~3 kg、磷肥1 kg~2 kg、石灰2 kg并与表土混合填入,将苗木的根系和枝叶适度修剪后放入穴中央,舒展根系,扶正,边填土边轻轻向上提苗、踏实,使根系与土壤密接,填土需高出地面30 cm~40 cm,做成馒头形,填土后在树苗周围做直径1 m的树盘,浇足定根水。

5.3 土肥水管理

5.3.1 土壤管理

5.3.1.1 深翻扩穴,熟化土壤

深翻扩穴一般在秋梢停长后进行,从树冠外围滴水线处开始,逐年向外扩展0.4 m~0.5 m。回填时混以绿肥、秸秆或经腐熟的猪牛栏堆肥、厩肥、饼肥等,表土放在底层,心土放在表层,然后对穴内灌足水分。

5.3.1.2 间作或生草

幼年果园可间作或实行生草制,种植的间作物或草类应是浅根、矮秆,且与柚子无共性病虫,以豆科植物和禾本科牧草为宜,适时刈割翻埋于土壤中或覆盖于树盘。

5.3.1.3 覆盖与培土

高温或干旱季节,建议树盘内用秸秆等覆盖,厚度10 cm~15 cm,覆盖物应与根颈保持10 cm左右的距离。培土在冬季中耕松土后进行。可培入塘泥、河泥、砂土或果园

附近的肥沃土壤，厚度 8 cm~10 cm。
5.3.1.4 中耕
可在夏、秋季和采果后进行，每年中耕 3 次~4 次，保持土壤疏松无杂草。中耕深度 8 cm~15 cm，坡地宜深些，平地宜浅些。雨季不宜中耕、施肥。
5.3.2 施肥原则
按照 NY/T 394 绿色食品肥料使用准则执行。根据柚子的施肥规律进行平衡施肥或配方施肥。
5.3.2.1 肥料种类和质量
肥水管理，以施有机肥为主，配合使用生物菌肥，少施化肥，提高果的品质。按绿色食品标准的规定选择肥料种类，使用的叶面肥应已在农业农村部登记注册。微生物肥料中有效活菌数量必须符合绿色食品标准的规定。
5.3.2.2 施肥方法
土壤施肥可采用环状沟施、条沟施和土面撒施等方法。在树冠滴水线处挖沟（穴），深度 20 cm~30 cm。东西、南北对称轮换位置施肥。速溶化肥应浅沟（穴）施。
5.3.2.3 施肥量
采果后施足量的有机肥作基肥，以 1 500 kg/亩为宜，为了恢复树势，提高土壤的肥力蓄积力，可加施三元复合肥 20 kg/亩。
5.3.3 水分管理
5.3.3.1 灌溉
柚树在果实膨大期（7 月—10 月）对水分敏感。此期若发生干旱应及时灌溉。
5.3.3.2 排水
及时清淤，疏通排灌系统。多雨季节或果园积水时通过沟渠及时排水。
5.4 整形修剪
5.4.1 适宜树形
一般采用自然圆头形整形。幼苗定植后，在主干离地 25 cm 以上选留生长强、分布均匀的 3 条~4 条新梢作为主枝，以后在各主枝上相距 50 cm 左右，选留 2 个~3 个副主枝，方向互相错开，并与主干成 60°~70°，再在主枝与副枝上配置侧枝。
5.4.2 修剪要点
5.4.2.1 幼树期
以轻剪为主。选定主枝和副主枝后，对其延长枝适当短截，促发分枝，并以短截程度和剪口芽方向调节各主枝之间长势，平衡树势。轻剪其余枝梢，避免过多的疏剪和重短截。除对过密枝群作适当疏删外，内膛枝和树冠中下部较弱的枝梢一般均保留。
5.4.2.2 初结果期
继续选择和短截处理各级骨干枝延长枝，抹除夏梢，促发健壮秋梢。对过长的营养枝留 8 片~10 片叶及时摘心，回缩或短截结果后枝组。抽生较多夏、秋梢营养枝时，可采用"三三制"处理：即短截 1/3 长势较强的，疏去 1/3 衰弱的，保留 1/3 长势中庸的。秋季对旺长枝采用环割、断根、控水等促花措施。

5.4.2.3 盛果期

及时回缩结果枝组、落花落果枝组和衰退枝组；剪除枯枝、病虫枝、过密枝；对较拥挤的骨干枝适当疏剪开出"天窗"，将光线引入内膛；对当年抽生的夏、秋梢营养枝，通过短截其中部分枝梢或"三三制"处理调节来年产量，防止大小年结果；花量较大时适量疏花或疏果。对无叶枝组，在重疏删基础上，对大部分或全部枝梢做短截处理。

5.4.2.4 衰老更新期

应减少花量，甚至舍弃全部产量以恢复树势；在回缩衰退枝组的基础上，疏删密弱枝群，短截所有夏、秋梢营养枝和有叶结果枝；极衰弱植株在萌芽前对侧枝或主枝进行回缩处理；衰老树经更新修剪后促发的夏、秋梢应进行"短强、留中、去弱"的"三三制"处理。

5.5 花果管理

5.5.1 疏花疏果

因树疏花疏果，提高好果率。疏花疏果，从抑制花芽形成开始，到果实负载量达到要求为止。做到疏弱留强、疏密留稀、疏小留大、疏腋留顶、疏下留上，疏小果、畸形果，多留外围果和主枝上的果，少留冠内果和弱枝果。

5.5.2 控花

冬季修剪以短截、回缩为主；春季进行花前复剪，强枝适当多留花，弱枝少留或不留，有叶单花多留，无叶花少留或不留；抹除畸形花、病虫花等。

5.5.3 人工疏果

分2次进行。第一次在生理落果后，只疏除小果、病虫果、畸形果、密弱果；第二次在生理落果结束后，根据叶果比进行疏果，适宜柚树长势留果。

6 病虫草防治

6.1 有害生物防治原则

绿色食品柚子生产中有害生物的防治应遵循以下原则。

6.1.1 以保持和优化农业生态系统为基础

建立有利于各类天敌繁衍和不利于病虫草害孳生的环境条件，提高生物多样性，维持农业生态系统的平衡。

6.1.2 优先采用农业措施

如抗病虫品种、种子种苗检疫、培育壮苗、加强栽培管理、中耕除草、耕翻晒垡、清洁田园、轮作倒茬等。

6.1.3 尽量利用物理和生物措施

如用灯光、色彩诱杀害虫，机械捕捉害虫，释放害虫天敌，机械或人工除草等。

6.1.4 必要时合理使用低风险农药

如没有足够有效的农业、物理和生物措施，在确保人员、产品和环境安全的前提下按照6.6的规定，配合使用低风险的农药。

6.2 植物检疫

禁止检疫性病虫害从疫区传入保护区，保护区不得从疫区调运苗木、接穗、果实和种子，一经发现立即销毁。
6.3 农业防治
合理修剪，保持树冠通风透光良好；合理负载，保持树体健壮；加强栽培管理，增强树势，提高树体自身抗病虫能力；提高采果质量，减少果实伤口，降低果实腐烂率。具体采取剪除病虫枝、人工捕捉成虫、清除枯枝落叶、深翻树盘、地面秸秆覆盖、地面覆膜、科学施肥等措施抑制或减少病虫害发生。
6.4 物理防治
6.4.1 应用灯光防治害虫
可用黑光灯诱杀吸果夜蛾、金龟子、卷叶蛾等。
6.4.2 应用趋化性防治害虫
大实蝇、拟小黄卷叶蛾等害虫对糖醋液有趋性，可利用其特性，在糖醋液中加入农药诱杀。
6.4.3 应用色彩防治害虫
可用黄板诱集粉虱，效果也很好。
6.4.4 人工捕捉害虫
人工捕捉天牛、金龟子等害虫。
6.5 生物防治
6.5.1 改善果园生态环境
6.5.2 人工引移、繁殖释放天敌
用尼氏钝绥螨防治螨类；用日本方头甲和湖北红点唇瓢虫等来防治矢尖蚧；用松毛虫赤眼蜂防治卷叶蛾等。
6.5.3 应用生物源农药和矿物源农药防治害虫。
6.5.4 人工剪除
对有疮痂病、树脂病、炭疽病等危害的枝条以人工适当剪除的方法进行防治。
6.5.5 可通过果园散养鸡、鸭等防治蜗牛。
6.6 农药使用准则
6.6.1 农药选用
6.6.1.1 所选用的农药应符合相关的法律法规，并获得国家农药登记许可。
6.6.1.2 应选择对主要防治对象有效的低风险农药品种，提倡兼治和不同作用机理农药交替使用。
6.6.1.3 农药剂型宜选用悬浮剂、微囊悬浮剂、水剂、水乳剂、微乳剂、颗粒剂、水分散粒剂和可溶性粒剂等环境友好型剂型。
6.6.1.4 绿色食品柚子生产农药使用应按照 NY/T 393 的规定，优先从 NY/T 393 表 A.1 中选用农药。在 NY/T 393 表 A.1 所列农药不能满足有害生物防治需要时，还可适量使用 NY/T 393 A.2 所列的农药。
6.6.2 农药使用规范
6.6.2.1 应在主要防治对象的防治适期，根据有害生物的发生特点和农药特性，选择适当的施药方式。

6.6.2.2 应按照农药产品标签或 GB/T 8321 和 GB 12475 的规定使用农药,控制施药剂量(或浓度)、施药次数和安全间隔期。

7 适时收获

7.1 采前准备

旧的用具先检查整修,后洗净晒干;果剪圆头平口、刀口锋利,采果篮大小适中,容量 7 kg~8 kg,盛果箩筐容量一般 20 kg~30 kg,内壁光滑并垫柔软物,树冠高大者需备"人"字形梯凳;采果人员采果前要剪平指甲。

7.2 采收期

鲜销果在果实正常成熟,表现出本品种固有的品质特征时采收,具体采收期视气候条件确定,凡遇风霜、露、雨水未干和雾天不采,大风大雨后应隔 2 天采。

7.3 采收方法

选黄留青,分批采收。由外到内,由下而上依次进行;采果时不可攀枝拉果,遇到采果不便处可用两剪法,把果蒂剪平;伤果、落地果、粘花果、病虫果,必须另外放置,枯枝杂物不要混在果中;采下果实不要随地堆放,不可日晒雨淋。

8 包装、运输与贮存

8.1 包装

8.1.1 包装应符合 NY/T 658 的要求。

8.1.2 单果用包装纸。包装材料应清洁,质地细致柔软。

8.1.3 果品装箱应排列整齐,内衬垫箱纸质量与包果纸相同。果箱用瓦楞纸箱,结构应牢固适用,材料须良好、干燥、无霉变、虫蛀、污染。

8.1.4 每箱净重不超过 20 kg。

8.2 运输与贮存

8.2.1 贮存与运输应符合 NY/T 1056 的要求。

8.2.2 柚子易碰伤、腐烂,运输应做到快装、快运、快卸。严禁日晒雨淋,装卸、搬运时要轻拿轻放,严禁乱丢乱掷。

8.2.3 运输工具的装运舱应清洁、干燥、无异味,最适温度为 6℃~8℃。水运时应防止水溅入舱中。防止受潮、虫蛀、鼠咬。

8.2.4 冷库存贮必须经 2 天~3 天预冷,达到最终温度,保持库内相对湿度 85%~90%。

绿色食品 火龙果生产技术规程

1 范围

本规程规定了绿色食品火龙果生产所要求的产品质量、产地环境、栽培技术、病虫草防治、适时收获等技术。

本规程适用于上海市崇明区绿色食品火龙果的生产。

2 规范性引用文件

下列文件对于本文件的应用是必不可少的。凡是注日期的引用文件，仅所注日期的版本适用于本文件。凡是不注日期的引用文件，其最新版本（包括所有的修改单）适用于本文件。

GB/T 8321（所有部分） 农药合理使用准则
GB 12475 农药贮运、销售和使用的防毒规程
NY/T 391 绿色食品 产地环境质量
NY/T 393 绿色食品 农药使用准则
NY/T 394 绿色食品 肥料使用准则
NY/T 658 绿色食品 包装通用准则
NY/T 750 绿色食品 热带、亚热带水果

3 产品质量

火龙果质量标准应符合 NY/T 750 的要求。

4 产地环境

选择年均温在22℃~25℃，平均最低温度不低于5℃，光照充足、交通方便、周边无污染源的地区建园；园地土壤pH值在5.5~7.5，且透气性良好，有机质丰富；园地地势平缓，坡度小于20°。

园地环境质量应符合 NY/T 391 的规定。

5 栽培技术

5.1 园地选择

5.1.1 园地规划设计

因地制宜地进行道路系统、栽植小区、排灌系统、水土保持工程等规划；一般生产用地占土地总面积80%~85%，水源林、防护林用地占5%~10%，道路用地占4%，居民点、采后商品处理用地及其他用地共占4%左右。

5.1.2 道路系统和作业区

5.1.3 排灌系统

多采用明沟排水，即行间浅沟，排水沟深度为0.3 m~0.4 m，周围深沟，排水沟深度为0.5 m~0.8 m；灌溉系统采滴灌方法灌溉。

5.1.4 品种选择

结合当地气候特点、土壤特点和品种特性（成熟期、抗逆性和采收时能达到的品质等），同时考虑市场、交通和社会经济等综合因素制定品种选择方案。选择有较强抗病性、抗逆性的优质适栽品种。宜选择自花授粉红皮红肉型火龙果品种。

5.2 栽植

5.2.1 园地准备

5.2.1.1 整地清园后，园地机耕两犁两耙，犁地深度30 cm以上，用人工除净杂草。

5.2.1.2 定标立柱

按水泥柱行间距为2.5 m~3.0 m，柱间距2.0 m~3.0 m定标，水泥柱规格为1.8 m×0.1 m×0.08 m，入土0.5 m。

5.2.2 支架类型

采用排柱式栽培法。即单排柱式栽培法是在水泥柱顶端设置镀锌横担，两侧拉镀锌钢丝绳，根据种植密度用小竹竿绑扎在钢丝绳上，火龙果茎蔓依附于小竹竿生长，生长高度至1.3 m时打顶，果条分支悬挂于钢丝绳支撑的方式栽培。

5.2.3 种苗选择

采用品种纯正、茎肉肥厚、苗高30 cm以上、根系完整发达、无病虫害自花授粉红皮红肉种苗。

5.2.4 栽植密度

8 m大棚采用2.5 m垄距，每棚3垄，每垄2排，排距0.3 m，株距为0.4 m"品"字形种植。平均种植600株/亩~1 000株/亩。

5.2.5 栽植季节

一般在3月—11月。

5.2.6 栽植方法

定植深度为2 cm~5 cm，定植后覆盖薄土，淋透定根水。

5.2.7 栽后保苗

苗木高如超过30 cm时，应将苗茎绑缚在水泥柱上，3天~5天浇水1次，成活后，视需要调整浇水次数，待新芽抽出后 3 天~7 天，可施 1 次水肥。

5.3　土、肥、水管理

5.3.1　土壤管理

5.3.1.1　除草

新植园地，清除杂草，对种植行间及畦面杂草采用人工拔除，在果园套种花生、大豆、绿肥等作物。

5.3.1.2　生草

可实行生草制，种植的草类应是浅根、矮秆，且与火龙果无共性病虫，以豆科植物和禾本科牧草为宜，适时刈割翻埋于土壤中或覆盖于树盘。

5.3.1.3　培土

雨后应进行培土，覆盖裸露根系，新植园在冬季应培土护苗。

5.3.2　水分管理

遇干旱时及时灌溉，雨季及时排水；灌溉用水符合 NY/T 391 的要求。成熟期应控制灌水。

5.3.3　施肥管理

5.3.3.1　施肥的原则

按照 NY/T 394 绿色食品肥料使用准则执行。根据火龙果施肥规律进行平衡施肥或配方施肥。

5.3.3.2　肥料的种类

（1）有机肥料。采用商品有机肥，每亩用量 1 000 kg 左右。采用沟施或穴施方式施入。

（2）微生物肥料。包括微生物制剂和微生物处理肥料等。

（3）化肥。包括氮肥、磷肥、钾肥、硫肥、钙肥、镁肥及复合（混）肥等。

（4）限制施用的肥料。限量使用氮肥。限制使用含氯复合肥。

保证不对环境和产品造成污染为原则，平衡施肥和配方施肥，选用肥料以有机肥为主，配合施用化肥和微生物肥。

5.3.3.3　施肥方法及时期

（1）基肥。一般使用商品有机肥和复合肥，根据树体状况确定亩用肥数量，采用沟施或穴施法施入。

（2）追肥。一般使用复合肥和商品有机肥，于每年的春、秋两季根据树体生长情况适当施入。

5.4　整形修剪

5.4.1　幼树的整形与修剪

植株沿水泥柱攀缘生长保留 1 个主茎，当植株长到超过支撑高度时截顶，让其分生成 3 个以上的自然下垂枝，并培育结果枝。

5.4.2　结果树的整形修剪

每个植株安排 2/3 的分枝作为结果枝，其他 1/3 的分枝可抹除花蕾或花，缩小分枝的生长角度，促进营养生长，将其培养为强壮的后备结果茎蔓；每年产季结束后，剪去产果后衰老茎蔓及垂地遮阴的茎蔓，促发新茎生长。

5.5 花果管理

5.5.1 在开花前 5 天~6 天，每节茎只留下 1 朵~2 朵花。

5.5.2 疏果 在自然落果后，先剪除弱茎蔓及其果实，摘除病虫果、畸形果，以后，应对坐果偏多的枝蔓进行人工疏果，同一结果枝约 30 cm 留 1 个果。

5.5.3 套袋 在果实发育约 25 天，果实开始转红、变软前套袋。防止病虫侵染。

6 病虫草防治

6.1 主要病虫害种类

主要病害：炭疽病、基腐病、茎腐病等。

主要害虫：蜗牛、蚂蚁、桃蛀螟、介壳虫、地老虎、小飞蛾等。

6.2 防治原则

贯彻"预防为主，综合防治"的植保方针。以农业防治为基础，搭配生物防治，特殊情况下，必须使用农药时应遵守 NY/T 393 的要求，轮换用药，合理混用，严格控制农药安全间隔期和用药次数。

6.3 植物检疫

禁止检疫性病虫害从疫区传入保护区，保护区不得从疫区调运苗木、接穗、果实和种子，一经发现立即销毁。

6.4 农业防治

选择抗性品种；栽植抗性砧木嫁接苗木或优质无病毒苗木；通过加强肥水管理，合理控制负载等措施保持健壮树势；合理修剪，改善树体通风透光条件；清洁园区，及时剪除病虫果枝、病僵果，清除枯枝落叶，全园深翻。

6.5 物理防治

采取避雨等技术减少病害发生；用防鸟网阻断鸟害；利用糖醋液、频振式诱虫灯诱杀成虫。

6.6 生物防治

助迁和保护瓢虫、草蛉、捕食螨等害虫天敌；应用有益微生物及其代谢产物防治病虫害；利用昆虫性别激素诱杀或干扰成虫交配。

6.7 农药使用准则

6.7.1 农药选用

6.7.1.1 所选用的农药应符合相关的法律法规，并获得国家农药登记许可。

6.7.1.2 应选择对主要防治对象有效的低风险农药品种，提倡兼治和不同作用机理农药交替使用。

6.7.1.3 农药剂型宜选用悬浮剂、微囊悬浮剂、水剂、水乳剂、微乳剂、颗粒剂、水分散粒剂和可溶性粒剂等环境友好型剂型。

6.7.1.4 绿色食品火龙果生产农药使用应按照 NY/T 393 的规定，优先从 NY/T 393 表 A.1 中选用农药。在 NY/T 393 表 A.1 所列农药不能满足有害生物防治需要时，还可适量使用 NY/T 393 A.2 所列的农药。

6.7.2 农药使用规范

6.7.2.1 应在主要防治对象的防治适期，根据有害生物的发生特点和农药特性，选择适当的施药方式。

6.7.2.2 应按照农药产品标签或 GB/T 8321 和 GB 12475 的规定使用农药，控制施药剂量（或浓度）、施药次数和安全间隔期。

7 适时收获

7.1 当果实由绿色逐渐变红色，果实微香、果色鲜艳时，就可采收。过迟采收，不但会引起果裂，还会引起果皮局部颜色变黑腐烂，影响果品，而且不易保存。

7.2 火龙果的采摘时间选择，应晴好天气，光照充足，在 9 时—10 时，16 时—18 时采摘果品质量最佳。早上或雨天采摘，保存时间短，糖分流失大，会影响火龙果口感。

7.3 采收时用果枝剪剪下，防止剪伤枝条或伤到果子，剪下的火龙果及时放置阴凉处或进冷库进行预冷处理，防止在太阳下暴晒。

7.4 采摘下的火龙果用干布轻轻擦洗干净，按果大小进行分级。果品等级分为：一级是单果重 500 g 以上；二级 350 g~500 g，其他为三级及以下等级。选果时应轻拿轻放分别装入纸箱，并注明日期，贴上商标。

7.5 采收后及时清理果园，防止病株、烂果病菌侵入果园。

绿色食品 蓝莓生产技术规程

1 范围

本规程规定了绿色食品蓝莓生产所要求的产品质量、产地环境、栽培技术、病虫草防治、适时收获、包装、运输、贮存等技术。

本规程适用于上海市崇明区绿色食品蓝莓的生产。

2 规范性引用文件

下列文件中的条款通过本标准的引用而成为本标准的条款。凡是注日期的引用文件，其随后所有的修改（不包括勘误的内容）或修订版均不适用于本标准；凡是不注日期的引用文件，其最新版本均适用于本标准。

GB/T 8321（所有部分） 农药合理使用准则

GB 12475 农药贮运、销售和使用的防毒规程

NY/T 391 绿色食品 产地环境质量

NY/T 393 绿色食品 农药使用准则

NY/T 394 绿色食品 肥料使用准则

NY/T 844 绿色食品 温带水果

3 产品质量

蓝莓的质量标准应符合 NY/T 844 的要求。

4 产地环境

4.1 环境要求

基地应远离城市和交通要道，距离公路 50 m 以外，周围 3 km 以内没有工矿企业的直接污染源（"三废"的排放）和间接污染源（上风口或上游的污染）区域，环境要求符合 NY/T 391 的规定。

4.2 生态要求

阳光充足，冬季 7.2℃ 以下的低温 450 h~850 h 以上，土壤疏松、土层深厚、通气良好、有机质含量 ≥2%，土壤 pH 值在 4.0~7.0。

4.3 土壤改良

土壤 pH 值大于 5.5 时必须采取措施降低 pH 值，常用方法是施放硫黄粉或硫酸铝，

土壤 pH 值达 6 时，每亩施入硫黄粉 90 kg 或硫酸铝 540 kg，将其均匀撒入全园土壤，深翻 15 cm 混匀，同时还可利用松针、锯木屑和烂树皮等酸性基质掺入施用，效果更佳。

5 栽培技术

5.1 园地选择

5.1.1 园地规划

修筑必要的道路、排灌和蓄水、附属建筑等设施，营造防护林。防护林选择速生树种，并与蓝莓没有共生性病虫害。

5.1.2 品种选择

选择适宜本地区的兔眼蓝莓、南方高丛蓝莓等品种。兔眼蓝莓建园需配置授粉树。一般蓝莓种植园中需定植 3 个以上的品种。

5.2 栽植

5.2.1 栽植时间

在早春枝芽萌动前（2 月初至 3 月初）或秋季停止生长后（11 月中旬以后）进行。

5.2.2 苗木质量

选择经 2 年培育的苗高 50 cm 以上，主茎直径 0.6 cm 以上的壮苗，其苗木分枝多，枝条粗壮、根系发达。植株无病无伤的健壮苗木。

5.2.3 栽植密度

基地经耕翻作畦后，按株行距兔眼蓝莓 2.5 m × 1.5 m、南方高丛蓝莓 1.5 m × 1.0 m，挖 50 cm × 50 cm × 50 cm 定植穴或 50 cm × 50 cm 定植沟。

5.2.4 定植

苗木种植前，每亩施入商品有机肥 1 000 kg，与土壤旋耕时紧密结合施入。栽植时应在沟穴内基肥上面填入 20 cm 熟土，苗木根系切忌与肥料接触，定植后，及时浇足定根水。

5.3 土肥水管理

5.3.1 土壤管理

5.3.1.1 清耕法

砂壤土栽培一般中耕深度以 5 cm~10 cm 为宜，耕作工具高度一般不超过 15 cm。每年从早春到 8 月均可进行，每年清耕 2 次~3 次为宜，入秋以后清耕对越冬不利。

5.3.1.2 生草法

采用行间生草、行内除草，具有保持土壤湿度，提高果品质量的作用。种植的间作物或草类应是浅根、矮秆，且与蓝莓无共性病虫，以豆科植物和禾本科牧草为宜，适时刈割翻埋于土壤中或覆盖于树盘。

5.3.2 施肥

5.3.2.1 原则

以有机肥为主，化学肥料为辅，采用平衡施肥。按照 NY/T 394 绿色食品肥料使用准则的原则指导实践操作。

5.3.2.2 肥料种类

以商品有机肥和有机复合肥为主,有机复合肥氮(N)、磷(P_2O_5)、钾(K_2O)的比例通常为1∶1∶1。另外根据本地区土壤的实际状况施入20 kg/亩的硫酸钾复合肥。

5.3.2.3 施肥方法

(1)全园撒施:对土壤比较疏松或砂质土壤采用全园撒施法。

(2)沟施或穴施:对壤土和黏土采用沟施或穴施,沟、穴深度一般壤土为10 cm,黏土为15 cm~20 cm。

(3)叶面追施:在对土壤施肥的同时,根据果树缺乏某种元素症状,通过叶面喷施含某元素肥料作为一种补充施肥方式。

5.3.2.4 施肥时间及数量

一般每年施入3次肥料,第一次以有机肥为主,在每年1月施入1 000 kg/亩~1 500 kg/亩的商品有机肥;第二次以复合肥为主,在2月上中旬施入氮磷钾比例为1∶1∶1的复合肥20 kg/亩;第三次以硫酸钾型复合肥为主,在4月上中旬施入富含钾的硫酸钾型复合肥20 kg/亩。

5.3.3 水分管理

一般情况下,采穗圃和幼年果园应始终保持最适宜的水分条件:达到果园中最大水量在60%~70%,成年果园和盛果期在果实发育阶段和果实成熟前应减少控制水分供应,果实采收后,恢复最适的水分供应,使园中保持水量恢复到60%~70%,中秋至晚秋季节减少水分供应,以利于植株及时进入休眠。

5.4 整形修剪

5.4.1 修剪时期

整形修剪的时期可分为冬季修剪和夏季修剪,其修剪程度以冬季为主、夏季为辅。

5.4.2 方法

5.4.2.1 幼年树修剪

(1)对脱盆移栽的幼树仅需剪去花芽及少量过分细弱的枝条或小枝组。

(2)对不带土移栽的苗木,除去疏除花芽外,还需疏除较多的相对弱小枝条。

(3)对定植成活后第一个生长季,尽量少剪或不剪,以迅速扩大树冠和枝叶量。

(4)对前3年的幼树主要是以疏除下部细弱枝、下垂枝、水平枝及树冠内的交叉枝、过密枝、重叠枝为主,确保树高度2 m,冠幅1.2 m以上。

5.4.2.2 成年树修剪

(1)疏除树冠各处的细弱枝和因结果而逐渐衰弱的弱枝,回缩因结果而衰弱并被新生枝组取代的优势枝组。

(2)回缩大枝先轻后重,即先回缩1/3~1/2,等回缩更新后的大枝再次衰弱时,加大回缩力度,剪去2/3,甚至从近地面处剪除。

（3）疏除病枝、枯枝、交叉枝，靠近的重叠枝。

6 病虫草防治

6.1 防治原则

贯彻预防为主，综合防治的方针，选用生物农药和高效、低毒、低残留的化学农药，交替用药，改进施药技术，降低农药用量。化学农药使用按 NY/T 393 的规定执行。

6.2 主要病虫鸟害

蓝莓主要病虫鸟害有叶片失绿症、叶斑病、霜霉病、食叶类刺蛾、食心虫、鸟类啄果等。

6.3 防治方法

6.3.1 人工防治

6.3.1.1 休眠期结合冬季修剪，剪除病枝、虫枝，清除杂草，消灭越冬的病虫。

6.3.1.2 结合深翻冬剪，将土壤深翻 20 cm，消灭土壤中越冬的害虫。

6.3.1.3 蓝莓果实成熟期，用防鸟网或稻草人、电驱鸟器等方式驱赶鸟类。

6.4 农药使用准则

6.4.1 农药选用

6.4.1.1 所选用的农药应符合相关的法律法规，并获得国家农药登记许可。

6.4.1.2 应选择对主要防治对象有效的低风险农药品种，提倡兼治和不同作用机理农药交替使用。

6.4.1.3 农药剂型宜选用悬浮剂、微囊悬浮剂、水剂、水乳剂、微乳剂、颗粒剂、水分散粒剂和可溶性粒剂等环境友好型剂型。

6.4.1.4 绿色食品蓝莓生产农药使用应按照 NY/T 393 的规定，优先从 NY/T 393 表 A.1 中选用农药。在 NY/T 393 表 A.1 所列农药不能满足有害生物防治需要时，还可适量使用 NY/T 393 A.2 所列的农药。

6.4.2 农药使用规范

6.4.2.1 应在主要防治对象的防治适期，根据有害生物的发生特点和农药特性，选择适当的施药方式。

6.4.2.2 应按照农药产品标签或 GB/T 8321 和 GB 12475 的规定使用农药，控制施药剂量（或浓度）、施药次数和安全间隔期。

7 适时收获

蓝莓果在花序中开花次序有先有后，果实的成熟期不一致，要分批采收，当果表面由最初的青绿色逐渐变成红色，再转变成蓝紫色到紫黑色时即成熟，一般盛果期 2 天~3 天采收 1 次，初果期和末果期 4 天~6 天采收 1 次。通常供鲜食、运输距离短且保藏条件好的在九成以上成熟期采收；供加工饮料、果浆、果酒、果冻等在充分成熟后采收;供制作果实罐头,在八成熟时采收,采摘应在早晨至中午高温来到以前,或在傍晚气温下降以后进行,采摘时轻摘、轻拿、轻放。

8 包装、运输、贮存

8.1 包装、运输

蓝莓果实在包装、运输过程中,要遵循小包装、多层次、留空隙、少挤压、避高温、轻颠簸的原则。装果容器采用较浅的透气筐篓、纸箱、果盘等,鲜销鲜食果实选用有透气孔的聚苯乙烯盒或做成一定规格的纸箱,规格为每盒装果不超过1 000 g。加工用果实用大的透气塑料筐或浅的周转箱、果盆等直接包装运输至加工厂。

8.2 贮存

在常温条件下,采收的果实存放保质期为2天~3天,为延长贮藏期和供应时间,鲜果应进行低温贮藏或速冻后贮藏在-18℃以下。

绿色食品 枇杷生产技术操作规程

1 范围

本规程规定了绿色食品枇杷生产所要求的园地选择与规划、品种选择与栽植、土肥水管理、整形修剪、花果管理、病虫害防治、适时收获、建立生产档案等技术。

本规程适用于上海市崇明区绿色食品枇杷的生产。

2 规范性引用文件

下列文件对于本文件的应用是必不可少的。凡是注日期的引用文件，仅所注日期的版本适用于本文件。凡是不注日期的引用文件，其最新版本（包括所有的修改单）适用于本文件。

NY/T 391 绿色食品 产地环境质量

NY/T 393 绿色食品 农药使用准则

NY/T 394 绿色食品 肥料使用准则

NY/T 658 绿色食品 包装通用准则

NY/T 844 绿色食品 温带水果

NY/T 1056 绿色食品 储藏运输准则

3 园地选择和规划

3.1 园地选择

3.1.1 风、气候、光条件

生长季节中的微风（风速为每秒 2 m 以下）；年平均温度 15℃～23℃，绝对最低温度≥-5℃，1月平均温度≥4℃，≥10℃的年积温 5 000℃以上；年需日照时数为 1 600～1 700 小时。

3.1.2 土壤条件

土壤质地良好，疏松肥沃，土层深厚，地下水位 1 m 以下，pH 值为 5.5~7.5。

3.1.3 产地环境质量

土壤、灌溉水质和大气质量符合 NY/T 391 规定。

3.2 园地规划

修筑必要的道路、排灌和蓄水、附属建筑等设施，营造防护林。防护林选择速生树种，并与枇杷没有共生性病虫害。

4 品种选择与栽植

4.1 品种选择

选择有较强抗病性，抗逆性，早熟的火炬、七星、月光等品种。

4.2 栽植

4.2.1 定植时间

一般春季 2 月—3 月春梢萌芽前栽植；冬季 10 月上旬至 12 月上旬。

4.2.2 栽植密度

按亩栽植的永久植株数计，枇杷 55 株~148 株，株行距（1.5 m~3 m）×（3 m~4 m），宜实行计划性密植，株距过密时，再进行移植或砍伐。栽植密度应根据品种、砧穗组合、环境条件和管理水平而定。

5 土肥水管理

5.1 土壤管理

5.1.1 深翻扩穴，熟化土壤

深翻扩穴一般在秋梢停长后进行，从树冠外围滴水线处开始，逐年向外扩展 0.4 m~0.5 m。回填时混以绿肥或商品有机肥等，表土放在底层，心土放在表层，然后对穴内灌足水分。

5.1.2 间作或生草

枇杷园宜实行生草制，种植的间作物或草类应是与枇杷无共生性病虫、浅根、矮秆，以豆科植物和禾本科牧草为宜，适时刈割翻埋于土壤中或覆盖于树盘。

5.1.3 覆盖与培土

高温或干旱季节，树盘内用秸秆、塑料薄膜等覆盖，厚度 10 cm~20 cm，覆盖物应与根颈保持 10 cm 左右的距离。培土在冬季中耕松土后进行。可培入砂土或枇杷园附近的肥沃土壤，厚度 8 cm~10 cm。

5.1.4 深耕、中耕

深耕多在秋季进行，深度在 20 cm 左右，离树干渐远，耕翻渐深。秋季深耕与施基肥一并进行，可提高地温，促进新梢生长；可在夏、秋季和采果后进行，每年中耕 3 次~4 次，保持土壤疏松无杂草。中耕深度 5 cm~10 cm。雨季不宜中耕。

5.2 施肥管理

5.2.1 施肥原则

应充分满足枇杷对各种营养元素的需求，多施有机肥，合理施用无机肥。按 NY/T 394 的相关规定选择肥料种类。

5.2.2 施肥时期及施肥量

可采用环状沟施、条沟施和土面撒施等方法。在树冠滴水线外挖沟（穴），深度

20 cm~40 cm。东西、南北对称轮换位置施肥。土面撒施的肥料以造粒缓释肥为主。速溶化肥应浅沟（穴）施。

5.2.3 幼树施肥

一般在每次梢抽发前或刚萌芽抽梢时施 1 次促梢肥，15 天~20 天后待枝条抽生展叶后再施 1 次壮梢肥。肥料种类以速效氮肥为主，配合施用磷、钾。每次每株施入肥水 5 kg 左右，具体视植株长势和土壤墒情而定。

5.2.4 结果树施肥

5.2.4.1 施肥量

以产果 100 kg 施纯氮 0.6 kg~0.8 kg，氮∶磷∶钾 = 1∶（0.5~0.6）∶（0.8~1.0）为宜。微量元素肥以缺补缺，作叶面喷施，按 0.1%~0.3% 浓度施用。

5.2.4.2 施肥时间

（1）春梢肥。2 月上中旬施用，此时根系处于第一次生长高峰，便于养分的吸收，此次肥料主要作用为促发春梢和增大果实。施肥量占全年的 30% 左右，以速效肥为主，钾肥在此次一并施入，以促进幼果膨大，可每亩施尿素 20 kg，硫酸钾 25 kg。

（2）夏梢肥。在 5 月中旬至 6 月上旬采果后施用（晚熟品种在采果前施），此时正值根系第二次生长高峰，主要为促发夏梢，培养优良结果枝，并促进 7 月—8 月的花芽分化。由于夏梢抽发多而整齐，且当年多能形结果母枝，因而促发夏梢是保证连年丰产的主要措施，所以此次施肥量较大，占全年 50% 左右，以速效氮肥结有机肥施用，并将全年磷肥全部施入（以利花芽分化和冬春果实吸收）。一般每亩施尿素 35 kg，过磷酸钙 30 kg。

（3）施秋肥或花前肥。在 9 月至 10 月上旬抽穗开花前施用，占全年 20% 左右，主要促进开花良好，提高坐果和增加防寒越冬能力，以迟效肥为主，每亩施尿素 15 kg。

5.3 水分管理

5.3.1 灌溉

在栽培上除选择抗旱品种、增强树势外，在发生旱情时，采取一些补救措施，以减轻旱情的发生。浇水时间应避开中午，在傍晚气温降低后进行，浇水最好与施肥结合。浇水后要进行松土，以减少水分蒸发。可用稻草、麦秆等覆盖地面，尤其在浇水和松土后铺草效果更好。

要求灌溉水无污染，水质应符合绿色食品的相关规定。

5.3.2 排水

及时清淤，疏通排灌系统。多雨季节或果园积水时通过沟渠及时排水。

6 整形修剪

6.1 整形

枇杷树生产上主要采用主干分层形，这种树形有利于枇杷幼树的生长发育和提早开花结果。干高 50 厘米，第一层 3 个~4 个主枝，第二层 2 个~3 个主枝，第三层 1 个~2

个主枝，3层以上中心干落头开心，控制树高。每个主枝上配备2个副主枝，副主枝上着生结果枝组。第一层与第二层之间的间距为80 cm～100 cm，第二层与第三层之间的间距为60 cm左右，整个培养过程需3年～4年。

6.2 修剪要点

修剪的时期应根据立地条件、树势和树龄而定。幼树一般在年初春梢抽发前为宜，结果树以采收后和冬季为宜。

6.2.1 幼树修剪

幼树修剪宜轻不宜重。幼树每年可抽梢4次～5次，修剪时应结合整形进行疏芽，每次梢选留1个～2个位置和方向都较适宜的芽，疏除多余的芽，使主枝、副主枝和结果枝组配置合理。并剪除细弱枝、过密枝、重叠枝、病虫枝。为了扩大树冠，要疏去主枝、副主枝及中央主干先端的花穗，使树冠外围枝梢尽可能不结果，以促进丰产树形的加速形成。

6.2.2 成年树修剪

成年枇杷树的树形已形成，修剪的主要任务是保持高产、稳产和保持中庸树势、防止树势过强或过弱。主要是对结果枝、徒长枝进行修剪，以及修剪后的整芽。

6.2.2.1 结果枝修剪

修剪时一般掌握结果枝不远离骨干枝为原则。采果后视树体枝条分布情况，将结果枝疏除或留2片～3片叶进行回缩短截，并在新梢萌发后疏芽，选留1个～2个分布合理的芽培养成强壮的结果枝，必要时还要适当拉枝控冠。此外，还应剪除细弱枝、过密枝、重叠枝、病虫枝和撕裂枝。

6.2.2.2 徒长枝的修剪

经过拉枝后，往往容易诱发徒长枝，若任其生长，易与其他枝条争夺养分，扰乱树形，过度扩大树冠。因此，修剪时一般都将徒长枝从基部剪除。对有利用价值的徒长枝，应该留基部3个～4个芽进行短截或调整角度，抑制徒长。

6.2.2.3 整芽

整芽能节省树体养分，便于控制树冠。整芽在每次新梢抽发后均要进行1次，在新梢长至3 cm～5 cm时进行。方法：根据树体生长情况选留1个～2个分布合理的强壮新梢培养成有用的枝条或结果枝，其余的全部疏除。

7 花果管理

7.1 促花

一般7月初，夏梢停止生长时将枝梢拉平、扭梢、环割或环剥倒贴皮等，同时7月—8月注意排水，使土壤保持适度干旱，以利于促进树体花芽分化。

7.2 保花

谢花期叶面喷施赤霉酸，花开2/3时叶面喷施0.25%磷酸二氢钾加0.2%尿素和0.1%硼砂，可提高坐果率。

7.3 疏花疏果

7.3.1 人工疏花

疏花在10月下旬至11月进行，对花穗过多的树，应将部分花穗从基部疏除，其余花穗疏除上部小花序；中等花量的树可将部分花穗疏除1/2。

7.3.2 人工疏果

疏果应在2月—3月春暖后进行，疏除部分小果和病果，每穗按大果型品种留1个~3个果，小果型品种留5个~6个果。

7.4 果实套袋

套袋时间以最后一次疏果后进行为宜，一般3月下旬至4月上旬，套袋前必须喷1次广谱性杀虫、杀菌剂的混合液。套袋纸用专用果实袋，大果型可1果1袋，小果型则1穗1袋。先从树顶开始套，然后向下、向外套。袋口用线扎紧，也可用订书机订好，在果实采收前5天~10天取袋。

8 病虫害防治

8.1 防治原则

坚持"预防为主，综合防治"的植保方针，优先采用农业防治、物理防治和生物防治技术，配合使用化学防治技术。

8.2 农业防治

禁止从疫区引入种苗、接穗；因地制宜选用抗病虫害的优良品种和砧木，培育壮苗，加强田间管理，科学施肥，冬季清园，树干涂白，合理修剪，剪除病虫枝、枯枝，并集中无害化处理。

8.3 物理防治

果园安装频振式杀虫灯、黑光灯，防治糖醋盆等引诱或驱避害虫。人工捕杀蛀干性害虫。

8.4 生物防治

保护利用天敌，田间放置性引诱剂诱杀食心虫。

8.5 化学防治

加强病虫害预测预报，选择最佳防治时期，提倡使用高效、低毒、低残留，与环境相容性较好的农药，交替使用不同农药，农药使用严格执行NY/T 393规定。

9 适时收获

9.1 采前准备

检查整修旧用具，后洗净晒干；果剪圆头平口、刀口锋利，采果筐大小适中，容量15 kg~20 kg，内壁光滑并垫柔软物；采果人员采果前要剪平指甲。

9.2 采收期

按各品种固有的色泽而定，加工与鲜销的一般在完熟前15天开始采收，具体采收期视气候条件确定，凡遇风霜、露、雨水未干和雾天不采，大风大雨后应隔 2 天采。

9.3 采收方法

采果时，掌心握住果实，食指用力压住果柄上端向上掀，使果柄脱离果枝；伤果、落地果、粘花果、病虫果，必须另外放置，枯枝杂物不要混在果中；采下果实不要随地堆放，不可日晒雨淋。

9.4 包装

实行分品种、分级包装，包装容器的四周及底座应垫有细软衬垫材料。包装过程中应轻拿轻放，防碰撞、日晒雨淋。包装材料应符合 NY/T 658。

10 建立生产档案

详细记录产地环境、生产技术、病虫草害的发生和防治措施、采收及采后处理等情况并保存记录 3 年。

绿色食品 脆柿生产技术规程

1 范围

本规程规定了绿色食品脆柿生产所要求的产品质量、产地环境、栽培技术、病虫草防治、适时收获、包装、运输、贮存等技术。

本规程适用于上海市崇明区绿色食品脆柿的生产。

2 规范性引用文件

下列文件对于本文件的应用是必不可少的。凡是注日期的引用文件，仅所注日期的版本适用于本文件。凡是不注日期的引用文件，其最新版本（包括所有的修改单）适用于本文件。

GB/T 8321（所有部分） 农药合理使用准则

GB 12475 农药贮运、销售和使用的防毒规程

NY/T 391 绿色食品 产地环境质量

NY/T 393 绿色食品 农药使用准则

NY/T 394 绿色食品 肥料使用准则

NY/T 844 绿色食品 温带水果

NY/T 658 绿色食品 包装通用准则

NY/T 1056 绿色食品 储藏运输准则

3 产品质量

脆柿质量标准应符合 NY/T 844 的要求。

4 产地环境

生产基地应选择在无污染和生态条件良好的地区。一是空气清洁无污染，应选择生态环境优良、外界隔离条件好，生产基地要远离工厂、矿区、医院、城镇，产地的大气质量符合国家大气环境质量标准一级标准。二是排灌方便，灌溉用水清洁，水源条件好、无污染、排灌方便。三是林地土壤土质好，无污染；生产基地要选择土壤耕层深厚、肥沃、通透性能好、土壤中性偏酸、有机质含量高，具有较好的保水保肥能力，历年病虫害发生少、集中连片、便于规模化生产的林地。产地环境的选择必须符合 NY/T

391 的要求。

5 栽培技术

5.1 园地选择

5.1.1 园地规划

修筑必要的道路、排灌和蓄水、附属建筑等设施，营造防护林。防护林选择速生树种，并与脆柿没有共生性病虫害。

5.1.2 品种和砧木选择

5.1.2.1 品种选择

选择有较强抗病性、抗逆性的优质适栽品种，如次郎脆柿、无核方柿、太秋甜柿等。

5.1.2.2 砧木选择

适宜于上海地区脆柿的砧木有油柿、野生柿、老鸦柿等。

5.2 栽植

5.2.1 栽植时间

落叶后或早春萌芽前均可种植，但以秋末冬初定植为宜（11月底至12月底）。

5.2.2 栽植密度

依照林地气候、土壤肥力、土层厚度和品种特性而异。一般以每亩50株~60株为宜，株行距4 m×3 m；栽植密度还可以根据环境条件和管理水平而定。不宜过密，可采用计划密植的先密后疏栽培方法。

5.2.3 栽植技术

挖穴时，要将挖出的心土和表土分别放置，穴的规格一般为直径为60 cm，挖出后立即施入基肥，以有机肥为主，拌入适量过磷酸钙，每亩施肥25 kg，并与表土混合拌匀。将脆柿苗放入坑内，填表土踏实，轻轻提苗，使根系与土壤密切接触并充分伸张，然后踏实。填土的高度应使苗木根颈处高出地面5 cm，然后修树盘以待浇水。待水下渗后，覆1层薄土，上面再覆1 m² 的塑料薄膜，沿边压土，以保温。秋栽植的柿树，要压苗或苗木基部培成70 cm高的土堆防寒。

5.3 土肥水管理

5.3.1 土壤管理

5.3.1.1 深翻扩穴，熟化土壤

深翻扩穴一般在秋梢停长后进行，从树冠外围滴水线处开始，逐年向外扩展0.4 m~0.5 m。回填时混以绿肥等，表土放在底层，心土放在表层，然后对穴内灌足水分。

5.3.1.2 间作或生草

幼年果园可间作或实行生草制，种植的间作物或草类应是浅根、矮秆，且与脆柿无共性病虫，以豆科植物和禾本科牧草为宜，适时刈割翻埋于土壤中或覆盖于树盘。

5.3.1.3 覆盖与培土

高温或干旱季节，建议树盘内用秸秆等覆盖，厚度10 cm~15 cm，覆盖物应与根颈保持10 cm左右的距离。培土在冬季中耕松土后进行。可培入塘泥、河泥、砂土或果园附近的肥沃土壤，厚度8 cm~10 cm。

5.3.1.4 中耕

可在夏、秋季和采果后进行，每年中耕3次~4次，保持土壤疏松无杂草。中耕深度8 cm~15 cm，坡地宜深些，平地宜浅些。雨季不宜中耕、施肥。

5.3.2 施肥

5.3.2.1 肥料使用原则

脆柿在生产过程中选用绿色食品肥料使用准则NY/T 394的规定允许使用的肥料种类，并根据农技部门和果树专家指导的优化配方施肥技术进行科学合理施肥。优先使用优质有机肥料，减少化肥施用量，保持或增加土壤肥力和生物活性。

（1）持续发展原则。绿色食品脆柿生产中所使用的肥料应对环境无不良影响，有利于保护生态环境，保持或提高土壤肥力及土壤生物活性。

（2）安全优质原则。绿色食品脆柿生产中应使用安全、优质的肥料产品，生产安全、优质的绿色食品。肥料的使用应对作物（营养、味道、品质和植物抗性）不产生不良后果。

（3）化肥减控原则。在保障植物营养有效供给的基础上减少化肥用量，兼顾元素之间的比例平衡，无机氮素用量不得高于当季作物需求量的一半。

（4）有机为主原则。绿色食品脆柿生产过程中肥料种类的选取应以农家肥料、有机肥料、微生物肥料为主，化学肥料为辅。

5.3.2.2 生产用肥料使用规定

（1）绿色食品脆柿生产过程中肥料使用应选用NY/T 394所列肥料种类。

（2）农家肥料的使用按NY/T 394规定执行。耕作制度允许情况下，宜利用秸秆和绿肥，按照约25∶1的比例补充化学氮素。厩肥、堆肥、沤肥、沼肥、饼肥等农家肥料应完全腐熟。

（3）有机肥料的使用按NY/T 394规定执行，主要以基肥施入，用量视地力和目标产量而定，可配施农家肥料、微生物肥料、有机-无机复混肥料、无机肥料。

（4）微生物肥料的使用按NY/T 394规定执行。可与农家肥料、有机肥料、微生物肥料配合施用，用于拌种、基肥或追肥。

（5）有机-无机复混肥料、无机肥料在绿色食品脆柿生产中作为辅助肥料使用，用来补充农家肥料、有机肥料、微生物肥料所含养分的不足。减控化肥用量，其中无机氮素用量按当地同种作物习惯施肥用量减半使用。

（6）根据土壤障碍因素，可选用土壤调理剂改良土壤。

5.3.2.3 施肥方法

脆柿一年需要多次供肥。一般于果实采收后秋施基肥，结合深翻改土，以商品有机肥为主，施用量1 000 kg/亩；同时混施过磷酸钙100 kg/亩，使用时间在11月上旬，土壤回填时混入有机肥，然后充分灌水。追肥以复合肥为主，一般于4月和6月，每次施用量30 kg/亩，施肥方法为挖放射状沟、环状沟或平行沟。

5.3.3 水分管理
5.3.3.1 灌溉
脆柿树在果实膨大期（7月—10月）对水分敏感。此期若发生干旱应及时灌溉。
5.3.3.2 排水
及时清淤，疏通排灌系统。多雨季节或果园积水时通过沟渠及时排水。

5.4 整形修剪
5.4.1 适宜树形
小冠疏层形：一般主干高60 cm~80 cm，树高2.0~2.5 m，全树有5个主枝，分2层排列，第一层主枝3个，第二层主枝2个，成形后落头，这种树形结构简单，成型快，管理方便。通过修剪保证冠内通风透光，及时更新复壮结果枝组，防止结果部位外移，使结果枝组在树冠内均匀分布。

5.4.2 修剪要点
5.4.2.1 幼树修剪
根据树体结构的要求，选部位、角度适合的枝条分别留作主枝、侧枝。对被选留的主枝，剪留40 cm~45 cm；侧枝剪留30 cm~35 cm，也可采取"目伤"措施，促发新枝。各级骨干枝生长过密的枝条，应疏除同方位的枝条。为加速各级主枝生长，均衡树势，将过旺的主枝延长枝剪截至分枝处，抑制顶端优势。对辅养枝要开张角度，培养结果母枝。密植栽培的树，应采取拉枝和施用生长抑制剂等致矮措施，为早期丰产奠定基础。

5.4.2.2 结果期树的修剪
初结果树的各级骨干枝的延长枝继续短截，扩大树冠，开张主、侧枝角度，控制辅养枝。采取先放后缩和连续长放的方法，培养结果枝组。采用环刻、环剥等促花措施，形成花芽，达到早期丰产的目的。

盛果期要保持健壮树势，疏除无用的直立枝、背生枝和冗长、细弱结果枝组；保留20 cm~45 cm侧生发育枝。及时落头开心，解决光照，以宜通风透光，提高果品质量。在结果母枝修剪时，应去弱留壮，并疏除过密枝条。

5.5 花果管理
5.5.1 控花疏果
因树疏花疏果，提高好果率。疏花疏果，从抑制花芽形成开始，到果实负载量达到要求为止。做到疏弱留强、疏密留稀、疏小留大、疏腋留顶、疏下留上，疏小果、畸形果，多留外围果和主枝上的果，少留冠内果和弱枝果。
5.5.2 控花
冬季修剪以短截、回缩为主；春季进行花前复剪，强枝适当多留花，弱枝少留或不留，有叶单花多留，无叶花少留或不留；抹除畸形花、病虫花等。

5.5.3 人工疏果

分2次进行。第一次在幼果期疏除小果、病虫果、畸形果、密弱果；第二次在生理落果结束后，按叶果比20～（25∶1）选留健壮幼果。

6 病虫草防治

6.1 有害生物防治原则

绿色食品脆柿生产中有害生物的防治应遵循以下原则。

6.1.1 以保持和优化农业生态系统为基础

建立有利于各类天敌繁衍和不利于病虫草害孳生的环境条件，提高生物多样性，维持农业生态系统的平衡。

6.1.2 优先采用农业措施

如抗病虫品种、种子种苗检疫、培育壮苗、加强栽培管理、中耕除草、耕翻晒垡、清洁田园、轮作倒茬等。

6.1.3 尽量利用物理和生物措施

如用灯光、色彩诱杀害虫，机械捕捉害虫，释放害虫天敌，机械或人工除草等。

6.1.4 必要时合理使用低风险农药

如没有足够有效的农业、物理和生物措施，在确保人员、产品和环境安全的前提下，配合使用低风险的农药。

6.2 植物检疫

禁止检疫性病虫害从疫区传入保护区，保护区不得从疫区调运苗木、接穗、果实和种子，一经发现立即销毁。

6.3 农业防治

合理修剪，保持树冠通风透光良好；合理负载，保持树体健壮；加强栽培管理，增强树势，提高树体自身抗病虫能力；提高采果质量，减少果实伤口，降低果实腐烂率。具体采取剪除病虫枝、人工捕捉成虫、清除枯枝落叶、深翻树盘、地面秸秆覆盖、地面覆膜、科学施肥等措施抑制或减少病虫害发生。

6.4 物理防治

6.4.1 应用灯光防治害虫

使用杀虫灯，一般30亩~50亩1盏灯。

6.4.3 应用色彩防治害虫

可用黄板诱集粉虱。

6.4.4 人工捕捉害虫

人工捕捉天牛、金龟子等害虫。

6.5 生物防治

改善果园生态环境；人工引移、繁殖释放天敌；对有病害的枝条以人工适当剪除的方法进行防治；可通过果园散养鸡、鸭等防治蜗牛。

6.6 农药使用准则

6.6.1 农药选用

6.6.1.1 所选用的农药应符合相关的法律法规，并获得国家农药登记许可。

6.6.1.2 应选择对主要防治对象有效的低风险农药品种，提倡兼治和不同作用机理农药交替使用。

6.6.1.3 农药剂型宜选用悬浮剂、微囊悬浮剂、水剂、水乳剂、微乳剂、颗粒剂、水分散粒剂和可溶性粒剂等环境友好型剂型。

6.6.1.4 绿色食品脆柿生产农药使用应按照 NY/T 393 的规定，优先从 NY/T 393 表 A.1 中选用农药。在 NY/T 393 表 A.1 所列农药不能满足有害生物防治需要时，还可适量使用 NY/T 393 A.2 所列的农药。

6.6.2 农药使用规范

6.6.2.1 应在主要防治对象的防治适期，根据有害生物的发生特点和农药特性，选择适当的施药方式。

6.6.2.2 应按照农药产品标签或 GB/T 8321 和 GB 12475 的规定使用农药，控制施药剂量（或浓度）、施药次数和安全间隔期。

7 适时收获

7.1 采前准备

旧的用具先检查整修，后洗净晒干；果剪圆头平口、刀口锋利，采果篮大小适中，容量 7 kg~8 kg，盛果箩筐容量一般 20 kg~30 kg，内壁光滑并垫柔软物，树冠高大者需备"人"字形梯凳；采果人员采果前要剪平指甲。

7.2 采收期

鲜销果在果实正常成熟，表现出本品种固有的品质特征时采收，具体采收期视气候条件确定，凡遇风霜、露、雨水未干和雾天不采，大风大雨后应隔 2 天采。

7.3 采收方法

选黄留青，分批采收。由外到内，由下而上依次进行；采果时不可攀枝拉果，遇到采果不便处可用两剪法，把果蒂剪平；伤果、落地果、粘花果、病虫果，必须另外放置，枯枝杂物不要混在果中；采下果实不要随地堆放，不可日晒雨淋。

8 包装、运输与贮存

8.1 包装

8.1.1 包装应符合 NY/T 658 的要求。

8.1.2 单果用包装纸。包装材料应清洁，质地细致柔软。

8.1.3 果品装箱应排列整齐，内衬垫箱纸质量与包果纸相同。果箱用瓦楞纸箱，结构应牢固适用，材料须良好、干燥、无霉变、虫蛀、污染。

8.1.4 每箱净重不超过 20 kg。

8.2 运输与贮存

8.2.1 贮存与运输应符合 NY/T 1056 的要求。

8.2.2 脆柿易碰伤、腐烂，运输应做到快装、快运、快卸。严禁日晒雨淋，装卸、搬运时要轻拿轻放，严禁乱丢乱掷。

8.2.3 运输工具的装运舱应清洁、干燥、无异味，最适温度为 6℃~8℃。水运时应防止水溅入舱中。防止受潮、虫蛀、鼠咬。

8.2.4 冷库存贮必须经 2 天~3 天预冷，达到最终温度，保持库内相对湿度 85%~90%。

第四篇

水 产 篇

绿色食品　淡水鱼池塘养殖生产技术规程

1　范围

本规程规定了草鱼、鲢鱼、鳙鱼、鲫鱼池塘养殖的产品质量、产地环境、养殖技术、病害防治、尾水排放处理、捕捞、运输等技术。

本规程适用于上海市崇明区以草鱼、鲢鱼、鳙鱼、鲫鱼为主养品种的成鱼池塘养殖。

2　规范性引用文件

下列文件对于本文件的应用是必不可少的。凡是注日期的引用文件，仅所注日期的版本适用于本文件。凡是不注日期的引用文件，其最新版本（包括所有的修改单）适用于本文件。

GB 11607　渔业水质标准

GB/T 11776　草鱼鱼苗、鱼种

GB 13078　饲料卫生标准

GB 17715　草鱼

GB/T 29568　农产品追溯要求　水产品

NY/T 471　绿色食品　饲料及饲料添加剂使用准则

NY/T 391　绿色食品　产地环境质量

NY/T 755　绿色食品　渔药使用准则

NY/T 842　绿色食品　鱼

SC/T 9101　淡水池塘养殖水排放要求

3　产品质量

混养鱼类的质量标准应符合 NY/T 842 的要求。

4　产地环境

生产基地应选择在无污染和生态环境条件良好的地区。基地选点应远离工矿区和公路铁路干线，避开工业和城市污染源的影响，水质符合水产养殖用水标准、水源充足、进排水方便、光照充足、交通便利，同时生产基地应具有可持续的生产能力。产地环境的选择必须符合 NY/T 391 的要求。

5 养殖技术

5.1 养殖设施

5.1.1 池塘

以池塘面积 0.4 hm² ~ 2.0 hm² 为宜。东西向，长宽比为（2~3）:1，水深 2 m~2.5 m 为宜，池底平坦，土壤以黏壤土为宜，淤泥厚度应小于 0.2 m，环境条件应符合 NY/T 391 绿色食品质量的规定。

5.1.2 水源

水源充足，排灌方便，水源水质应符合 NY/T 391 的规定。

5.1.3 水质

水质清新，池水透明度 0.3 m~0.5 m。

5.2 鱼种放养

5.2.1 放养前准备

5.2.1.1 清塘消毒

鱼种放养前 15 天~20 天，池塘加水至 0.1 m~0.2 m 用生石灰 1 125 kg/hm² 化水趁热全池泼洒消毒，3 天后排干池水暴晒池底。

5.2.1.2 施肥注水

放养前 5 天~7 天施放有机发酵肥 1 500 kg/hm²，保持水深 1 m。

5.2.2 鱼种质量

鱼种应选自认定的良种生产单位，外地采购鱼种应进行检验检疫。鱼种体质健壮，规格整齐，无病无伤。鱼种质量符合 GB/T 11776 的规定。

5.2.3 放养时间

1 月—2 月，以冬放为宜。

5.2.4 放养规格

草鱼鱼种规格 0.5 kg/尾~1.5 kg/尾。

5.2.5 放养密度

草鱼鱼种 3 000 尾/hm² ~ 3 600 尾/hm²。

5.2.6 混养搭配

搭配鱼主要为鲢鱼、鳙鱼、鲫鱼等常规鱼类，具体放养量见表 1。

表 1 品种及放养量

品种		规格	亩放养量
主养品种	草鱼	0.5 kg~1.5 kg/尾	3 000 尾/hm² ~ 3 600 尾/hm²

(续表)

品种		规格	亩放养量
混养品种	鲢鱼	0.1 kg/尾~0.15 kg/尾	1 800 尾/hm²~2 700 尾/hm²
	鳙鱼	0.1 kg 尾~0.15 kg/尾	750 尾/hm²~900 尾/hm²
	鲫鱼	0.05 kg/尾~0.1 kg/尾	6 000 尾/hm²~7 500 尾/hm²

5.3 饲养管理
5.3.1 水质管理
5.3.1.1 注换新水

前期3月—5月每7天~10天加注新水，每次0.15 m~0.2 m，7月左右加满池水。中期6月—9月每5天~7天。后期10月—11月 10天~15天换水1次，每次0.2 m~0.3 m，确保水质"肥、活、嫩、爽"的要求；尾水排放应符合SC/T 9101 淡水池塘养殖排放水要求的规定。

5.3.1.2 池水增氧

每公顷配4.5 kW~6 kW 动力增氧机，6月—9月晴天中午增氧2小时~3小时，阴雨天全天打开增氧机至次日日出后关机，以确保水中的溶解氧达到5 mg/L左右。

5.3.1.3 调节水质

7月—9月，每月使用一次微生物制剂，高温期间15天使用一次生物制剂，晴天上午9时—10时使用，在使用时开启增氧机，具体按产品说明书使用；视水质情况不定期施泼生石灰75 kg/hm²，以保持pH值7.5~8.5。

5.3.2 投喂管理
5.3.2.1 饲料种类

饲料种类为通过绿色认证的配合饲料及水旱草等，配合饲料粗蛋白含量在28%~32%，水旱草应新鲜无污染，饲料质量应符合NY/T 471 绿色食品 饲料及饲料添加剂使用准则的规定。

5.3.2.2 投喂方法及数量

配置投饵机投喂饲料。根据养殖季节确定投喂量，水温在18℃~20℃时，每天饲料投喂量为吃食鱼体重的1%~1.5%；水温在22℃~26℃时，每天饲料投喂量为吃食鱼体重的2%~3%；水温在26℃~32℃时，每天饲料投喂量为吃食鱼体重的3%~5%；水温在32℃以上时，每天饲料投喂量为吃食鱼体重的2%~2.5%。投喂水草按50:1替代配合饲料，投喂旱草按20:1替代配合饲料；须根据季节、天气、水色及鱼类摄食情况确定日投喂次数，通常为每天2次。投喂时尽量做到定时、定位、定质、定量。

5.3.3 日常管理
5.3.3.1 巡塘观察

做到早晚巡塘，观察水质变化、吃食、生长、发病情况，发现异常及时调整管理措施。

5.3.3.2 清理卫生

及时清除食台残饵，搞好清洁卫生，保持良好的生态环境。

5.3.3.3 防浮头泛塘

高温、雷雨闷热天气，应减食或停食，提前加换新水和增氧，确保池水溶氧充足，防止泛塘。

6 病害防治

6.1 预防

预防措施为彻底清塘消毒、鱼种检疫消毒、采用微生态制剂或生石灰定期改良水质底质、科学合理投喂饲料。

6.2 治疗方法

发现病情应在执业兽医或乡村渔业兽医指导下对症用药，严格执行休药期制度，药物使用应符合 NY/T 755 的规定。

7 尾水排放处理

7.1 减排措施，配置人工湿地、生态沟渠或净化塘等尾水处理系统，一般占养殖面积的 15%~20%。

7.2 尾水排放，养殖尾水必须处理后达标排放，主要指标不得超过 SC/T 9101 规定的排放标准。

7.3 废弃物处理，过期饲料、药品、池塘淤泥、生活垃圾等进行分类收集，妥善处理。染疫、病死或死因不明的鱼依法进行深埋、焚烧等无害化处理，不得随意处置。

7.4 循环利用，鼓励和支持采取种养结合等方式消纳利用养殖尾水和废弃物。

8 捕捞、运输

采用拉网捕捞和干塘捕捞 2 种方法。在捕捞、运输过程中应符合 NY/T 842 的要求。

绿色食品 南美白对虾生产技术规程

1 范围

本规程规定了绿色食品南美白对虾生产所要求的产品质量、产地环境、养殖技术、病害防治、养成收获等技术。

本规程适用于上海市崇明区绿色食品南美白对虾的养殖。

2 规范性引用文件

下列文件对于本文件的应用是必不可少的。凡是注日期的引用文件，仅所注日期的版本适用于本文件。凡是不注日期的引用文件，其最新版本（包括所有的修改单）适用于本文件。

GB/T 19630　有机产品　生产、加工、标识与管理体系

NY/T 391　绿色食品　产地环境质量

NY/T 394　绿色食品　肥料使用准则

NY/T 471　绿色食品　饲料及饲料添加剂使用准则

NY/T 755　绿色食品　渔药使用准则

NY/T 840　绿色食品　虾

中华人民共和国农业部公告第 176 号　禁止在饲料和动物饮用水中使用的药物品种目录

中华人民共和国农业农村部公告第 250 号　食品动物中禁止使用的药品及其他化合物清单

中华人民共和国农业部公告第 1519 号　禁止在饲料和动物饮水中使用的物质

3 产品质量

南美白对虾质量标准应符合 NY/T 840 的要求。

4 产地环境

生产基地应选择在无污染和生态环境条件良好的地区。基地选点应远离工矿区和公路铁路干线，避开工业和城市污染源的影响，水质符合水产养殖用水标准、水源充足、进排水方便、光照充足、交通便利，同时生产基地应具有可持续的生产能力。产地环境

的选择必须符合 NY/T 391 的要求。

5 养殖技术

5.1 养殖设施

5.1.1 养虾池

5.1.1.1 养虾池面积为 3 亩~10 亩，呈长方形。

5.1.1.2 养虾池深度 2.0 m~2.5 m，养殖期间可保持水深 1.8 m 以上；池底平坦，略向排水方向倾斜，倾斜坡差 30 cm，保证池水能自流排干。

5.1.1.3 虾池堤埂坡度 1∶2.5 或 1∶3。砂土或砂壤土因土质松软，应适当加大坡度或建筑护坡设施。

5.1.1.4 进、排水系统，每口池塘都必须有完整的进排水系统，进水口与排水口分至两头。进水口高出虾池最高水位 0.2 m，排水闸上端设表层排水的设备或活动闸板，以利于暴雨后排水使用。

5.1.2 蓄水系统（由泵站、蓄水池、进出水渠道）

5.1.2.1 每一个养殖单元必须配备提水泵站，每百亩配备 7.5 kW 八寸泵 2 台。

5.1.2.2 蓄水池设渠道或管道与虾池相通，以水平差或用水泵向虾池供水，蓄水池容量不小于总养殖水体的 1/5。

5.1.2.3 进、出水渠道独立设置。

5.1.3 增氧设备

常用的有气水射流式、叶轮式、水车式等增氧机，按负荷 2 亩/kW~3 亩/kW 配备。

5.1.4 水质净化处理系统

养殖区配备沉淀池、过滤坝、生物净化池等水质净化处理系统，应用物理和生物净化手段对养殖水进行净化处理，基本实现循环利用。

养殖尾水经过管道进入沉淀池，必须沉淀一段时间，使水体中悬浮物沉淀至池底，同时在沉淀池中种植水生植物或设置生物浮床，以吸收利用水体中营养盐。

过滤坝采用两排空心砖结构搭建外部结构，宽度 2.5 m，空心砖孔方向与水流方向一致，2 排空心砖内部填充陶粒、鹅卵石、细砂等介质，以吸附有机物并进一步过滤水体中的悬浮物。

生物净化池主要利用不同营养层次的水生生物最大程度吸收利用水体中的营养盐，使水质达标，可以循环利用。生物净化池的底部种植沉水植物，四周种植挺水植物，利用植物吸收降解水体中的有机质、吸附水中悬浮物，达到增氧和净化水质的作用，在生物净化池中放养一定数量的青虾、花白鲢、螺蛳等，来调节控制水中浮游动植物，稳定 pH 值、氨氮等指标。

5.1.4.1 微生物制剂

主要有芽孢杆菌、光合细菌、乳酸菌、酵母菌等，分解有机物、降解有毒有害物质，保持水体中有益菌的数量，抑制其他致病菌，维持虾体内微生态平衡，增强虾体免疫功能和抗病力，促进虾生长。
5.1.4.2 其他水质保护剂

改善池水环境，促进白对虾的生长及发育，如生石灰、沸石粉、过氧化钙等。
5.2 放养前准备
5.2.1 整理虾池
5.2.1.1 晒池清污

收虾后排干池水，暴晒至底泥呈龟裂状，时间15天~30天不等；再根据池底污染程度进行相应的清淤或改良处理。
5.2.1.2 池底翻耕

池底经暴晒清淤后进行翻耕，以进一步通过冬季低温及光照减少病害。
5.2.1.3 泡塘冲洗

当池底翻耕后，可通过反复灌、排水浸泡、冲洗或用泵将淤泥冲出池外。
5.2.1.4 整修池埝

检查塘埝，进行加固整修，确保防漏、防逃设施完好。
5.2.1.5 池塘消毒

放苗前，池塘要消毒，消毒药物包括：生石灰、漂粉精等，严禁使用违禁药物。

池底翻耕后，用100 kg/亩~200 kg/亩生石灰改良池底。使用方法：用铁锹将生石灰均匀撒入池内，池底老化及酸性土壤可酌情增加生石灰的使用量。

进水后用漂粉精进行全池泼洒，有效氯含量28%~32%，用量20 g/m^3~40 g/m^{3}水体。
5.2.2 进水

药物清池3天~5天后开始进水。若清池时用药量过高，应该多次浸泡并延长浸泡时间；进水用60目~80目筛绢网过滤，进水时要根据过滤网的承受力决定闸门的开启高度，以免冲破闸网，使敌害生物进入；进水水位至30 cm~40 cm时，施肥培养饵料生物，以后逐渐提高水位。
5.2.3 培养饵料生物
5.2.3.1 有机肥料

施鸡粪每亩15 kg~20 kg，当水色开始变浓时逐步添加池水至0.8 m~1 m。有机肥使用前必须发酵和消毒。
5.2.3.2 化肥

用尿素、过磷酸钙等，氮磷之比为10∶1。首次施肥，氮肥为2 g/m^{3}左右；磷肥为0.2 g/m^{3}左右。施肥后如透明度过大可增加使用次数，用量为首次的1/2，并逐步添加水至0.8 m~1 m。
5.2.3.3 施放有利于单胞藻繁殖的微量元素、复合肥等，同时加入适量微生物制剂以培育优势菌种，用法及用量根据产品说明书而定。
5.2.3.4 肥水期间每天中午开动增氧机1小时~2小时。

5.2.3.5 进水繁殖饵料生物在水温20℃以下需10天~15天；在水温20℃以上需7天~10天。

5.3 苗种放养

5.3.1 虾苗选择

选择健康的虾苗，主要特征：胃肠饱满，体色透明，体形肥壮，大小整齐，无畸形；活力强，弹跳力大，游泳时具有明显的方向性。

5.3.1.1 苗种规格

海水养殖的苗种规格应大于0.8 cm；淡水养殖的苗种规格应大于1.2 cm。

5.3.1.2 种质调查

选择F1~F2代的种苗，对苗源进行病毒等病原的检疫，如白斑、桃拉病等。

5.3.2 放养密度

放养密度3万尾/亩~5万尾/亩，具体根据养殖条件及管理水平而定。

5.3.3 注意事项

5.3.3.1 放苗时注意育苗池与养成池的温度和盐度变化，要把温差和盐度差控制在1℃和2‰以内，24小时温差控制在3℃、盐度差控制在3‰以内。

5.3.3.2 放苗点应在池水的上风处。为使虾苗尽快适应养成池的水质环境，可把装有虾苗的袋子先浮在水面上，使袋内外的温度趋于平衡；再打开袋子，向袋内缓慢加入池水直至向外溢出，让虾苗逐渐进入水中，以提高苗的成活率。

5.3.3.3 放苗前必须先了解天气情况，避开大风暴雨天放苗。

5.4 养成管理

5.4.1 饲料管理

5.4.1.1 饲料种类

以专用商品配合饲料为主。

（1）使用优质配合饲料（系数≤1.5）；其营养成分、质量、安全卫生及加工工艺过程必须符合NY/T 471的标准要求。

（2）在养殖高温期或发病期，饲料投放前需添加能提高白对虾免疫功能的生物制剂和维生素C，以增强虾体的抗病力。

5.4.1.2 投饲量

南美白对虾日投饲量依据其生长状况、规格、摄食情况以及底质、水质和天气而定。养殖前期，日投饲量为虾体重的5%~6%；养殖中期（虾体长3 cm~8 cm），日投饲量为虾体重的3%~4%；养殖后期（虾体长8 cm以上），日投饲量为虾体重的2%~3%。

5.4.1.3 投喂方法

投喂方法为沿池边均匀泼撒投喂。遵循"少量多投、日少夜多、均匀投撒、鲜活饵料与颗粒饲料合理搭配、交替使用"的原则。

5.4.1.4 投喂次数

养殖前期每天分2次投喂，投喂时期分别为7时、19时；养殖中期投喂3次，投喂时间为 7 时、19 时、23 时；养殖后期分 4 次投喂，投喂时间 7 时、12 时、19 时、24 时，晚间投喂量占日投喂量的 60%。

5.4.2　水质管理

虾池水质的好坏，直接关系到南美白对虾的生长与生存，影响水质的因素众多，且相互影响，对每一种影响因素，必须加以注意和调控，保持水质的稳定尤为重要。

5.4.2.1　水色调控

南美白对虾理想的水色是由绿藻或硅藻所形成的黄绿色或黄褐色。在池中按比例施放氮肥和磷肥。瘦水池塘早期施放有机肥，追肥量视池塘水质、透明度、pH 值等因素确定。到养殖中后期由于残饵和排泄物增多，水色会变浓，此时要换水及施用一定量的沸石粉或生石灰以控制水色和 pH 值。

5.4.2.2　调节盐度

崇明地区南美白对虾养殖基本是纯淡水养殖，放养时，为了减小盐度差，根据出苗池的盐度，调节养殖池的盐度，放养后，逐渐加水，缓慢降低盐度，直至纯淡水。

5.4.2.3　稳定 pH 值

养殖南美白对虾最适的 pH 值 7.8~8.6；1 天内波动值小于 0.5。当 pH 值下降时，会使虾体的携氧能力下降，导致对虾呼吸困难，应采取适量换水，并加 5 kg/亩~10 kg/亩生石灰进行调节，使水体的 pH 值适当升高。当 pH 值过高时，会增加氨氮毒性、抑制对虾的生长；可用沸石粉进行调节，使水体的 pH 值适当降低。

5.4.2.4　控制透明度

虾池透明度指标：前期 30 cm~40 cm、中期 30 cm 左右、后期保持在 20 cm 左右；若透明度小于 20 cm 时，应换水、泼撒沸石粉、生石灰；若透明度过大，追施氮肥和磷肥。

5.4.2.5　提高溶氧量

南美白对虾正常生长的溶解氧在 4 mg/L 以上。养殖前期视水质状况采用间歇性开增氧机；养殖中期随残饵的增多、池中生物尸体的腐烂以及虾的生长情况逐渐延长开机时间；养殖后期必要时需 24 小时开机，以保证池水溶氧量在 5 mg/L 以上，池水底层溶氧量在 3 mg/L 以上。

5.4.2.6　降低氨氮、亚硝酸氮

氨氮含量超过 0.2 mg/L 时，通过降低饵料投喂量、施用生物制剂、提高溶解氧等手段，降低氨氮和亚硝酸氮。

5.4.2.7　适度换水

换水是改善水质最有效的措施之一。养虾前期主要以添加水为主，中后期每 2 天~3 天适量换水。换水量要因地制宜，根据水色、透明度等情况灵活掌握。

5.4.2.8　雨天处理

（1）遇大雨尤其是暴雨前要做好表层排淡水准备，雨后及时排除表层淡水并使用沸石粉等水质保护剂来调控水质。

（2）雨停后，及时开动增氧机，并适量追肥。

（3）如雨量一般，则在降雨时开动增氧机，以防池水分层。

5.4.2.9 养殖尾水处理

（1）清塘、干塘、正常养殖管理需排放的水，经水质净化系统处理后，重新循环利用。

（2）养殖过程中发生病害或其他原因造成较多死亡，需要排放水的，经沉淀3天以上，经严格消毒，检测合格，达标后方可排放。

5.4.3 日常管理

5.4.3.1 检查饲料台的摄食状况，及时调整当日投喂量，并做好记录。

5.4.3.2 定期检测各池水温、盐度、pH值、溶解氧、氨氮等水质指标，并做好记录。

5.4.3.3 经常观察虾的活动情况，发现异常的虾或病、死虾，要及时捞出，并查清原因，采取相应措施。

5.4.3.4 经常检测养殖池内浮游生物，掌握其种类和数量的变化，及时调节水质环境。

5.4.3.5 观察有无缺氧浮头现象，发现情况及时开增氧机或泼洒增氧粉剂。

5.4.3.6 经常检查与清除虾池周围的敌害和异物，如蟹、鼠、杂草等。

5.4.3.7 经常检查塘埂是否牢固安全，防止塌塘、逃虾；注意用电安全，尤其要经常检查用电设备及线路。

6 病害防治

6.1 常见病种类

病毒性疾病：对虾白斑综合征、桃拉综合征等。

细菌性疾病：对虾烂鳃病、对虾红腿病等。

寄生虫病：固着类纤毛虫病等。

其他疾病：丝状藻类附着病、黑鳃病等。

6.2 防治原则

以防为主、防治结合、防重于治。

6.3 预防措施

改善生态环境、切断病原体传播途径、增强虾体抗病力。

6.4 安全用药

采用药物治疗时，使用药物符合 NY/T 755，严禁使用违禁药物，严格执行休药期制度。

7 养成收获

7.1 收获条件依据气候、规格、市场价格、水体状况以及虾的健康而定。

7.1.1 收获前停止换水48小时，待软壳虾少于10%以下时起捕，到水温降到15℃前捕捞结束。

7.1.2　当虾体规格达到 11 cm 以上时，可起捕深加工或活虾上市。

7.1.3　若市场需求量大、虾塘密度又过高时，可采取捕大留小分批上市；既可减少池内密度，又利于小规格对虾生长。

7.1.4　池塘有异常情况发生时应及时捕捞，以减少损失。

7.2　收获准备

及时掌握气象动态，注意虾池环境因素的变化；根据市场需求，制定捕捞计划；配备好捕捞工具和运输车辆等。

7.3　收获方法

7.3.1　锥形网收获

把网套在排水口拉闸收捕。此法适合批量活虾上市或大批量加工冻虾用。

7.3.2　拖网收获

当不能排水捕虾时，可用拖网收捕。

7.3.3　虾笼网收获

用只能进不能出的网具，傍晚下网，早晨收虾。此法收获量小，适合小批量上市。

绿色食品 以草鱼为主养品种的池塘养殖生产技术规程

1 范围

本规程规定了草鱼池塘养殖的产品质量、产地环境、养殖技术、病害防治、捕捞等技术。

本规程适用于上海市崇明区以草鱼为主养品种的成鱼池塘养殖。

2 规范性引用文件

下列文件对于本文件的应用是必不可少的。凡是注日期的引用文件，仅所注日期的版本适用于本文件。凡是不注日期的引用文件，其最新版本（包括所有的修改单）适用于本文件。

GB/T 11776 草鱼鱼苗、鱼种

NY/T 471 绿色食品 饲料及饲料添加剂使用准则

NY/T 391 绿色食品 产地环境质量

NY/T 755 绿色食品 渔药使用准则

NY/T 842 绿色食品 鱼

SC/T 9101 淡水池塘养殖水排放要求

3 产品质量

混养鱼类的质量标准应符合 NY/T 842 的要求。

4 产地环境

生产基地应选择在无污染和生态环境条件良好的地区。基地选点应远离工矿区和公路铁路干线，避开工业和城市污染源的影响，水质符合水产养殖用水标准、水源充足、进排水方便、光照充足、交通便利，同时生产基地应具有可持续的生产能力。产地环境的选择必须符合 NY/T 391 的要求。

5 养殖技术

5.1 养殖设施

5.1.1 池塘

以池塘面积 0.4 hm²~2.0 hm² 为宜。东西向,长宽比为(2~3):1,水深 2 m~2.5 m 为宜,池底平坦,土壤以黏壤土为宜,淤泥厚度应小于 0.2 m,环境条件应符合 NY/T 391 的规定。

5.1.2 水源

水源充足,排灌方便,水源水质应符合 NY/T 391 的规定。

5.1.3 水质

水质清新,池水透明度 0.3 m~0.5 m。

5.2 鱼种放养

5.2.1 放养前准备

5.2.1.1 清塘消毒

鱼种放养前 15 天~20 天,池塘加水至 0.1 m~0.2 m 用生石灰 1 125 kg/hm² 化水趁热全池泼洒消毒,3 天后排干池水暴晒池底。

5.2.1.2 施肥注水

放养前 5 天~7 天施放有机发酵肥 1 500 kg/hm²,保持水深 1 m。

5.2.2 鱼种质量

鱼种应选自认定的良种生产单位,外地采购鱼种应进行检验检疫。鱼种体质健壮,规格整齐,无病无伤。鱼种质量符合 GB/T 11776 的规定。

5.2.3 放养时间

1 月—2 月,以冬放为宜。

5.2.4 放养规格

草鱼鱼种规格 0.5 kg/尾~1.5 kg/尾。

5.2.5 放养密度

草鱼鱼种 3 000 尾/hm²~3 600 尾/hm²。

5.2.6 混养搭配

搭配鱼主要为鲢鱼、鳙鱼、鲫鱼等常规鱼类,具体放养量见表 1。

表 1 品种及放养量

品种		规格	亩放养量
主养品种	草鱼	0.5 kg/尾~1.5 kg/尾	3 000 尾/hm²~3 600 尾/hm²
混养品种	鲢鱼	0.1 kg/尾~0.15 kg/尾	1 800 尾/hm²~2 700 尾/hm²
	鳙鱼	0.1 kg/尾~0.15 kg/尾	750 尾/hm²~900 尾/hm²
	鲫鱼	0.05 kg/尾~0.1 kg/尾	6 000 尾/hm²~7 500 尾/hm²

5.3 饲养管理

5.3.1 水质管理

5.3.1.1 注换新水

前期3月—5月每7天~10天加注新水，每次0.15 m~0.2 m，7月左右加满池水。中期6月—9月每5天~7天，后期10月—11月每10天~15天换水1次，每次0.2 m~0.3 m，确保水质"肥、活、嫩、爽"的要求；尾水排放应符合SC/T 9101的规定。

5.3.1.2 池水增氧

每公顷配4.5 kW~6 kW动力增氧机，6月—9月晴天中午增氧2小时~3小时，阴雨天全天打开增氧机至次日日出后关机，以确保水中的溶解氧达到5 mg/L以上。

5.3.1.3 调节水质

7月—9月，每月使用1次微生物制剂，高温期间15天使用1次生物制剂，晴天9时—10时使用，在使用时开启增氧机，具体按产品说明书使用；视水质情况不定期施泼生石灰75 kg/hm^2，以保持pH值7.5~8.5。

5.3.2 投喂管理

5.3.2.1 饲料种类

饲料种类为通过绿色认证的配合饲料及水旱草等，配合饲料粗蛋白含量在28%~32%，水旱草应新鲜无污染，饲料质量应符合NY/T 471的规定。

5.3.2.2 投喂方法及数量

配置投饵机投喂饲料。根据养殖季节确定投喂量，水温在18℃~20℃时，每天饲料投喂量为吃食鱼体重的1%~1.5%；水温在22℃~26℃时，每天饲料投喂量为吃食鱼体重的2%~3%；水温在26℃~32℃时，每天饲料投喂量为吃食鱼体重的3%~5%；水温在32℃以上时，每天饲料投喂量为吃食鱼体重的2%~2.5%。投喂水草按50∶1替代配合饲料，投喂旱草按20∶1替代配合饲料；须根据季节、天气、水色及鱼类摄食情况确定日投喂次数，通常为每天2次。投喂时尽量做到定时、定位、定质、定量。

5.3.3 日常管理

5.3.3.1 巡塘观察

做到早晚巡塘，观察水质变化、吃食、生长、发病情况，发现异常及时调整管理措施。

5.3.3.2 清理卫生

及时清除食台残饵，搞好清洁卫生，保持良好的生态环境。

5.3.3.3 防浮头泛塘

高温、雷雨闷热天气，应减食或停食，提前加换新水和增氧，确保池水溶氧充足，防止泛塘。

6 病害防治

6.1 预防

预防措施为彻底清塘消毒、鱼种检疫消毒、采用微生态制剂或生石灰定期改良水质底质、科学合理投喂饲料。

6.2 治疗方法

发现病情应在执业兽医或乡村渔业兽医指导下对症用药,严格执行休药期制度,药物使用应符合 NY/T 755 的规定。

7 捕捞

采用拉网捕捞和干塘捕捞两种方法。在捕捞、包装、运输、贮存过程中应符合 NY/T 842 的要求。

7.1.1 减排措施,配置人工湿地、生态沟渠或净化塘等尾水处理系统,一般占养殖面积的 15%~20%。

7.1.2 尾水排放,养殖尾水必须处理后达标排放,主要指标不得超过 SC/T 9101 规定的排放标准。

7.1.3 废弃物处理,过期饲料、药品、池塘淤泥、生活垃圾等进行分类收集,妥善处理。染疫、病死或死因不明的鱼依法进行深埋、焚烧等无害化处理,不得随意处置。

7.1.4 循环利用,鼓励和支持采取种养结合等方式消纳利用养殖尾水和废弃物。

绿色食品 中华鳖、克氏原螯虾、水稻种养生产技术操作规程

1 范围

本规程规定了绿色食品中华鳖、克氏原螯虾、水稻种养生产所要求的产品质量、产地环境、种养技术、病虫害防治、水稻的收割、龙虾捕捞、鳖捕捞、田间档案、标志、标签、包装、运输与贮存等技术。

本规程适用于上海市崇明区稻渔（中华鳖、克氏原螯虾）种养生产。

2 规范性引用文件

下列文件对于本文件的应用是必不可少的。凡是注日期的引用文件，仅所注日期的版本适用于本文件。凡是不注日期的引用文件，其最新版本（包括所有的修改单）适用于本文件。

GB 7718 食品安全国家标准 预包装食品标签通则
GB/T 19630 有机产品 生产、加工、标识与管理体系
NY/T 391 绿色食品 产地环境质量
NY/T 394 绿色食品 肥料使用准则
NY/T 419 绿色食品 稻米
NY/T 658 绿色食品 包装通用准则
NY/T 755 绿色食品 渔药使用准则
NY/T 471 绿色食品 饲料及饲料添加剂使用准则
NY/T 840 绿色食品 虾
NY/T 1050 绿色食品 龟鳖类
NY/T 1056 绿色食品 储藏运输准则
SC/T 9001 人造冰
中华人民共和国农业部公告第 176 号 禁止在饲料和动物饮用水中使用的药物品种目录
中华人民共和国农业农村部公告第 250 号 食品动物中禁止使用的药品及其他化合物清单
中华人民共和国农业部公告第 1519 号 禁止在饲料和动物饮水中使用的物质

3 产品质量

大米质量标准应符合 NY/T 419 的要求。
虾质量标准应符合 NY/T 840 的要求。
中华鳖质量标准应符合 NY/T 1050 的要求。

4 产地环境

生产基地应选择在无污染和生态环境条件良好的地区。基地选点应远离工矿区和公路铁路干线，避开工业和城市污染源的影响，水源充足、进排水方便、光照充足、交通便利。产地环境的选择必须符合 NY/T 391 的要求。

5 种养技术

5.1 水源与水质条件
5.1.1 水源
要求水源充足、无污染，且进排水比较方便。
5.1.2 水质
水质清新，透明度 0.3 m~0.5 m。
5.2 田块
种养田块的土质最好为壤土不渗水，保肥，保水性较好，面积 20~50 亩。
5.3 田间工程建设
5.3.1 生态沟整理
3 月初，整修田埂，挖除生态沟中过多的淤泥，留 5~10 cm 淤泥暴晒至池底开裂。对种稻部分耕翻晒垄。
5.3.2 除草
4 月中旬，提高水位至田块以上 10 cm 进行控草。
5.3.3 生态沟消毒
3 月对生态沟进行清塘消毒。每亩环沟用生石灰（块灰）75 kg，化浆后乘热全池泼洒；也可用漂白粉（含有效氯 28%）每亩 25 kg 或漂粉精用量 10 kg（含有效氯 65%）兑水后全沟泼洒，不留死角。
5.3.4 生态沟开挖
生态沟开挖面积必须控制在稻田面积的 10% 以内，呈"口"或"目"字形，沟深 0.8 cm。田块开挖生态沟时需留有机械化通道。
5.4 进排水设置
5.4.1 设置独立的进排水沟渠。
5.4.2 进排水口呈对角线排列。
5.4.3 进水口设置 60 目尼龙筛绢，防止敌害生物，小杂鱼、鱼卵进入种养田块。
5.5 防逃设施
5.5.1 塑料薄膜
沿种养田块四周田埂铺设，用双层。每隔 1 m 左右用木桩或竹片支撑，木桩在塑料薄膜外侧。塑料薄膜上沿用铁丝网或尼龙绳缝合后固定于木桩上。薄膜土上高度为50 cm，埋入土下 10 cm~15 cm，内外沿用碎土铺平夯实，防止积水穿洞。

5.5.2 铝皮（制作工艺同 5.5.1）。

5.5.3 网片加塑料薄膜（制作工艺同 5.5.1）。

5.6 水稻的栽培

5.6.1 品种的选择

选择生长期长、抗倒、抗病、抗虫、米质优良的南粳 46 等。

5.6.2 施足基肥

每亩施商品有机肥 300 kg。肥料使用应符合 NY/T 394 的要求。

5.6.3 播种期

6 月上旬。

5.6.4 播种模式

机插秧，水稻的株行距 20 cm × 30 cm。

5.7 放苗

5.7.1 放苗前的准备

①保持围沟水位 40 cm 左右。

②施肥：每亩施尿素 1 kg 加过磷酸钙 2 kg，或用经杀菌处理后腐熟的有机肥 50 kg~100 kg，泼洒培肥水质。

③移植水花生：水花生的覆盖率要占生态沟面积的 50% 左右。其他水域捞取的水花生要经反复冲洗或杀菌处理后方能下塘。

5.7.2 放养

①鳖种的选择：每年 6 月采购外塘甲鱼苗种，规格为 0.3~0.4 kg/只，每亩投放 120 只；鳖种放养时用高锰酸钾消毒，3%~5% 食盐水浸浴 15 分钟~20 分钟。

②龙虾种的选择：4 月投放规格 100~200 尾/kg，体色一致，活动能力强的克氏原螯虾种，每亩放养 30 kg。

5.7.3 投饲管理

饲料种类为通过绿色认证的虾蟹配合饲料，饲料质量应符合 NY/T 471 的规定。每天饲料投喂量为克氏原螯虾体重的 2%~4%，养殖的克氏原螯虾作为中华鳖的生物饵料。

5.8 稻田追肥

在施足基肥的前提下，稻田追肥只需 2 次，分蘖肥和穗肥，肥料使用应符合 NY/T 394 的要求。在 6 月 20 日左右施分蘖肥，7 月 20 日左右施拔节肥，每次每亩用掺混肥料（BB 肥）10 kg。

5.9 水质管理

以肥水为主，水稻生长期间适当换水 2 次~3 次，以改善稻田水质环境。

水稻有虫害发生时，提高稻田的水位，3 天~4 天后降至正常水位。

6 病虫害防治

6.1 虾、鳖病防治

6.1.1 预防措施为彻底清沟消毒、虾、鳖种检疫消毒、采用微生态制剂或生石灰定期改良水质底质、科学合理投喂饲料。

6.1.2 治疗方法

发现病情应在执业兽医或乡村渔业兽医指导下对症用药,严格执行休药期制度,药物使用应符合 NY/T 755 的规定。

6.2 水稻病虫草防治

减少病虫草害来源,采用深翻晒土、春耕除草、清洁田园,并结合稻虾鳖混养技术、以苗压草、以水控草等农艺措施,减少病虫草害的发生。草害:以人工除草为主。

7 水稻的收割

10月中旬,根据水稻成熟情况,在水稻收割前10天排干稻田平台水,使虾鳖集中到生态沟内。便于收割机收割。

8 龙虾捕捞

从5月下旬开始用地笼捕捞龙虾,采取捕大留小的方法捕捞商品虾,一直延续到8月中旬。

9 鳖捕捞

按照市场需求,常年捕捞。夏秋季用地笼捕捞甲鱼;冬春季排干生态沟水后,人工捕捞,采取捕大留小的方法捕捞商品鳖。

10 田间档案

建立田间档案记录,收集和汇总种养技术措施。

11 龙虾的标志、标签、包装、运输与贮存

11.1 标志、标签

11.1.1 标志

每批产品标注绿色食品标志,按有关规定执行。

11.1.2 标签

标签按 GB 7718 的规定执行,标明产品名称、生产者名称和地址、出厂日期、批号和产品标准号。

11.2 包装

按照 NY/T 658 的规定执行,注明标准号;整齐排列于蒲包或网袋中,每包装克氏螯虾 2.5 kg~5 kg,蒲包扎紧包口,网袋平放在篓中压紧加盖,贴上标识。

11.3 运输与贮存

11.3.1 运输与贮存应符 NY/T 1056 的要求。

11.3.2 按等级分类，活虾在低温清洁的环境中装运，保证鲜活。运输工具在装货前应清洗、消毒，做到洁净、无毒、无异味。运输过程中，防温度剧变、挤压、剧烈振动，不得与有害物质混运，严防运输污染。

11.3.3 活体出售，贮存于洁净的环境中，在暂养池暂养，防止有害物质的污染和损害。

12 甲鱼的标志、标签、包装、运输和贮存

12.1 标志和标签

标签按 GB 7718 的规定执行，标明产品名称、产地、生产单位和地址、出场（厂）日期、批号和产品标准号。正确标注绿色食品标志。

12.2 包装

包装按照 NY/T 658 的要求。活体采用小布袋、麻袋、竹筐、木箱、塑料箱和塑料桶等。包装容器坚固、洁净、无毒和无异味，并具有良好的排水、透气条件，箱内垫充物经过清洗、消毒，无污染。

12.3 运输和贮存

12.3.1 活体装运前停食 1 天~2 天。

12.3.2 活体包装，每只固定隔离，避免相互挤压、撕咬。使用的包装方法有：

——小布袋、麻袋包装：取与甲鱼大小相近的小布袋，1 只小布袋装 1 只甲鱼，扎紧代扣，再放入其他容器或布袋中，每袋重约 20 kg；

——竹筐、木箱和塑料箱包装：装运前，容器底部先垫 1 层无毒的新鲜水草，装上 1 层甲鱼，再铺 1 层水草，固紧封盖，严防甲鱼逃跑，可装 3 层~5 层，重约 20 kg；

——特制箱子，分隔包装：箱子周围有出水孔及透气孔，运输途中适当淋水，保持甲鱼湿润，夏季运输时，箱内上方存放冰块降温，降温用冰符合 SC/T 9001 的规定。

12.3.3 运输与贮存

12.3.3.1 运输与贮存应符合 NY/T 1056 的要求。

12.3.3.2 活体甲鱼运输用冷藏车或其他有降温装置的运输设备。运输工具在装活体前清洗，并用高锰酸钾溶液消毒，做到洁净、无毒、无异味，严防运输污染。

12.3.3.3 运输途中，有专人管理，随时检查运输包装情况，观察温度和水草（垫充物）的湿润程度，每隔数小时淋水 1 次，以保持甲鱼皮肤湿润。淋水的水质符合 NY/T 391 的规定。

12.3.3.4 活的甲鱼在洁净、无毒、无异味的水泥池、水族箱等水体中暂养，暂养用水符合 NY/T 391 的规定。

12.3.3.5 贮存过程中轻运轻放，避免挤压和碰撞，保持不脱水；贮运过程中不要暴晒。

绿色食品 中华绒螯蟹成蟹生产技术规程

1 范围

本规程规定了绿色食品中华绒螯蟹成蟹生产所要求的产品质量、产地环境、养殖技术、蟹病防治、捕捞销售、日常管理、排放要求等技术。

本规程适用于上海市崇明区中华绒螯蟹成蟹的养殖。

2 规范性引用文件

下列文件对于本文件的应用是必不可少的。凡是注日期的引用文件，仅所注日期的版本适用于本文件。凡是不注日期的引用文件，其最新版本（包括所有的修改单）适用于本文件。

NY/T 391　绿色食品　产地环境质量

NY/T 658　绿色食品　包装通用准则

NY/T 471　绿色食品　饲料及饲料添加剂使用准则

NY/T 841　绿色食品　蟹

NY/T 1056　绿色食品　储藏运输准则

SC/T 1132　渔药使用规范

中华人民共和国农业部公告第 176 号　禁止在饲料和动物饮用水中使用的药物品种目录

中华人民共和国农业农村部公告第 250 号　食品动物中禁止使用的药品及其他化合物清单

中华人民共和国农业部公告第 1519 号　禁止在饲料和动物饮水中使用的物质

3 产品质量

中华绒螯蟹质量标准应符合 NY/T 841 的要求。

4 产地环境

生产基地应选择在无污染和生态环境条件良好的地区。基地选点应远离工矿区和公路铁路干线，避开工业和城市污染源的影响，水源充足、进排水方便、光照充足、交通便利。产地环境的选择必须符合 NY/T 391 的要求。

5 养殖技术

5.1 设施设备

5.1.1 总体要求

养殖区域内部规划布局合理，满足动物防疫条件，进排水系统完善，养殖进水口与排水口相距 200 m 以上。

5.1.2 池塘

5.1.2.1 成蟹养殖池塘面积 10 亩~15 亩，平均水深 1.0 m~1.5 m，塘埂坚实不漏水，埂面宽度 2 m~4 m，池塘坡比 1∶(2.5~3)。

5.1.2.2 池塘底部平坦，池底淤泥厚度 0.1 m~0.2 m。

5.1.3 防逃设施

5.1.3.1 材料

防逃材料可选择铝皮、钙塑板、塑料薄膜等，支撑物材料为木桩或水泥桩。

5.1.3.2 围建方法

每隔 1 m 将木桩或水泥桩敲入土中 0.3 m~0.5 m 作为支撑物。随支撑物铺设防逃设施，防逃设施高度为 0.5 m~0.6 m，底部埋入土中 0.1 m~0.2 m，并稍向池内倾斜，其内侧光滑，无支撑物，池塘拐角处呈圆弧形。

5.1.4 库房配置

5.1.4.1 应配置"三室三库"，有基本办公条件的办公室、实验室、档案室，必须配置独立的饲料仓库、药品仓库及工具库房。

5.1.4.2 基本要求，库房环境整洁、堆放有序，保持阴凉干燥、通风透气，且有明确的标识标记。

5.1.5 生产设备

5.1.5.1 养殖生产所需的水、电、路、气等设施设备布设有序、运维良好。

5.1.5.2 生产设备与工具，包括自动投饵机、增氧机、网具地笼等，注意保养检修，正常使用。

5.1.5.3 实验室要配置必要的水质检测、病害诊断的仪器设备或试剂。

5.1.6 治尾系统

配置人工湿地、生态沟渠或生物净化池等尾水处理系统。养殖尾水处理面积不少于养殖场占地面积的 10%。

5.2 生产管理

5.2.1 池塘清整

5.2.1.1 清整时间

在商品蟹捕捉完后即排干池塘水，暴晒池底，清除杂物与淤泥，修整池埂及进排水口，在蟹种放养前 1 个月完成。

5.2.1.2 清塘药物

有生石灰、漂白粉、茶籽饼。

5.2.1.3 药物用量

生石灰每亩 75 kg~100 kg，漂白粉（有效氯含量 28%）每亩 15 kg~25 kg，茶籽饼每亩 15 kg~25 kg。

5.2.1.4 清塘方法

清塘药物要充分溶解于水，全池泼洒、不留死角。

5.2.1.5 池塘进水

清塘后 7 天~10 天，待药性消失后，进水 0.3 m~0.5 m，进水时用 60 目左右的双层尼龙筛绢过滤袋套在进水口上过滤，过滤袋的长度不少于 2 m。

5.2.2 水草栽培

5.2.2.1 水草种类

主要有轮叶黑藻、伊乐藻、苦草等。

5.2.2.2 种植方法

蟹池水草种植应多种种植，保证水草的多样性及保有率。

伊乐藻种植时间 12 月下旬至翌年 1 月底前，可采用条播或块播的方式。

轮叶黑藻芽孢种植的时间 2 月下旬至 3 月上旬，拌泥后散播或按 0.5 m 的株行距将芽孢压入底泥粒播，轮叶黑藻营养体移植的最佳时间为 4 月上旬。

苦草种植时间 4 月上旬，需将苦草种浸泡、搓搽，拌泥散播。

5.2.2.3 管护原则

前期种足草，多品种种植，注意茬口衔接，保证水草的存活率。

中期管好草，施肥、割头、控水位，保持水草生长活力。

后期控好草，捞浮草、防腐草、除余草，控制水草的覆盖率。

5.3 蟹种放养

5.3.1 蟹种选择

长江水系中华绒螯蟹扣蟹，最好是经选育的良种。若购自外省市的苗种必须提供水产苗种检疫合格证。

5.3.2 蟹种质量

规格整齐，体质健壮，无病无伤。

5.3.3 蟹种放养

放养时间 1 月至 2 月底前，放养规格 100 只/kg~160 只/kg，放养密度 800 只/亩~1 200 只/亩。

5.3.4 蟹种消毒

扣蟹入池前用 3%~5% 食盐水浸浴 15 分钟~20 分钟，以杀灭细菌和寄生虫。

5.4 混养搭配

5.4.1 混养原则

混养品种与主养的河蟹不产生食饵的竞争关系或不能对河蟹进行残食，对河蟹的生长有促进作用。

5.4.2 混养品种
适宜混养的品种有日本沼虾（青虾）、河川沙塘鳢、细鳞斜颌鲴及少量花白鲢等。

5.5 投饵管理

5.5.1 饲料种类
饲料的种类主要有通过绿色认证的河蟹专用配合饲料、活饵料（螺蛳）、冰鲜饵料鱼及玉米片等。

5.5.2 饲料要求
来源正规，符合《饲料和饲料添加剂管理条例》。要使用优质的配合饲料，其营养成分、质量、安全卫生及加工工艺过程必须符合 NY/T 471 的相关规定。

5.5.3 投喂量
投喂量为池塘内蟹体总重的 3%～5%，根据气候、摄食情况、病害发生情况等灵活掌握。

5.5.4 投饵方法和次数
5.5.4.1 投饵方法应遵循"四定"原则，即定质、定量、定时、定位。全池相对固定投喂线路及位置。

5.5.4.2 日投饵次数一般为 1 次，傍晚投喂。

5.6 水质管理

5.6.1 水质要求
养殖期间水质指标溶解氧 5 mg/L 以上，pH 值 7.5～8.5，透明度 35 cm～50 cm。

5.6.2 水质检测
定期检测水质指标，发现异常，及时采取措施进行调控。

5.6.3 调控方法
5.6.3.1 适时换水，保持合理水位。春季水位保持 0.3 m～0.5 m，夏季水位保持 0.8 m～1.2 m，极端高温时水位保持 1.5 m，秋季水位保持 1.2 m。

5.6.3.2 使用微生态制剂调节水质。用光合细菌或 EM 菌等水质改良剂调节水质，施用生物制剂后，不宜频繁换水，以保持有益菌的浓度。

5.6.3.3 科学增氧。采取底部增氧与水车式增氧相结合，实现池塘水体上下交换和在池塘内形成环状微流水状态。

5.6.4 尾水处理
5.6.4.1 养殖尾水，是指在水产养殖过程中和养殖结束后，由养殖池塘向自然水域排出的不再使用的养殖水。

5.6.4.2 水产养殖清塘水、干塘水排放，须经湿地沉淀处理 3 天以上或其他方法处理，达标后方能排放。

5.6.4.3 养殖过程中发生病害或其他原因造成水质恶化，需要排放水的，需经湿地处理 3 天以上或其他方法处理，经检测合格，达标后排放。

6 蟹病防治

6.1 防治原则
预防为主、治疗为辅、无病先防、有病早治。

6.2 预防措施
改善生态环境、控制杀灭病原体、增强河蟹抗病力。

6.3 诊治方法
现场调查、病蟹检查、确诊病症、对症下药。

6.4 渔药使用准则

6.4.1 渔药使用应优先选用 SC/T 1132 规定的渔药。

6.4.2 预防用药见 SC/T 1132 中附录 E。

6.4.3 治疗用药见 SC/T 1132 中附录 E。

6.4.4 所有使用的渔药应来自具有生产许可证和产品批准文号的生产企业，或者具有《进口兽药登记许可证》的供应商。

6.4.5 不应使用的药物种类

6.4.5.1 不应使用中华人民共和国农业部公告第 176 号、250 号和 1519 号公告中规定的渔药。

6.4.5.2 不应使用药物饲料添加剂。

6.4.5.3 不应为了促进养殖水产动物生长而使用抗菌药物、激素或其他生长促进剂。

6.4.5.4 不应使用通过基因工程技术生产的渔药。

7 捕捞销售

7.1 捕捞
每年 10 月中旬开始捕捞，捕捞方法有地笼捕捞、岸上捕捉、干塘捕捞。

7.2 暂养
暂养，是指将捕捞起来的河蟹转入人工控制方便的小范围内，经过短期饲养后再销售的过程。主要暂养方式有网箱暂养、土池暂养、室内暂养。

7.3 包装
外包装统一使用"崇明清水蟹"的包装盒，要求清洁、轻便、牢固、光滑、通气。包装时捆紧河蟹，放置冰袋，保持低温。

7.4 销售
按规格质量分级销售，销售时在包装盒上标明生产单位或附产地证明，以备质量可追溯之用。

8 日常管理

8.1 坚持做好"四查""四勤""四防"

"四查":查吃食、查水质、查生长、查设施。

"四勤":勤安检、勤巡塘、勤除草、勤记录。

"四防":防汛期、防台风、防逃逸、防偷盗。

8.2 规章制度

8.2.1 养殖单位必须签订《农产品质量安全生产承诺书》。

8.2.2 养殖单位要制定相应的生产管理制度和技术操作规定,如饲料管理制度、鱼药管理制度、水质管理制度等,并严格执行。

8.2.3 按照《上海市农业生产档案(水产养殖)》记录的要求,做好放养/起捕、投入品使用、换水、销售等记录,档案记录保存 2 年以上。

8.2.4 健全职工培训制度,加强健康养殖与质量安全教育。

9 排放要求

9.1 尾水排放

养殖尾水应达标排放,主要指标不得超过 SC/T 9101《淡水池塘养殖排放要求》规定的排放标准。

9.2 废弃物处理

9.2.1 过期饲料、药品、池塘淤泥、生活垃圾等进行分类收集,妥善处理。

9.2.2 染疫、病死或死因不明的河蟹进行深埋、焚烧等无害化处理,不得随意处置。

9.3 循环利用

鼓励和支持采取种养结合等方式消纳利用养殖尾水和废弃物。

绿色食品 淡水鱼（草鱼、鲢、鲫鱼、鳊鱼、鳙等）湖泊养殖生产技术规程

1 范围

本技术规程规定了草鱼、鲢、鲫鱼、鳊鱼、鳙等淡水鱼湖泊养殖的产品质量、产地环境、养殖技术、日常管理、捕捞、档案记录等技术。

本规程适用于上海市崇明区以草鱼、鲢、鲤鱼、鳊鱼、鳙为主的淡水鱼成鱼湖泊养殖。

2 规范性引用文件

下列文件对于本文件的应用是必不可少的。凡是注日期的引用文件，仅所注日期的版本适用于本文件。凡是不注日期的引用文件，其最新版本（包括所有的修改单）适用于本文件。

GB 11607　渔业水质标准

GB 13078　饲料卫生标准

GB/T 29568　农产品追溯要求　水产品

NY/T 391　绿色食品　产地环境质量

NY/T 471　绿色食品　饲料及饲料添加剂使用准则

NY/T 755　绿色食品　渔药使用准则

NY/T 842　绿色食品　鱼

3 产品质量

混养鱼类的质量标准应符合 NY/T 842 的要求。

4 产地环境

生产基地应选择在无污染和生态环境条件良好的地区。基地选点应远离工矿区和公路铁路干线，避开工业和城市污染源的影响，水质符合水产养殖用水标准、水源充足、进排水方便、光照充足、交通便利，同时生产基地应具有可持续的生产能力。产地环境的选择必须符合 NY/T 391 的要求。

5 养殖技术

5.1 养殖设施

5.1.1 天然湖泊

以天然湖泊面积 33.33 hm^2 为宜。水深 2 m~5 m 为宜，土壤以黏壤土为宜，环境条件应符合 NY/T 391 的规定。

5.1.2 水源

水源充足，排灌方便，水源水质应符合 NY/T 391 的规定。

5.1.3 水质

水质清新，湖泊水透明度 0.3 m~0.5 m。

5.2 鱼种放养

5.2.1 品种

5.2.1.1 主养品种

鲢和鳙。

5.2.1.2 搭配品种

草鱼、鲫鱼、鳊鱼。

5.2.2 鱼种质量和来源

鱼种应选自认定的良种生产单位，外地采购鱼种应进行检验检疫。采购苗种须采购具有水产苗种生产许可证的水产良种场的苗种，鱼种体质健壮，规格整齐，无病无伤，减少因区域环境不同而致苗种死亡，提高存活率。

5.2.3 放养时间

12月至翌年2月，以冬放为宜。

5.2.4 放养规格

依种类不同确定，见表1。

表1 湖泊绿色养殖鱼种放养规格表

鱼种种类	规格（cm）	鱼种种类	规格（cm）
鲢	10.0~30.0	团头鲂	10.0~20.0
鳙	10.0~30.0	鲤鱼	10.0~20.0
青鱼	20.0~40.0	黄颡鱼	3.0~15.0
草鱼	20.0~40.0	鳊	10.0~20.0
鲫鱼	10.0~20.0	鳜	5.0~10.0

5.2.5 放养比例和密度

应按照养殖水域估算的鱼产力、鱼种的规格、成活率及养殖期间的计划平均增重确定。一般建议：鲢 30%~35%，鳙 55%~60%，草鱼、鲤、鳊等 5%~15%。

5.2.6 放养前消毒

3%~5%的食盐溶液,浸浴5分钟~10分钟,其他药物应按照 NY/T 755 的规定执行。

6 日常管理

6.1 水质管理

6.1.1 做好溶解氧、pH、氨氮等理化指标的监测,应符合 GB 11607 的规定。

6.1.2 做好水体生物饵料量的监测。

6.2 监测鱼类生长

定期测定鱼类的生长情况,通过轮捕轮放等措施,调节湖泊中鱼类的密度、负载量。

6.3 投喂管理

由于湖泊的面积较大,投喂管理困难,一般不进行饲料投喂。若进行投喂,饲料须是绿色饲料,饲料的使用应符合 NY/T 471 的规定。

6.4 病害管理

采取预防为主的原则,在鱼种放养时做好病害防控,渔药的使用应严格遵守 NY/T 755 的相关规定,应优先使用绿色食品生产资料中的渔药产品;使用自然降解快、高效低毒、低残留渔药,保证生产地域环境质量稳定。

6.5 安全管理

6.5.1 防逃

6.5.1.1 定期检查、清理、维护拦鱼设施或堤坝。

6.5.1.2 汛期及台风前后,及时检查、加固防逃设施。

6.5.2 防盗

加强巡查管理,防止违法捕鱼,防止偷鱼、炸鱼、毒鱼等。

7 捕捞

根据销售情况确定捕捞量。采用适宜的渔具,以分散捕捞为主,分散捕捞和集中捕捞相结合。

8 档案记录

做好生产记录,并及时归档。档案保存不少于3年,做到可追溯。

第五篇

畜 牧 篇

绿色食品 崇明白山羊饲养技术规程

1 范围

本饲养技术规程规定了绿色食品崇明白山羊生产所要求的产品质量、产地环境、管理规范、饲养技术、运输、档案管理等环节。

本规程适用于上海市崇明区绿色食品白山羊的饲养。

2 规范性引用文件

下列文件对于本文件的应用是必不可少的。凡是注日期的引用文件，仅所注日期的版本适用于本文件。凡是不注日期的引用文件，其最新版本（包括所有的修改单）适用于本文件。

NY/T 2799　绿色食品　畜肉
NY/T 391　绿色食品　产地环境质量
NY/T 2665　标准化养殖场　肉羊
NY/T 388　畜禽场环境质量标准
NY/T 471　绿色食品　饲料及饲料添加剂使用准则
NY/T 472　绿色食品　兽药使用准则
GB/T 36195　畜禽粪便无害化处理技术规范
GB 18596　畜禽养殖业污染物排放标准
NY/T 816　肉羊营养需要量
GB 5749　生活饮用水卫生标准

3 产品质量

产品质量应符合 NY/T 2799 的要求。

4 产地环境

产地环境应符合 NY/T 391 的要求。

4.1 选址

场址应符合《中华人民共和国畜牧法》等相关法律法规和当地土地利用规划的要求，选址符合 NY/T 2665 的要求。

4.2 布局

羊场布局分为生产区、生活区和隔离区三大区域，三者相对独立和隔离，布局符合

NY/T 2665 的要求。
4.3 羊舍
按类型、性别、年龄、生长阶段设计羊舍。羊舍根据本地具体情况可建设为封闭式、半封闭式和开放式羊舍。建筑材料应能保温隔热且便于消毒。羊舍内的温度、湿度、光照等内环境应满足羊不同饲养阶段的需求，空气中有毒有害气体含量符合 NY/T 388 的规定。羊舍具备良好的清粪排尿系统。
4.4 其他设施
4.4.1 消毒防疫设施
羊场场区门口、生产区入口应设有消毒设施，生产区入口设有消毒更衣室。
4.4.2 饲喂饮水设施
羊舍内应设置食槽、水槽等设施。
4.4.3 粪污处理设施
羊场内应配置与养殖规模相适应的粪污处理设施，做到雨污分离。

5 管理规范
5.1 种羊引进与购入
鼓励"自繁自养"，若要引进羊只时，应从具有《种畜禽生产经营许可证》和《动物防疫条件合格证》的场引进，并按要求进行检疫。购入的羊只需在隔离区观察不少于 15 天，进行必要的检测和防疫消毒免疫，经兽医检查确定为健康合格后，方可转入生产群。
5.2 饲料和饲料添加剂的使用
饲料以粗饲料为主，可根据当地农业生产特点选用农作物秸秆和农副产品，也可种植牧草，但所有饲（草）料均需取得绿色认证。严禁在羊体内埋植或者在饲料中添加镇静剂、激素类等违禁药物，饲料和饲料添加剂的使用应符合 NY/T 471 的要求。
5.3 兽药、疫苗和消毒剂的使用
兽药、疫苗和消毒剂的使用应符合 NY/T 472 的规定。肉羊在使用药物治疗时，应根据所使用的药物严格执行休药期。防疫器械在防疫前后应彻底消毒，废弃疫苗及其包装物应作无害化处理。
5.4 病、死羊和粪污等废弃物的无害化处理
严禁出售病、死羊，可疑病羊应隔离观察、确诊，对有价值的病羊隔离治疗、饲养，当彻底治愈后，方可归群饲养。病、死羊的处理须符合《病死畜禽和病害畜禽产品无害化处理管理办法》规定，羊场粪污等废弃物的处置应用符合 GB/T 36195 规定，排放符合 GB 18596 规定。
5.5 日常管理
5.5.1 标识
畜禽标识，实行一畜一标，若初生时不宜打耳标，可用易于辨别的方式标识，在 45 日龄内将编号耳标固定的左耳中部，并进行登记。
5.5.2 分圈
羔羊断奶后应用按公母、大小、强弱分圈。母羊按不同的生理阶段（空怀、妊娠、

哺乳）分圈，种公羊一般一羊一圈或二羊一圈。

5.5.3 修蹄
长期舍饲的羊只应及时修蹄。

5.5.4 阉割
不作种用的公羔应及时去势。

5.5.5 清洁与卫生
羊舍的食槽、水槽每天要进行清理。

5.5.6 防暑与保温
高温天气不利于羊的健康，要适时打开门窗（卷帘），注意通风，或者降低饲养密度。冬季应注意保温尤其是产羔舍的保温措施一定要及时到位。

5.5.7 日粮营养标准
日粮营养标准符合 NY/T 816 的要求。

5.5.8 饮水
自由饮水，水质符合 GB 5749 的要求。

5.6 疫病防控
根据农业农村部和市行政主管部门规定，落实"预防为主"的防疫政策，羊场内禁止混养其他畜禽，羊场工作人员应定期体检。

5.6.1 免疫接种
根据免疫计划对羊痘、口蹄疫、小反刍兽疫等疫苗进行免疫接种，对定期对免疫的效果进行监测分析。

5.6.2 定期驱虫
定期对全场羊进行体内、外寄生虫的驱虫工作。

5.6.3 定期消毒
选用高效、低毒、低残留符合 NY/T 472 的规定的消毒药液，定期对羊舍和周围环境进行消毒，尽量做到羊栏净、羊体净、食槽净、用具净。

6 饲养技术

6.1 种公羊的饲养管理
6.1.1 种公羊每天保证一定的运动量，以增强体质。
6.1.2 种公羊应单圈饲养，防止发生角斗，羊舍应保持清洁、干燥
6.1.3 种公羊在 12 月龄以上才可用于配种，5 岁~6 岁以上的种公羊应淘汰
6.1.4 冬季草料不丰富时，要保证公羊有一定的多汁饲料，夏季应注意防暑降温，不宜养得过肥，否则会影响配种和采精。
6.1.5 营养标准参照 NY/T 816

6.2 种母羊的饲养管理

6.2.1 空怀母羊
从配种前 4 周~6 周开始加强饲养，以七八成膘迎接配种。

6.2.2 妊娠母羊
妊娠前期（3 个月），需要饲喂营养丰富的草料，注意多种饲草搭配，适当增加精

料，羊舍内忌大声喧哗，避免拥挤、惊吓，禁止饮用冰水，防止流产。妊娠后期（3个月后），增加营养供应，提高饲料能量和蛋白质浓度，增加钙、磷等矿物质饲料。

6.2.3 哺乳母羊

母羊胎衣排出后应立即取走，若产羔后6小时胎衣不下时，需要进行治疗。分娩3天后逐渐提高营养水平和饲料供量，增加蛋白质、矿物质以及多汁饲料喂量。羔羊断奶时，提前几天减少母羊多汁饲料的补喂量，防止乳房炎。

6.3 羔羊的饲养管理

6.3.1 羔羊出生后要及时吃上初乳。对失去母亲或母羊奶量不足的羔羊，可用奶瓶人工喂养。

6.3.2 羔羊毛干后，立即称初生重，填写产羔记录表，并做好辨别标识。

6.3.3 羔羊应在产后10天左右训练吃料，在羊圈内设置补饲栏，让羔羊自由进出。

6.3.4 羔羊断奶时间一般为50日龄~60日龄，断奶时，要做好称重，公母分群，填写断奶记录表等项工作。

6.4 育肥期的饲养管理

羔羊断奶后，经过2个月的育成期后，可采取舍饲育肥，应用全价配合料，注意微量元素的补充，自由采食和饮水，经6个月育肥体重达40~45 kg时可出栏上市。

7 运输

7.1 运输检疫

运输前应经动物防疫监督机构按《反刍动物产地检疫规程》进行检疫，并出具检疫证明，合格后方可上市或屠宰。

7.2 运输车辆

运输车辆须按《中华人民共和国动物防疫法》要求在相关部门备案，在运输前和使用后，应用消毒液彻底消毒。运输途中，不应在城镇和集市停留、饮水和饲喂。

8 档案管理

8.1 按《畜禽标识和养殖档案管理办法》的规定，建立健全养殖记录和档案管理制度。

8.2 建立员工培训档案及设备使用、维修档案。

8.3 建立物资采购、消耗和日常生产等记录档案。

8.4 记录和档案应分类保存，便于查阅，具有可追溯性，资料保存3年以上。

绿色食品　蛋鸡饲养技术规程

1　范围

本饲养技术规程规定了绿色食品蛋鸡生产所要求的产品质量、产地环境、管理规范、饲养技术、运输、档案管理等环节。

本规程适用于上海市崇明区绿色食品蛋鸡的饲养。

2　规范性引用文件

下列文件对于本文件的应用是必不可少的。凡是注日期的引用文件，仅所注日期的版本适用于本文件。凡是不注日期的引用文件，其最新版本（包括所有的修改单）适用于本文件。

NY/T 754　绿色食品　蛋及蛋制品

NY/T 391　绿色食品　产地环境质量

NY/T 388　畜禽场环境质量标准

GB/T 36195　畜禽粪便无害化处理技术规范

GB 18596　畜禽养殖业污染物排放标准

NY/T 471　绿色食品　饲料及饲料添加剂使用准则

NY/T 472　绿色食品　兽药使用准则

GB 5749　生活饮用水卫生标准

GB 13078　饲料卫生标准

GB 10648　饲料标签

NY/T 1056　绿色食品　储藏运输准则

中华人民共和国农业农村部公告第 250 号　食品动物中禁止使用的药品及其他化合物清单

GB 31650　食品安全国家标准　食品中兽药最大残留限量

GB 31650.1　食品安全国家标准　食品中 41 种兽药最大残留限量

中华人民共和国农业部公告第 278 号　兽药停药期规定

3　产品质量

鸡蛋质量标准应符合 NY/T 754 的要求。

4 产地环境

4.1 产地环境

应符合 NY/T 391 的要求。

4.2 养禽场的总体要求

4.2.1 选址

家禽饲养场不可位于传统的新城疫和高致病性禽流感疫区内。

鸡场应远离交通要道、公共场所、居民区、学校、医院和水源,地势较平坦,且具有一定的坡度。具体要求如下:

——鸡场周围 3 km 内无大型化工厂、工厂或其他畜牧场等污染源;
——鸡场距离干线公路 1 km 以上。鸡场距离村、镇居民点至少 1 km 以上;
——鸡场不得建在饮用水源、食品厂上游。

4.2.2 禽舍环境

4.2.2.1 鸡舍内的温度、湿度环境应满足鸡不同生长阶段的需求,以降低鸡群发生疾病的机会。

4.2.2.2 鸡舍中空气质量应定期进行监测,并符合 NY/T 388 的要求。其中鸡舍内空气中 PM_{10} 控制在 4 mg/m³ 以下,微生物数量应控制在 2.5 万个/m³ 以下。

4.3 建筑布局

养禽场应严格执行生产和生活区相隔离的原则。人员、动物和物质运转应采取单一流向,防止污染和疫病传播。

4.3.1 鸡场净道和污道要分开。

4.3.2 鸡场周围设防疫沟、隔离高墙。

4.3.3 生活管理区、生产区门口设有消毒池,场区和生产区门口设置更衣室。

4.3.4 鸡舍应有防鸟、防鼠等设施。

4.3.5 鸡舍地面、墙壁应便于清洗,并能耐酸、碱等消毒药液清洗消毒。

4.4 环境卫生

养禽场的污水、污物处理应符合国家环保要求。环境卫生质量应达到 NY/T 388 规定的标准。

5 管理规范

5.1 鸡舍要求

应防寒、防暑、通风,光照充足,保持鸡舍内安静,严格控制非生产噪声传入。给鸡群的健康、生长及产蛋创造良好的环境。

5.2 粪便处理

实行减量化、无害化、生态化,达到全期清洁生产、资源化的综合利用。粪便处理后应符合 GB/T 36195 要求,排放应用符合 GB 18596 的要求。

5.3 饲养设备

饲养设备应根据蛋鸡场的不同条件和工艺流程，选用性能可靠，便于操作、利于清洗和消毒的专用设备。包括取暖、饮水、喂料、鸡笼、清粪、贮蛋等设备。

5.4 饲料、饲料添加剂等投入品使用准则

绿色畜产品的生产首先以改善饲养环境、善待动物、加强饲养管理为主，按照饲养标准配制饲料，做到营养全面，各营养素间相互平衡。所使用的饲料和饲料添加剂等生产资料必须符合 GB 13078、GB 10648、各种饲料原料标准、饲料产品标准和饲料添加剂标准的有关规定，且符合 NY/T 471。所有饲料添加剂和添加剂预混合饲料必须来自有生产许可证的企业，并且具有企业、行业或国家标准，产品批准文号，进口饲料和饲料添加剂产品登记证及配套的质量检验手段。同时还应遵守以下准则。

5.4.1 生产绿色食品的饲料使用准则

（1）植物源性饲料原料应是已通过认定的绿色食品及其副产品，或来源于绿色食品原料标准化生产基地的食品及其副产品。

（2）进口饲料原料应来自经绿色食品工作机构认定的产地或加工厂。

（3）宜使用药食同源天然植物。

（4）禁止使用转基因方法生产的饲料原料。

（5）禁止使用畜禽粪便。

（6）禁止使用畜禽屠宰场副产品

（7）禁止使用非蛋白氮。

5.4.2 生产绿色食品的饲料添加剂使用准则

（1）优先使用符合绿色食品生产资料的饲料添加剂类产品。

（2）所选饲料添加剂必须是农业农村部公告的《饲料添加剂品种目录》中所列的饲料添加剂品种，且不得超范围使用。

（3）禁止使用任何药物性饲料添加剂。

（4）禁止使用激素类、安眠类、镇静类药品。

（5）矿物质饲料添加剂中应有不少于60%的种类来源于天然矿物质饲料或有机微量元素产品。

5.5 兽药使用准则

5.5.1 蛋鸡生产整个过程，应进行良好的饲养和管理，尽量减少疫病的发生，减少药物的使用，必须用药时应符合 NY/T 472 的要求。

（1）优先使用 GB 31650 中允许用于食品动物，但不需要制定残留限量的兽药。

（2）可使用国务院兽医行政管理部门批准的微生态制剂、中药制剂和生物制品。

（3）可使用高效、低毒和对环境污染低的消毒剂。

（4）可使用其他国家许可的抗菌药、抗寄生虫药及其他兽药。

5.5.2 不应使用药物种类

（1）不应使用农业农村部第250号公告中及国家规定的其他食品动物中禁止使用

的药品及其他化合物。

（2）不应使用药物饲料添加剂。

（3）不应使用酚类消毒剂，产蛋期不应使用酚类和醛类消毒剂。

（4）不应为了促进畜禽生长而使用抗菌药物、抗寄生虫药、激素或其他生长促进剂。

（5）不应使用基因工程方法生产的兽药。

5.6 引种

种蛋或苗鸡应来自有《种畜禽生产经营许可证》的种鸡场，须来自非疫区。

5.7 免疫和检测

养鸡场应按照国家畜牧兽医行政管理部门的免疫、监测方案的要求进行疫病免疫和监测，接受当地畜牧兽医行政管理部门的监督，并提供相关持续性档案。

5.8 消毒

可选用高效低毒，符合 NY/T 472 的规定的消毒剂进行喷雾消毒，避开免疫前后 72 小时。

5.9 病、死鸡处理

病、死鸡的处理须符合《病死畜禽和病害畜禽产品无害化处理管理办法》规定，鸡场不得出售病鸡和死鸡。

6 饲养技术

6.1 苗鸡（0~6 周龄）的饲养技术

6.1.1 苗鸡的选择

通过查、看、听、触等 4 种方法，进行综合选择。要求苗鸡精神佳、叫声洪亮，腹部大小适中、柔软，脐部愈合良好。

6.1.2 苗鸡的运输

苗鸡运输采用装鸡专用制苗箱，并加以消毒。箱内温度以 25℃~28℃ 为宜。

6.1.3 饮水

苗鸡一般接到育苗室后，休息 5 分钟~10 分钟即可给予饮水，初次饮用水应选择冷开水，在饮水前 5 分钟~10 分钟加入适量氯制剂消毒药（须参照使用说明）及葡萄糖配制成 5%葡萄糖水。初次饮水 3 小时后，更换成经过消毒的清洁水，饮用水应符合 GB 5749 的要求，饮水器要求每天清洗、消毒。

苗鸡的饮水量见表 1。

表 1　100 只苗鸡的饮水量

周龄	饮水量（L/天）	周龄	饮水量（L/天）
1	2	4	5.5
2	4	5	6.0

(续表)

周龄	饮水量（L/天）	周龄	饮水量（L/天）
3	5	6	7.0

6.1.4 温度控制

苗鸡阶段必须严格而正确的掌握温度，温度应逐渐改变，在鸡舍内采取恒温控制，尽可能使1天内温差小于0.5℃。苗鸡的温度要求见表2。

表2 苗鸡的温度要求

周龄	温度（℃）	周龄	温度（℃）
1	33	4	26
2	31	5	24
3	29	6	22

6.1.5 饲喂

根据蛋禽品种、不同生产阶段、日粮营养水平制定不同的饲喂方式和确定每天的饲喂量。保持饲料新鲜。随时清除散落的饲料和喂料系统中的垫料。详见表3。

表3 营养需要量表

项目	营养指标
代谢能（kcal/kg）	2 750
粗蛋白质（%）	18.50
钙（%）	1.00
总磷（%）	0.70
有效磷（%）	0.45
钠（%）	0.16

6.1.6 饲养密度

饲养密度为12只/m²~15只/m²。

6.1.7 通风换气

苗鸡鸡舍内空气CO_2浓度小于1 500 mg/m³，相对湿度：0周龄~2周龄为65%~70%，3周龄以后为55%~60%。

6.1.8 断喙

为防止恶癖发生及提高生长平衡度应断喙，断喙时间与免疫时间相差3天以上，断喙长度应切去上喙的1/2，下喙的1/3。

6.2 青年鸡（7周龄~20周龄）饲养技术
6.2.1 饲喂

青年鸡的饲养方法主要采取定时、定量、定质的方法，从而达到80%以上的鸡体重在全群鸡体重平均体重上下10%的范围内。以提高青年鸡均匀而合适的体重。青年鸡的成长期所需的营养成分见表4，青年鸡每周饲喂量见表5。

表4 青年鸡所需的营养成分表

项目	营养指标
代谢能（kcal/kg）	2 650~2 750
粗蛋白质（%）	14.50
钙（%）	0.90
总磷（%）	0.60
有效磷（%）	0.35
钠（%）	0.16

表5 青年鸡体重和给料量表

周龄	平均体重（g）	饲料消耗（g/只·天）	累加量（g/只）	水消耗（mg/只·天）
7	500	45	1 442	79
8	590	50	1 792	88
9	680	54	2 170	95
10	770	57	2 569	100
11	860	60	2 989	105
12	950	63	3 430	110
13	1 030	66	3 892	116
14	1 110	69	4 375	121
15	1 190	72	4 879	126
16	1 270	75	5 404	131
17	1 350	78	5 950	137
18	1 440	81	6 517	142
19	1 530	84	7 105	147
20	1 600	87	7 714	152

6.2.2 饮水

饮用水应符合GB 5749的要求。饮水量除与采食量、体重大小有关外，还与气温高低有关。因此应确保能随时饮水，饮水量见表5。

6.2.3 饲养密度

控制在 7 只/m² ~ 12 只/m²。

6.2.4 光照

青年鸡主要采用安全的自然光照。光照应控制在12小时以内。从19周龄开始实施光照管理，每周增加1小时光照，青年鸡的光照时间表见表6。

表6 青年蛋鸡的光照时间表

周龄	光照（小时）
18	12
19	13
20	14

6.3 产蛋鸡（21周龄以后）的饲养技术

6.3.1 开产前的管理

为取得较高的产蛋率，一般在开产前淘汰发育不良的有疾病的、弯嘴的，体重过大或过小等残次鸡。

6.3.2 饮水

产蛋鸡应饮用经严格消毒的清洁水（应符合 GB 5749 的要求），饮水器每周至少清洗1次，水管每隔15天用10%癸甲溴铵溶液或2%二氧化氯进行消毒处理。

6.3.3 温度控制

温度控制在18℃~25℃，同时鸡舍内相对湿度为60%~65%。

6.3.4 饲喂

蛋鸡饲喂每天2次，间隔时间随气候适当调整，通常上午7时—8时，下午2时—3时。其营养需要量见表7。

表7 营养需要量表

项目	21周~42周	42周龄以上
代谢能（kcal/kg）	2 650~2 750	2 650~2 750
粗蛋白质（%）	17.00	16.50
钙（%）	3.4	3.7
有效磷（%）	0.45	0.35
钠（%）	0.16	0.16

6.3.5 密度

笼养条件下每只占笼底面积为 464 cm²。

6.3.6 光照

延续从青年鸡后期开始的光照管理,每周增加 1 小时光照,至 16 小时恒定,产蛋期蛋鸡的光照时间表见表 8。

表 8 产蛋期蛋鸡的光照时间表

周龄	光照(小时)
21	15
≥22	16

6.3.7 集蛋

6.3.7.1 集蛋时将破蛋、砂皮蛋、软蛋、特大特小蛋单独存放。

6.3.7.2 鸡蛋收集后经紫外线消毒后入蛋库保存。

7 运输

7.1 贮存与运输应符合 NY/T 1056 的要求。

7.2 鸡蛋贮存应遵循先进先出、推陈存新的原则。

蛋库相对湿度保持 50%~60%。蛋库温度一般控制在 18℃左右,鸡蛋最多可贮藏 72 小时。

7.3 运输工具

应清洁卫生,无异味,消毒,应使用封闭货车,在运输过程中防潮、防暴晒、防雨淋、防污染和防冻。

8 档案管理

蛋鸡饲养每批应有完整的记录。记录内容应包括进苗记录、转群记录、饲料及添加剂购买、使用记录、兽药购买记录、免疫记录、消毒记录、诊疗记录,档案保存期 3 年。

绿色食品　肉鸽饲养技术规程

1　范围

本饲养技术规程规定了绿色食品肉鸽生产所要求的产品质量、产地环境、管理规范、饲养技术、运输、档案管理等环节。

本规程适用于上海市崇明区绿色食品肉鸽的饲养。

2　规范性引用文件

下列文件对于本文件的应用是必不可少的。凡是注日期的引用文件，仅所注日期的版本适用于本文件。凡是不注日期的引用文件，其最新版本（包括所有的修改单）适用于本文件。

NY/T 753　绿色食品　禽肉

NY/T 391　绿色食品　产地环境质量

NY/T 388　畜禽场环境质量标准

NY/T 471　绿色食品　饲料及饲料添加剂使用准则

NY/T 472　绿色食品　兽药使用准则

NY/T 1056　绿色食品　储藏运输准则

GB 13078　饲料卫生标准

GB 10648　饲料标签

GB 31650　食品安全国家标准　食品中兽药最大残留限量

GB 31650.1　食品安全国家标准　食品中41种兽药最大残留限量

中华人民共和国农业农村部公告第250号　食品动物中禁止使用的药品及其他化合物清单

中华人民共和国农业部公告第278号　兽药停药期规定

3　产品质量

鸽肉质量标准应符合NY/T 753的要求。

4　产地环境

4.1　产地环境

产地环境应符合NY/T 391的要求。

4.2 养鸽场的总体要求

4.2.1 选址

新建鸽场不可位于传统的新城疫和高致病性禽流感疫区内。鸽场应远离交通要道、公共场所、居民区、学校、医院和水源，地势较平坦，且具有一定的坡度。具体要求如下：

——鸽场周围 3 km 内无大型化工厂、工厂或其他畜牧场等污染源；

——鸽场距离干线公路 1 km 以上，距离村、镇居民点至少 1 km 以上；

——鸽场不得建在饮用水源、食品厂上游。

4.2.2 鸽舍环境

4.2.2.1 鸽舍内的温度、湿度环境应满足鸽不同生长阶段的需求，以降低鸽群发生疾病的机会。

4.2.2.2 鸽舍中空气质量应定期进行监测，并符合 NY/T 388 的要求。其中鸽舍内空气中 PM_{10} 控制在 4 mg/m^3 以下，微生物数量应控制在 2.5 万个$/m^3$ 以下。

4.2.2.3 鸽舍地面、墙壁应便于清洗，并能耐酸、碱等消毒药液清洗消毒。

4.3 建筑布局

养鸽场应严格执行生产和生活区相隔离的原则。人员、动物和物质运转应采取单一流向，防止污染和疫病传播。

4.3.1 鸽场净道和污道要分开。

4.3.2 鸽场周围有围墙或防疫沟，并建立绿化隔离带

4.3.3 生活管理区、生产区门口设有消毒池，场区和生产区门口设置更衣室。

4.3.4 种鸽、后备种鸽分开饲养。

4.3.5 鸽舍应有防鼠、防虫和防鸟设施。

5 管理规范

5.1 鸽舍的要求

应防寒、防暑、通风，光照充足，保持鸽舍内安静，严格控制非生产噪声传入。给鸽群的健康、生长及产蛋创造良好的环境。

5.2 粪便处理

实行减量化、无害化、生态化，达到全期清洁生产、资源化的综合利用。粪便处理后应达到《上海市畜禽污染防治暂行规定》的要求。

5.3 饲养设备

饲养设备应根据鸽场的不同条件和工艺流程，选用性能可靠，便于操作、利于清洗和消毒的专用设备。包括取暖、饮水、喂料、保健、鸽笼、清粪、蛋巢等设备。

5.4 饲料、饲料添加剂等投入品使用准则

绿色畜产品的生产首先以改善饲养环境、善待动物、加强饲养管理为主，按照饲养标准配制饲料，做到营养全面，各营养素间相互平衡。所使用的饲料和饲料添加剂等生

产资料必须符合 GB 13078、GB 10648、各种饲料原料标准、饲料产品标准和饲料添加剂标准的有关规定，且符合 NY/T 471。所有饲料添加剂和添加剂预混合饲料必须来自有生产许可证的企业，并且具有企业、行业或国家标准，产品批准文号，进口饲料和饲料添加剂产品登记证及配套的质量检验手段。同时还应遵守以下准则：

5.4.1 生产绿色食品的饲料使用准则

（1）植物源性饲料原料应是已通过认定的绿色食品及其副产品，或来源于绿色食品原料标准化生产基地的食品及其副产品。

（2）进口饲料原料应来自经绿色食品工作机构认定的产地或加工厂。

（3）宜使用药食同源天然植物。

（4）禁止使用转基因方法生产的饲料原料。

（5）禁止使用畜禽粪便。

（6）禁止使用畜禽屠宰场副产品。

（7）禁止使用非蛋白氮。

5.4.2 生产绿色食品的饲料添加剂使用准则

（1）优先使用符合绿色食品生产资料的饲料添加剂类产品

（2）所选饲料添加剂必须是农业农村部公告的《饲料添加剂品种目录》中所列的饲料添加剂品种，且不得超范围使用。

（3）禁止使用任何药物性饲料添加剂。

（4）禁止使用激素类、安眠类、镇静类药品。

（5）矿物质饲料添加剂中应有不少于 60% 的种类来源于天然矿物质饲料或有机微量元素产品。

5.5 兽药使用准则

5.5.1 肉鸽生产整个过程，应进行良好的饲养和管理，尽量减少疫病的发生，减少药物的使用，必须用药时应符合 NY/T 472 的要求。

（1）优先使用 GB 31650 中允许用于食品动物，但不需要制定残留限量的兽药。

（2）可使用国务院兽医行政管理部门批准的微生态制剂、中药制剂和生物制品。

（3）可使用高效、低毒和对环境污染低的消毒剂。

（4）可使用其他国家许可的抗菌药、抗寄生虫药及其他兽药。

5.5.2 不应使用药物种类

（1）不应使用农业农村部第 250 号公告中及国家规定的其他食品动物中禁止使用的药品及其他化合物。

（2）不应使用药物饲料添加剂。

（3）不应使用酚类消毒剂，产蛋期不应使用酚类和醛类消毒剂。

（4）不应为了促进畜禽生长而使用抗菌药物、抗寄生虫药、激素或其他生长促进剂。

（5）不应使用基因工程方法生产的兽药。

6 饲养技术

6.1 引种

6.1.1 生产种鸽应来自具有《种畜禽生产经营许可证》的鸽场,需经产地动物卫生监督机构的检疫。肉种鸽要选择体形大、繁殖力强、生长速度快、遗传性能稳定的品种,如王鸽、卡奴鸽等。

种鸽不应携带沙门氏菌属的各类细菌。

6.1.2 种鸽不应从疫区购买引进。

6.2 肉鸽不同生长期的饲养

6.2.1 鸽蛋孵化可采用亲鸽自孵或孵化机人工孵化2种方法。雏鸽出壳后可根据其不同生长期、不同季节制定相适应的饲养方案,为肉鸽健康养殖提供最适宜的生长与生产环境。

6.2.2 肉鸽各生理成长期:乳鸽(出壳至1月龄);童鸽(1月龄以上至2月龄);青年鸽(2月龄以上至5月龄);种鸽(6月龄以上性成熟可配对的)。

6.2.3 乳鸽饲养

6.2.3.1 做好"三调"工作,即调教、调换、调并。

6.2.3.2 调教好产鸽学会耐心哺育乳鸽,或采用人工哺育乳鸽的饲养方法。

6.2.3.3 调换乳鸽待哺的位置,有利同窝乳鸽能均衡受哺健康成长。

6.2.3.4 调并单个乳鸽是缩短种鸽生长周期,提高生产水平与鸽群生产率的有效措施。

6.2.4 童鸽饲养

6.2.4.1 童鸽是初选后备种用的肉鸽,做好留种档案记录。

6.2.4.2 童鸽在保育床饲养15天后,移至网上平养,饲养密度≤12只/m²。

6.2.4.3 童鸽50天后进入换羽期,要预防童鸽此阶段的应激反应,须加强营养与保健。

6.2.5 青年鸽期饲养

6.2.5.1 合理配制营养饲料,满足青年鸽生长期的营养需要。

6.2.5.2 提供清洁卫生的饮用水:确保饮水量每天≥夏季120 mL/只;冬季50 mL/只。

6.2.5.3 须保障有充足的光照,可避免青年鸽的早熟,有利于成长发育。

6.2.5.4 应保持青年鸽舍及周边环境有良好的通风、干燥、安静、卫生的良好环境,饲养密度≤12只/m²。

6.2.5.5 5月龄时,应及时投药驱虫,2周后再投药1次,能驱除青年鸽体内的寄生虫有利健康发育。

6.2.5.6 5月龄时,要按种鸽的标准进行系统的综合性筛选,将不符合标准的青年鸽及时淘汰。

6.2.6 种鸽饲养

6.2.6.1 种鸽是由青年鸽性成熟后经雌雄配对的肉鸽,或称生产鸽,已经育雏(哺育乳鸽）的也可称亲鸽。

6.2.6.2 配对成熟期为6月龄~6.5月龄。加强营养饲料配比，提供种鸽良好的产蛋孵化和哺育，温度适宜、卫生和安静的环境，饲养密度≤8只/m²。

6.2.6.3 生产过程：产蛋—孵化—出雏—哺育—再产下一窝蛋，呈周期性循环，时间一般为35天~40天，也有50多天的。

6.3 温度与湿度

肉鸽生产适宜温度为16℃~25℃，相对湿度为40%~60%。夏季宜在28℃以下，湿度为50%~60%，温度高于30℃~38℃应做好防暑降温的工作。冬季宜在16℃以上，湿度为40%左右，温度低于16℃时要及时做好御寒保暖的工作。

6.4 光照

肉鸽饲养过程中，宜提供24小时光照。夜间宜采用弱光照明，光照强度为10 lx~15 lx（每平方米面积2 W~3 W）。鸽舍内应备有应急灯。

6.5 饲料

鸽用饲料应由能量饲料和蛋白饲料组成，在日粮中能量饲料占65%~85%，蛋白饲料占15%~35%，并补充适量的矿物质和各种维生素。应根据肉鸽各阶段的营养需求合理配制饲料（表1）。

表1 肉鸽各阶段营养需要表

名称	代谢能（MJ/kg）	粗蛋白（%）	钙（%）	磷（%）	食盐（%）	蛋氨酸（%）	赖氨酸（%）
育雏期生产种鸽	12	17	2	0.6	0.35	0.30	0.78
非育雏期生产种鸽	11.6	13.5	1.5	0.5	0.35	0.27	0.56
童鸽	11.9	15.5	1	0.4	0.30	0.28	0.60

6.6 卫生消毒

6.6.1 消毒剂

消毒剂应选择经国家主管部门批准、有生产许可证和批准文号、符合NY/T 472的产品。

6.6.2 消毒

6.6.2.1 环境消毒

生产区和鸽舍门口应有消毒池，消毒液应定期更换。车辆进入鸽场应通过消毒池，并用消毒液对车身进行喷洒消毒。鸽舍周围环境宜每2周消毒1次。鸽场周围及场内污水池、排粪坑、下水道出口宜每月消毒1次。

6.6.2.2 人员消毒

工作人员进入生产区要更换工作衣和鞋、帽等物。严格控制外来人员进入生产区。进入生产区的外来人员需经过场长批准并严格遵守场内防疫制度，更换一次性防疫服和工作鞋，脚踏消毒池，按指定路线行走，并记录在案。

6.6.2.3 鸽舍消毒

在进鸽或转群前，将鸽舍彻底清扫干净，进行全面喷洒消毒。

6.6.2.4 用具消毒

定期对喂料器、饮水器等用具进行清洗、消毒。

6.6.2.5 带鸽消毒

鸽场应定期进行带鸽消毒。场内无疫情时，每隔2周带鸽消毒1次。有疫情时，每隔1天~2天消毒1次。

6.7 疫病防控

6.7.1 按照当地畜牧兽医管理部门发布的免疫程序做好高致病性禽流感的强制免疫以及新城疫、痘病毒等疫病的免疫工作。

6.7.2 免疫后21天，进行禽流感和新城疫的免疫抗体监测，确定下次免疫时间。

6.7.3 对已发生疑似传染病的鸽子，必须按照当地疫病应急预案采取及时上报、封锁隔离、疫病诊断、治疗淘汰、扑杀净化、无害化处理等相关工作。

6.7.4 病鸽、死鸽的尸体的处理须符合《病死畜禽和病害畜禽产品无害化处理管理办法》规定。

6.8 保健

6.8.1 保健砂是适应鸽子生活习性、保证肉鸽健康生长和正常生产的必需品，定时定量供给并应单独置于器具中任其自由啄食。

6.8.2 保健砂应由砂粒、食盐、矿物质、药物及其他营养素按比例组成，要求来源正确、新鲜、没有污染。

6.8.3 砂粒（或石米）可助鸽肌胃对饲料起磨碎作用，应占保健砂30%或以上。

6.8.4 在保健砂中不得添加抗生素，禁用喹乙醇。

7 运输

7.1 运输应符合NY/T 1056的要求。

7.2 运输方式

肉鸽运输采用笼装方式，每平方面积不得超过50只，盛放笼具使用前应消毒。

7.3 运输工具

应清洁卫生，无异味，车辆事前经过2%的高锰酸钾溶液或0.2%过氧乙酸溶液彻底消毒。

7.4 肉鸽的出售

肉鸽出售前按《家禽产地检疫规程》要求做产地检疫。

8 档案管理

肉鸽饲养每批应有完整的记录。记录内容应包括饲养的肉鸽品种、进鸽日期与数量、饲料来源、饲喂量、鸽舍温度、饲养密度、免疫、发病、兽药使用、无害化处理、出售记录、诊疗记录、消毒记录等情况，记录档案保持期3年。

绿色食品　生猪饲养技术规程

1　范围

本饲养技术规程规定了绿色食品生猪生产过程中所要求的产品质量、产地环境、管理规范、饲养技术、运输、档案管理等环节。

本规程适用于上海市崇明区绿色食品生猪的饲养。

2　规范性引用文件

下列文件对于本规程的须用是必不可少的。凡是注标准年代号的引用文件，仅所注年代号的版本适用于本规程。凡是不注年代号的引用文件，其最新版本（包括所有修改单）适用于本规程。

GB 31650　食品安全国家标准　食品中兽药最大残留限量

GB 31650.1　食品安全国家标准　食品中41种兽药最大残留限量

NY/T 2799　绿色食品　畜肉

NY/T 391　绿色食品　产地环境质量

GB/T 17824.1　规模猪场建设

GB 5749　生活饮用水卫生标准

GB/T 36195　畜禽粪便无害化处理技术规范

NY/T 471　绿色食品　饲料及饲料添加剂使用准则

NY/T 472　绿色食品　兽药使用准则

NY/T 473　绿色食品　畜禽卫生防疫准则

中华人民共和国农业农村部公告第250号　食品动物中禁止使用的药品及其他化合物清单

3　产品质量

产品质量应符合NY/T 2799的要求。

4　产地环境

4.1　选址

须符合《中华人民共和国畜牧法》等相关法律法规和当地土地利用规划的要求，符合NY/T 391的规定。

4.2 建设布局

4.2.1 建设布局须符合 GB/T 17824.1 的要求。

4.2.2 按照常年主导风向由上到下依次设立办公区、生活区、生产区、隔离区、粪污及无害化处理区，各功能区独立分开并设立隔离设施。

4.2.3 猪场须设置兽医室、兽药房等，并配备满足其功能的设施设备。

4.2.4 生产区距离其他功能区 50 m 以上，须修建物理屏障，净道与污道分开，防疫标志明显。

4.2.5 猪场须在场外设置出猪台，避免外运生猪车辆、人员与场内交叉感染。出猪台须设在场外下风向处，单向通道，禁止猪只回流。须采用非内延式设施或设备，确保生猪运输车辆不接触内部通道。

4.2.6 宜在距离场区 1 km~3 km 处设立二级洗消烘中心，对进入猪场的运输车辆进行全面的清洗消毒。

4.3 设施设备

4.3.1 场内须具备良好的供水系统和雨污分流设施，确保管道通畅。须建设污水贮存设施。

4.3.2 须在猪场出入口设置覆盖全车的洗消设施设备；生产区门口须设独立更衣室、淋浴室、消毒间、消毒池和洗衣房且空气不交叉；猪舍门口须设消毒池或消毒垫。

4.3.3 猪舍建筑须隔热保温，地面和墙壁宜耐腐蚀，便于清洗。

4.3.4 猪舍内须配备满足其功能的设施设备。宜采用自动化、智能化、节能化设施设备。

4.3.5 粪污处理区须配备必要的粪污收集、贮存、处理、利用的设施设备，地面须硬化，周围设置围墙，做到防雨、防渗漏、防溢流。

4.3.6 场内须配备防野生动物、媒介动物、蚊、蝇等设施设备。

4.3.7 各种设备配置、规格尺寸、安装及材质要求须符合 GB/T 17824.1 的要求。

4.4 环境卫生

4.4.1 场内空气质量指标符合 NY/T 391 和 GB/T 17824 的要求，饮水水质质量须符合 NY/T 391 和 GB 5749 标准的规定。

4.4.2 场区应保持卫生整洁，无杂物堆放，定期清扫消毒。

5 管理规范

5.1 人员管理

5.1.1 应配备与生产规模相适应的畜牧兽医专业技术人员。

5.1.2 应制定人员培训计划，定期进行在岗培训和考评。

5.1.3 每年应对人员进行 1 次健康检查，所有职工应取得健康证后方可上岗。

5.1.4 所有人员进场前 7 天不应去过其他猪场、屠宰厂（场）、无害化处理厂及动物和动物产品交易场所等高风险场所，携带的物品需经消毒后入场。

5.1.5 进入生产区人员，应隔离 3 天以上，淋浴消毒，经非洲猪瘟病原检测结果为阴性后方可进入。饲养员在生产区内不应相互串岗。

5.1.6 场内兽医不应对外诊疗动物疾病，配种人员不应对外开展猪的配种工作。

5.2 投入品管理

5.2.1 饲料管理

（1）植物源性饲料原料须是已通过认定的绿色食品及其副产品，或来源于绿色食品原料标准化生产基地的食品及其副产品。

（2）进口饲料原料须来自经绿色食品工作机构认定的产地或加工厂。

（3）宜使用药食同源天然植物。

（4）禁止使用转基因方法生产的饲料原料。

（5）禁止使用畜禽粪便。

（6）禁止使用畜禽屠宰场副产品。

（7）禁止使用非蛋白氮。

5.2.2 饲料添加剂管理

（1）优先使用符合绿色食品生产资料的饲料添加剂类产品。

（2）所选饲料添加剂必须是农业农村部公告的《饲料添加剂品种目录》中所列的饲料添加剂和允许进口的饲料添加剂品种，且不得超范围使用。

（3）禁止使用任何药物性饲料添加剂。

（4）禁止使用激素类、安眠类、镇静类药品。

（5）矿物质饲料添加剂中须有不少于60%的种类来源于天然矿物质饲料或有机微量元素产品。

5.2.3 兽药管理

（1）优先使用 GB 31650 中允许用于食品动物，但不需要制定残留限量的兽药。

（2）可使用国务院兽医行政管理部门批准的微生态制剂、中药制剂和生物制品。

（3）可使用高效、低毒和对环境污染低的消毒剂。

（4）可使用其他国家许可的抗菌药、抗寄生虫药及其他兽药。

（5）不应使用农业农村部第 250 号公告中及国家规定的其他食品动物中禁止使用的药品及其他化合物。

（6）禁止使用药物饲料添加剂。

（7）禁止使用酚类消毒剂，产蛋期禁止使用酚类和醛类消毒剂。

（8）禁止为了促进畜禽生长而使用抗菌药物、抗寄生虫药、激素或其他生长促进剂。

（9）禁止使用基因工程方法生产的兽药。

5.3 废弃物管理

5.3.1 生活垃圾、饲料包装等废弃物分类放置，统一处理。

5.3.2 粪便、污水经无害化处理符合 GB/T 36195 规定，采用种养结合良性循环的方式合理利用。

5.3.3 病、死猪的处理须符合《病死畜禽和病害畜禽产品无害化处理管理办法》规定。

5.3.4 兽用医疗废弃物按相关规定进行收集并无害化处理。

6 饲养技术

6.1 种猪引进

鼓励"自繁自养",确需引进种猪时,遵循"健康第一"的选种观念,严把引种关,从具有《种畜禽生产经营许可证》的种猪场引进种猪和精液,并索取血清学资料和免疫接种资料,种猪须有免疫证、检疫证、合作证和系谱卡,不得从疫区引种。新引进的种猪应在隔离饲养30天以上,非洲猪瘟病原检测为阴性且临床无异常情况时方可混群饲养。

6.2 生产模式

从分娩、保育、生长育成均严格采用"全进全出"的饲养方式,实行生猪的标准化养殖。

6.3 饮水与饲喂

6.3.1 自由饮水,定期对饮用水进行病原监测,防止水源污染,根据监测结果对饮水进行消毒处理。

6.3.2 根据母猪、仔猪、育肥猪的不同阶段对营养的需要饲喂不同的饲料。

6.3.3 定期检测饲料霉菌毒素含量,定期检测饲料中沙门氏菌的含量,不饲喂发霉、变质、生虫或被污染的饲料。

6.3.4 每天定期清洁猪舍,保持料槽及其他用具清洁。

6.4 疫病防控

6.4.1 风险动物控制

6.4.1.1 不应饲养除生猪以外的其他动物。

6.4.1.2 定时、定点使用器具或药物灭鼠,及时收集死鼠和残余鼠药进行无害化处理。

6.4.1.3 在蚊、蝇孳生地定期喷洒消毒药物或在猪场外围设诱杀点,消灭蚊、蝇,防止昆虫传播疾病。

6.4.2 免疫

6.4.2.1 采取预防为主、防重于治的方针,建立综合防疫体现;结合本地实际,制定免疫接种计划按照 NY/T 473 和 NY/T 472 规定。

6.4.2.2 疫苗必须由本地动物防疫机构供应,根据规定的疫苗贮藏温度分别用冷藏或冷冻设备保存,使用时仔细检查,禁止使用过期、变质、失效疫(菌)苗。

6.4.2.3 免疫器具(注射器、针头等)使用前后要严格消毒,做到一猪一针头。

6.4.2.4 按照免疫程序和疫苗要求,按时、保质、保量地接种疫苗。注射接种时做到消毒严、部位准。

6.4.2.5 疫苗开启后须在2小时内用完,对剩余疫苗及使用的疫苗瓶作高温处理,不得乱扔。

6.4.3 驱虫

6.4.3.1 不同季节检测猪群体内寄生虫感染情况,选择有效的驱(杀)虫。

6.4.3.2 使用安全、高效、广谱的驱虫药品,用法用量按说明书或按兽医处方使用。

6.4.3.3 仔猪在3月龄时驱虫1次。

6.4.3.4 新引进的猪驱虫后隔离饲养15天~30天后才能和其他猪并群。
6.4.4 卫生消毒
6.4.4.1 须建立消毒制度，制定符合本场实际的消毒计划，按规定填写消毒记录。
6.4.4.2 须根据消毒对象，选择合适消毒剂，消毒剂宜定期更换。
6.4.4.3 车辆、物资、人员等须通过场内设有的消毒池、紫外消毒灯、洗澡更衣室，备有高压冲洗机、背式消毒器、高压除尘器等设施设备消毒后才可进场。
6.4.4.4 各养殖点用具不得外借、交叉使用，定期对舍内养殖设施设备清洗、消毒。
6.4.4.5 定期对养殖区、圈舍、仓库、办公、宿舍、餐厅等场所进行消毒。
6.4.4.6 猪只转群后，对空舍设备要严格消毒，并监测消毒效果，走廊每周至少消毒2次。
6.4.5 疫病监测与巡查
6.4.5.1 制定疫病监测方案，定期进行疫病监测；制定非洲猪瘟监测计划，定期开展非洲猪瘟的病原检测工作，确保病原学检测结果为阴性。
6.4.5.2 兽医技术人员及生产人员应每天巡查猪群健康状况，发现染疫或疑似染疫，应当立即按规定上报有关部门，同时迅速采取隔离等控制措施，防止疫情扩散。
6.4.5.3 发生重大动物疫病时，应配合当地县级以上人民政府做好相关工作。
6.5 饲料管理与应用
6.5.1 饲料原料和添加剂须符合NY/T 471要求。
6.5.2 饲料须贮存在温度、湿度适宜的专用仓库，库存饲料的含水量不能超过14%，贮存期间须防止虫、鼠、微生物及有毒物的污染。
6.5.3 对采购的饲料原料和饲料添加剂应进行查验并记录。
6.6 兽药管理与应用
6.6.1 对采购的兽药须进行查验并记录。
6.6.2 兽药房专人管理，定期盘点；兽药分类放置，标识清晰。
6.6.3 兽药使用应遵循说明书标注的要求，并建立用药记录。
6.6.4 禁止使用国家规定的违禁药物。在生猪出栏前，按绿色食品生产要求执行休药期。

7 运输

7.1 运输检疫
运输前应经动物防疫监督机构按《生猪产地检疫规程》进行检疫，并出具检疫证明，合格后方可上市或屠宰。
7.2 运输车辆
运输车辆须按《中华人民共和国动物防疫法》要求在相关部门备案，在运输前和使用后，应用消毒液彻底消毒。运输途中，不应在城镇和集市停留、饮水和饲喂。

8 档案管理

8.1 按《畜禽标识和养殖档案管理办法》的规定，建立健全养殖记录和档案管理制度。

8.2 建立员工培训档案及设备使用、维修档案。

8.3 建立物资采购、消耗和日常生产等记录档案。

8.4 记录和档案应分类保存,便于查阅,具有可追溯性,资料保存3年以上。

第六篇

其 他

苏丹草栽培技术规程

1 产地环境要求

苏丹草绿色生产基地应选择在生态条件良好，具有可持续生产能力的农业生产区域。绿色苏丹草产地环境应符合 NY/T 391 的要求。

1.1 土壤

苏丹草适应性较强，在排水畅通的砂壤土、重黏土、弱酸性和轻度盐渍土上（可溶性氯化钠在 0.2%~0.3%）均可种植。

1.2 温度

最适温度 20℃~30℃；幼苗遇低于 3℃温度即受冻害或完全冻死，一般在 5 月上旬前后种植为宜，此时表土 10 cm 处地温达 12℃~14℃，生长速度随气温的增高和日照时数的增多而加快。

1.3 水源条件

要求灌溉方便，灌溉用水质量符合 GB 5084—2021《农田灌溉水质标准》。

2 栽培技术

2.1 耕地选作

2.1.1 选择土质疏松、质地肥沃、地势较为平坦、排灌方便的土地进行种植。

2.1.2 施足底肥，亩施 1 500 kg 的有机肥，随耕地时施入。

2.1.3 播种前对土地进行全面翻耕，并保持犁深到表土层下 20 cm~30 cm，精细重耙 1 遍~2 遍，清除杂草，破碎土块后镇压地块，使土壤颗粒细匀，孔隙度适宜。间隔 2 m~3 m 开挖排水沟，沟深 30 cm，宽 30 cm，方向依地形定以便于排灌。

2.2 播种

播种前晒种 1 天~2 天，后用温水浸种 6 小时~8 小时。牧草的播种方法有条播、点播、撒播三种。

2.2.1 条播

行距 20 cm~30 cm，每亩用种量 1.2 kg~1.5 kg，覆土 1 cm 左右，浇透水即可。

2.2.2 点播

株距 20 cm，每亩用种量 1.5 kg~2 kg（每塘穴 8 粒~12 粒）的播种量进行播种，覆土 1 cm 左右，浇透水即可。

2.2.3 撒播

每亩用种量 3 kg~4 kg，将牧草种子与泥土拌匀后均匀撒开，浇透水即可。

2.3 补苗

播后 4 天~5 天即可出苗，在缺苗处要及时进行补播。

2.4 生产管理规范

2.4.1 刈割高度控制

苏丹草具有良好的再生性，但再生能力与刈割高度有直接关系，一般留茬高度以 7 cm~10 cm 为宜，过低影响再生。

2.4.2 及时清除杂草

由于幼苗期生长缓慢，易受杂草干扰，所以要及时清除杂草。当幼苗长到 10 cm~15 cm 时，中耕除草追肥，以后视土壤板结程度和杂草情况再中耕 1 次。一般在刈割前中耕、施肥 2 次即可，苏丹草出现分蘖以后，即不怕杂草危害。

2.4.3 及时施肥满足生长

苏丹草对氮磷肥需要量高，除播种前施基肥外，在分蘖期、拔节期以及每次刈割后，应及时追肥，每亩可施液态有机肥 1 000 kg~1 500 kg。使用的肥料应满足 NY/T 394。

2.4.4 及时灌溉

苏丹草产量高、叶面积大，需水量多，夏季高温干旱及每次刈割后注意浇水，使田间持水量达 70%~80%，灌溉用水应符合 GB 5084。

3 病虫防治

苏丹草生长期的病害主要是粉锈病，虫害主要是蚜虫，对病虫害的防治尽量利用生物和物理措施，必须使用农药时，应符合 NY/T 393《绿色食品 农药使用准则》的要求。

4 适时收获

苏丹草第一次刈割宜在茎高 80 cm 左右，刈割处离地 7 cm~10 cm，以后根据牧草的长势情况，每隔 20 天~30 天刈割 1 次，每次刈割后的第 3 天~第 4 天要中耕施肥 1 次。